高等学校电子信息类专业系列教材
河北省一流本科立项建设课程配套教材

U0379172

高 频 电 路

主　编　卢智嘉　陈永志

副主编　高彦彦　张　晶

西安电子科技大学出版社

内 容 简 介

　　本书以教育部高等学校电子信息科学与电气信息类基础课程教学指导分委员会制定的教学基本要求为依据，强化通信及系统设计的基本概念，以构建通信系统所需电路为基本主线安排各章内容。全书共 8 章，分别为绪论，小信号选频放大器，高频功率放大器，正弦波振荡器，非线性电路的分析方法与相乘器电路，调幅、解调与混频电路，角度调制与解调电路，反馈控制电路。每章结尾都附有练习题，以帮助读者巩固所学内容。

　　本书可作为应用型本科院校通信工程、电子信息工程、电子科学与技术、测控技术与仪器等专业的教材，也可作为有关工程技术人员的参考书。

图书在版编目(CIP)数据

高频电路 / 卢智嘉，陈永志主编. --西安：西安电子科技大学出版社，2023.8
ISBN 978 - 7 - 5606 - 6876 - 5

Ⅰ. ①高…　Ⅱ. ①卢…　②陈…　Ⅲ. ①高频—电子电路—高等学校—教材
Ⅳ. ①TN710.6

中国国家版本馆 CIP 数据核字(2023)第 080450 号

策　　划　李鹏飞
责任编辑　雷鸿俊
出版发行　西安电子科技大学出版社(西安市太白南路2号)
电　　话　(029)88202421　88201467　　　邮　编　710071
网　　址　www. xduph. com　　　　　　电子邮箱　xdupfxb001@163.com
经　　销　新华书店
印刷单位　陕西天意印务有限责任公司
版　　次　2023 年 8 月第 1 版　2023 年 8 月第 1 次印刷
开　　本　787 毫米×1092 毫米　1/16　印张　12.5
字　　数　292 千字
印　　数　1～3000 册
定　　价　34.00 元
ISBN 978 - 7 - 5606 - 6876 - 5 / TN

XDUP 7178001 - 1

前　　言

本书是通信工程、电子信息工程专业"高频电路"课程的配套教材，是河北省一流本科课程"高频电路"建设的阶段性成果。编者结合多年讲授"高频电路"课程的经验，并参考了很多同行、专家和兄弟院校的高频电路类教材，提炼了适合电子信息类专业的高频电路教学内容。本书注重承前启后，前与电路理论、模拟电子技术衔接，后为通信原理、射频电子技术、微波通信做铺垫，成为从低频电路到高频电路，再到射频电路，最后到现代通信技术的课程链中的一环。

本书以理解概念、掌握方法、明确思路、实现功能为主线，以工程应用为目标，遵循打好基础、加强实践、提升学生的工程实践能力和创新能力的原则，将单元电路、功能电路、整机电路与实际应用相结合，介绍了一些应用实例，以引导创新，在编写时特别注意以下几点：

（1）**概念清晰**。本书注意帮助学生在学习中建立正确的物理概念和工程概念，这是学生能够运用所学知识正确分析问题、解决问题的前提之一。

（2）**注重分析问题、解决问题能力的培养**。编者围绕如何培养分析能力这一中心进行了多方位的教学改革，注重在教学中培养运用数学工具分析解决高频电路具体问题的能力。虽然本书力求避免繁杂的数学推导，但对于应用型本科人才所应具备的基本能力的要求没有降低。为了培养这种能力，本书在编写相关章节时，给出的推导或演算步骤详尽易懂，论述深入浅出，甚至附带上了相关的数学定理或公式。此外，在定性分析和教材内容安排方面，本书注重电路的形成，旨在突出设计思想；强化实际电路分析，旨在提高学生分析能力；提供丰富的例题和实际电路案例，旨在帮助学生理解理论与实际的联系。

（3）**内容安排符合教学规律和认知规律**。本书力争做到教学重点突出、难点适当分散安排、层次分明、张弛有度，有利于教与学。

（4）**教学资源丰富**。本书具有配套的立体化教学资源，如"课程简介视频""实物实验视频"和课后习题详解及试题库等丰富的教学资源。读者可扫描下方二维码来获取相关资源。

本书在编写过程中，得到了石家庄学院相关领导和师生们的大力支持与帮助，在此特向他们致以诚挚的谢意！

　　河北科技大学王俊社教授在百忙之中仔细审阅了本书，并对本书提出了许多宝贵的意见和建议，在此表示衷心的感谢！

　　西安电子科技大学出版社的同仁为本书的出版付出了辛勤的劳动，在此一并表示诚挚的谢意！

　　由于编者水平有限，书中疏漏和不妥之处在所难免，恳请读者批评指正。

编　者

2023 年 2 月

目 录

第 1 章 绪 论

　　信息的传递和交流,伴随着整个人类的发展史。广义地说,凡是在发信者和收信者之间,利用任何方法,通过任何媒介完成的信息传递,都可称为通信。史料上记载的古时期远距离通信方式有烽火狼烟、驿站快马接力、鸿雁传书等。随着人类社会依次进入蒸汽时代、电气时代,远距离通信方式发生了划时代的变革。在此推动下,人类社会进一步进入了信息时代、数字时代。

　　19 世纪,随着电磁学理论与实践的发展,人类进入了电气时代,人们开始探索利用电磁能量传递信息的方法。1837 年,美国发明家莫尔斯(Morse)发明了有线电报,创造了莫尔斯电码,从而开创了近代通信的新纪元。狭义的通信,指的就是电通信。1876 年,美籍英国发明家贝尔(Bell)推出了有线电话。该电话能够直接将语音信号变换为电信号沿导线传送。有线电报、有线电话属于早期的有线通信。

　　1864 年,英国物理学家麦克斯韦(Maxwell)提出了麦克斯韦方程组,并从理论上预言了电磁波的存在;1887 年,德国物理学家赫兹(Hertz)以卓越的实验技能证实了电磁波是客观存在的。这为无线通信的发展奠定了坚实的理论基础和实验基础。此后,许多科学家都纷纷开始研究如何利用电磁波来进行信息的传递,从此无线电技术登上了科学史和人类通信史的历史舞台。其中最著名的有俄国的波波夫和意大利的马可尼(Marconi)实现的无线通信。1896 年,波波夫进行了无线通信的表演,用无线电报在 250 m 的通信距离上成功发送了"海因里希赫兹"这几个字;1895 年,马可尼首次利用电磁波进行几百米距离通信并获得成功,1901 年,他完成了横跨大西洋的通信,从而使无线通信进入了实用阶段。从此,人类社会进入了无线通信应用和发展的新时代,无线通信也逐步涉及陆地、海洋、航空、航天等固定和移动的通信领域。

　　20 世纪初,人类发明了电子二极管、电子三极管。1948 年,科学家们又发明了晶体三极管,20 世纪 60 年代出现了将"管"和"路"结合起来的集成电路。随后,大规模、超大规模集成电路相继问世。随着电子器件和技术的不断发展,无线通信技术也在不断进步。从 20 世纪 20 年代的无线电广播、30 年代的电视传输、80 年代的移动电话到 90 年代的全球定位系统(GPS)及当今时代的移动通信网络,无线通信技术还在飞速发展。手机、有线电视调制解调器以及射频标签等电信产品迅速融入我们的生活,变成大众不可缺少的工具。LoRa、ZigBee、WiFi、蓝牙等无线通信模式和物联网技术、无人机,在工农业生产、人们日常生活中得到广泛应用,人类社会进入了信息时代乃至数字时代。

　　通信模式的发展充分反映了无线电技术的进步。高频电路是当代无线通信的基础,是无线通信设备中不可或缺的重要组成部分。故本书以无线通信系统为主要研究对象,着重讨论无线电发送、接收设备中的高频放大器和高频功率放大器、振荡器、频率变换器(包括混频器、调制器及解调器等)等电子电路的基本原理和应用。这些电子电路也广泛应用于其他通信系统中。

1.1　通信与通信系统

通信的主要任务是传递信息，而实现信息的传递离不开通信系统。了解该系统的构成，有利于掌握无线通信的基本原理。我们知道，无线通信就是将信息从一个地方，经空间传送到另一个地方。为了使我们获取的声音或图像信息不失真地传递到其他地方，需要对包含声音或图像信息的信号做一些处理，使这些信息的信号变换成有利于传输的信号。这就是通信系统的基本功能。

通信系统的基本组成框图如图 1.1.1 所示。它由输入、输出变换器，发送、接收设备以及信道组成。输入变换器将要传递的声音或图像消息变换为电信号，该电信号包含了原始消息的全部信息(允许存在一定的误差，或者说允许一定的信息损失)，称为基带信号。输入变换器的输出作为通信系统的信号源。

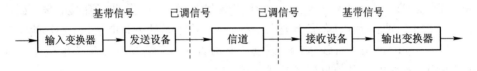

图 1.1.1　通信系统基本组成框图

信道是信号传输的通道，也就是传输媒介，不同的信道有不同的传输特性。为了满足信道对传输信号的要求，须将已获取的基带信号再做变换，这就是发送设备的作用。发送设备将基带信号调制，并使其具有足够的发射功率，再送入信道，实现信号的有效传输。

无线通信系统使用的频率范围很宽，从十几千赫兹到几十吉赫兹。习惯上人们将电磁波按频率范围划分为若干个区段，称作频段或波段(详见 1.2 节)。电磁波在空间传播的速度 $c = 3 \times 10^8$ m/s，信号的频率 f 与其波长 λ 的关系为

$$\lambda = \frac{c}{f} \tag{1.1.1}$$

式中，f 的单位为 Hz，λ 的单位为 m。

通信系统的核心部分是发送设备和接收设备。不同通信系统的发送设备和接收设备的组成不完全相同，但基本结构相似。我们经常见到的通信系统有广播通信系统和移动通信系统，它们都是无线通信系统。从发送设备到接收设备之间的无线电波的传播属于模拟通信系统，其组成结构基本相同。在我们学习这些设备的工作原理和组成电路之前，初步了解其组成结构是有好处的，故下面先简单介绍无线通信系统的发送设备和接收设备的组成结构。

1. 发送设备

无线通信系统发送设备的结构框图如图 1.1.2 所示。振荡器产生等幅的高频正弦信号，该正弦信号经过倍频器后，即成为载波信号(载波好比低频基带信号的"运载工具"，故称为载波)；载波信号经调制器被基带信号调制，产生已调信号；已调信号经功率放大器放大，获得足够的发射功率，作为射频信号发送到空间。注意，载波频率应在适合无线信道传播的频率范围内。

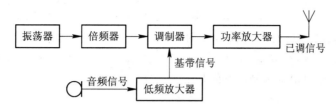

图 1.1.2 无线通信系统发送设备的结构框图

1) 发射前要进行调制的原因

发射前要进行调制的原因有很多，但最主要的原因有以下两点：

(1) 电磁波通过天线有效辐射的需要。理论和实践证明，只有当电信号的频率足够高，以致它的波长与天线的尺寸相近时(例如发射天线的尺寸至少应该是发射信号波长的 1/10)，电信号才能有效辐射传输。一般基带信号的频率很低，例如语音频率范围约为 0.1～6 kHz。假如语音信号是 1 kHz，由式(1.1.1)可计算得其波长为 300 km，若不进行调制直接发射的话，需用 30 km 长的天线，这显然是无法实现的；若将其调制在 30 MHz 的高频载波上，其波长仅为 10 m，需要 1 m 长的天线就可以有效辐射了。

(2) 信道复用的需要。即使将基带信号直接辐射出去，由于多家电台的信号在空间混在一起，接收设备也无法区别。而采用调制方式，不同电台采用不同的载波频率，就可以避免信号相互之间的干扰。这种在频率域内实现的信道的复用称为频率复用。

2) 调制的定义

把待传送的基带信号"装载"到载波上的过程称为"调制"。

所谓"装载"，是指由携带信息的电信号去控制载波的某一参数(如振幅、频率、相位)，使该参数按照电信号的规律变化。将音频信号"装载"到载波上的方法有好几种，如调频、调幅、调相等。电视中的图像采用调幅，伴音采用调频，广播电台中常用的方法是调幅或调频。

3) 常见的三种调制方式

常见的三种调制方式分别为调幅、调频、调相，简述如下。

(1) 调幅(Amplitude Modulation，AM)。载波的频率和相位不变，载波的振幅按基带信号的变化规律而变化，称为振幅调制，简称调幅。图 1.1.3 为无线电调幅广播发送设备框图及信号波形。

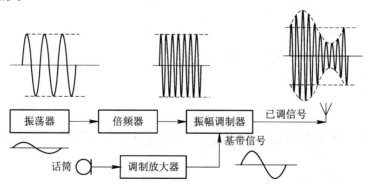

图 1.1.3 无线电调幅广播发送设备框图及信号波形

（2）调频（Frequency Modulation，FM）。载波的振幅不变，载波的瞬时频率按基带信号的变化规律而变化，称为频率调制，简称调频。

（3）调相（Phase Modulation，PM）。载波的振幅不变，载波的瞬时相位按基带信号的变化规律而变化，称为相位调制，简称调相。

2. 接收设备

无线通信系统接收设备的结构框图如图 1.1.4 所示。接收设备的第一级是高频放大器。由发送设备发出的信号经过长距离的传输后，信号会衰减很多，能量会损失很多，同时在传输过程中来自各方面的干扰和噪声也会影响信号。当到达接收设备时，信号是很微弱的，因而需要经过放大器的放大，并利用高频放大器的窄带特性滤除一部分带外的噪声和干扰。高频放大器的输出是载波频率为 f_c 的已调信号，该信号经过混频器，与本地振荡器提供的频率为 f_L 的信号混频，产生频率为 f_I 的中频信号。中频信号经中频放大器放大，送到解调器，恢复原基带信号，再经低频放大器放大后输出。图 1.1.5 为无线电调幅广播超外差接收设备框图及信号波形。

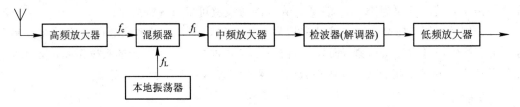

图 1.1.4　无线通信系统接收设备的结构框图

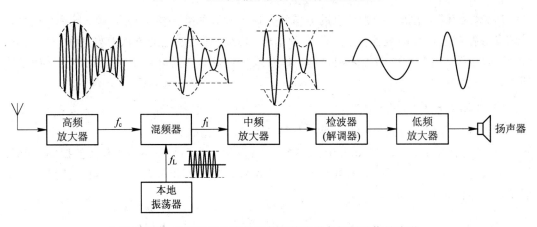

图 1.1.5　无线电调幅广播超外差接收设备框图及信号波形

高频放大器、中频放大器都是小信号谐振放大器，功率放大器是谐振功率放大器，调制器可进行幅度调制、角度调制，解调器可进行解调。上述电路以及振荡器、混频器都是本书所讨论的重点。

1.2　无线电波段的划分和无线电波的传播特性

1. 无线电波段的划分

无线电波段可以按频率范围划分，也可以按波长范围划分。表 1.2.1 列出了按频率范围划分的无线电波段的频段名称、频率范围、相应的波长范围、相应的波段名称以及相应的应用举例。不过，无线电波段的划分是粗糙的，各波段之间并没有明显的分界线，在各波段之间的衔接处，无线电波的特性无明显差异，但各个波段间的特点仍有差异。

表 1.2.1　无线电波段划分

波段名称		波长范围	频率范围	频段名称	应用举例
极长波		100 km 以上	3 kHz 以下	极低频（ELF）	水下通信 音频电话 数据传输
甚长波		100～10 km	3～30 kHz	甚低频（VLF）	
长波		10～1 km	30～300 kHz	低频（LF）	航海设备
中波		1000～100 m	0.3～3 MHz	中频（MF）	调幅广播
短波		100～10 m	3～30 MHz	高频（HF）	移动通信
超短波（米波）		10～1 m	30～300 MHz	甚高频（VHF）	VHF 电视
微波	分米波	100～10 cm	0.3～3 GHz	特高频（UHF）	UHF 电视
	厘米波	10～1 cm	3～30 GHz	超高频（SHF）	雷达
	毫米波	10～1 mm	30～300 GHz	极高频（EHF）	无线电天文学
	亚毫米波	1～0.1 mm	300～3000 GHz	至高频	
光波		长波长 100～1 μm			
		短波长 0.8～0.9 μm			

2. 无线电波的传播途径

无线通信的传输媒介是自由空间。无线电波从发射天线辐射出去之后，经过自由空间到达接收天线的传播途径大体可分为三种，即沿地面传播、沿空间直线传播和依靠电离层传播，相应的无线电波也称为地面波、空间波和天波。

1）地面波

地面波指沿地面传播的无线电波。由于地球是一个巨大的非理想的导体，所以无线电波沿其表面传播时，因集肤效应能量被大地吸收，这种能量损耗与无线电波波长及其他因素有关，波长越长，损耗越小，波长越短，损耗越大。沿地面传播只适用于长波和超长波。

2）空间波

空间波指在发射天线与接收天线间直线传播的无线电波。由于地球表面是弯曲的，这种传播的距离是有限的，通常只能为可视距离，即几十千米。发射天线和接收天线越高，传播距离也越远，可通过架高天线、中继或卫星等方式来扩大传播距离。沿空间直线传播适用于频率超过 30 MHz 的超短波。

3）天波

天波指利用电离层的折射、反射和散射作用进行传播的无线电波。由于太阳的辐射引起大气电离，在地球表面上方约 100 km 至 600 km 的高空形成一层电离层，当无线电波到达电离层后，一部分能量被电离层吸收而损失掉，另一部分能量则被反射和折射到地面。利用电离层反射可以实现信号的远距离传播。电离层反射的特点是：频率越高，吸收能量越小。频率较低的长波、中波在电离层受到较强的吸收，但频率过高的无线电波会穿透电离层，所以依靠电离层传播适用于频率在 1.5～30 MHz 范围的中、短波。由于电离层的状态随时间在变化，比如白天和黑夜电离层就有很大区别，因此这种传播方式不稳定。

1.3　本课程的特点

高频电子线路是低频电子线路的后续课程。从它处理的信号频率角度来说，发送和接收的信号都是高频信号。这是相对于需要传送信息的音频信号和视频信号来说的。我们称这些音频信号和视频信号为基带信号。基带信号的基本特点是其信号频谱是宽带的，即该信号频谱范围的上限频率和下限频率的差（即信号带宽），与其下限频率的比远大于 1。宽带信号包含大量低频信号的能量。

为了远距离地传送信号和接收信号，就需要调制，这是一种变换。无线电波的发送设备和接收设备就是进行这种变换的设备。因此，在这些设备中，必定包含非线性的器件。在本课程中，阐述的各部分高频电子线路，除高频小信号谐振放大器外，都是非线性电路。相对于线性电子线路的分析方法来说，非线性电子线路的分析方法更加复杂，求解也困难得多。因此，学习本课程时应注意以下几点：

（1）非线性电路分析方法的复杂性。

非线性电路的分析是本课程的重点，也是本课程与低频电子线路的重要区别之一。非线性电路的分析不能采用叠加定理，必须求解非线性代数方程或非线性微分方程，而对非线性电路进行严格的数学分析是相当困难的。在工程上往往根据实际情况进行合理近似，以便用简单的分析方法获得具有实用意义的结果。因此在学习中应注意电路数学模型的建立及工作条件的合理近似，不必过分强调其严格性。

（2）非线性电路种类和电路形式的多样性。

学习本课程时，不但要掌握各种典型单元电路的组成、工作原理及分析方法，而且还要深入了解它们之间的共性和相互联系，注意知识的综合运用。

（3）本课程的实践性。

本课程具有很强的理论性和实践性，是一门理论与实践紧密联系的课程。实践是学好本课程的重要环节，在学习时将实际实验、计算机仿真实验和理论分析密切结合，才能对相应知识融会贯通，加深理解。

✦ 练习题

1.1　已知频率为 3 kHz、1000 kHz、100 MHz，试分别求出它们的波长并指出其所在的波段名称。

1.2　画出无线电调幅广播超外差接收设备组成框图以及各组成部分的输出电压波形。

第 2 章　小信号选频放大器

　　小信号选频放大器广泛应用于通信和其他电子设备中，比如超外差接收设备中的高频放大器和中频放大器。小信号选频放大器用来从众多的微弱信号中选出有用信号并加以放大，且对其他无用信号予以抑制。小信号选频放大器分为两类：一类以谐振回路作为选频网络，称为小信号谐振放大器或调谐放大器；另一类由集中选频滤波器和集成宽带放大器组成集中选频放大器。集中选频放大器具有选择性好、性能稳定、调整方便等优点，被广泛应用。在实际应用中，放大器内部噪声将会影响放大器对微弱信号的放大能力，从而影响接收设备的灵敏度。

　　本章先对谐振回路的基本特性进行分析并介绍阻抗变换电路，然后介绍小信号谐振放大器和集中选频放大器的组成及工作原理，最后对放大器的噪声进行讨论。

2.1　谐振回路与阻抗变换

2.1.1　并联谐振回路

　　为有效地选出有用信号，高频小信号谐振放大器、高频丙类谐振功率放大器、正弦波振荡器、混频器等的负载多采用并联谐振回路作为选频网络。

1. 并联谐振回路的阻抗频率特性

　　并联谐振回路如图 2.1.1 所示。图中与电感线圈 L 串联的电阻 r 代表线圈的损耗，电容 C 的损耗很小，可不考虑。$\dot{I}_s$ 为电流源，$\dot{U}_o$ 为并联回路两端输出电压。为了分析方便，在分析电路时也暂时不考虑信号源内阻的影响。

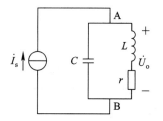

图 2.1.1　并联谐振回路

　　在图 2.1.1 中，电感、电容支路的阻抗分别为

$$Z_1 = r + \mathrm{j}\omega L , \quad Z_2 = \frac{1}{\mathrm{j}\omega C} \tag{2.1.1}$$

并联谐振回路的等效阻抗为

$$Z = \frac{\dot{U}_o}{\dot{I}_s} = \frac{Z_1 \cdot Z_2}{Z_1 + Z_2} = \frac{(r + \mathrm{j}\omega L) \cdot \dfrac{1}{\mathrm{j}\omega C}}{(r + \mathrm{j}\omega L) + \dfrac{1}{\mathrm{j}\omega C}} = \frac{(r + \mathrm{j}\omega L) \cdot \dfrac{1}{\mathrm{j}\omega C}}{r + \mathrm{j}\left(\omega L - \dfrac{1}{\omega C}\right)} \tag{2.1.2}$$

　　在实际电路中，通常 r 很小，满足 $r \ll \omega L$，因此式(2.1.2)分子上可略去 r，得

$$Z \approx \frac{\dfrac{L}{C}}{r + \mathrm{j}\left(\omega L - \dfrac{1}{\omega C}\right)} = \frac{1}{\dfrac{Cr}{L} + \mathrm{j}\left(\omega C - \dfrac{1}{\omega L}\right)} \tag{2.1.3}$$

取式(2.1.3)中阻抗 Z 的模和相角，得

$$|Z| = \frac{1}{\sqrt{\left(\dfrac{Cr}{L}\right)^2 + \left(\omega C - \dfrac{1}{\omega L}\right)^2}} \tag{2.1.4}$$

$$\varphi_Z = -\arctan \frac{\omega C - \dfrac{1}{\omega L}}{\dfrac{Cr}{L}} \tag{2.1.5}$$

由式(2.1.4)和式(2.1.5)可画出并联谐振回路的阻抗 Z 的幅频特性曲线和相频特性曲线，如图 2.1.2 所示。

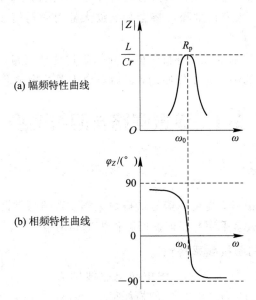

图 2.1.2　并联谐振回路的特性曲线

下面讨论并联谐振回路的阻抗频率特性，并给出并联谐振回路的几个重要概念和重要参数。

1) 谐振、谐振电阻和谐振频率

当并联谐振回路的等效阻抗 Z 为实数，即回路电压 $\dot{U}_\circ$ 与电流 $\dot{I}_\text{s}$ 相位相同（$\varphi_Z = 0$）时，称回路发生了谐振，此时由式(2.1.3)可知

$$\mathrm{j}\left(\frac{1}{\omega C} - \omega L\right) = 0 \tag{2.1.6}$$

由式(2.1.3)和式(2.1.4)知，回路谐振时其等效阻抗 Z 为纯电阻且为最大，该电阻也称谐振电阻，可用符号 R_p 表示，即谐振电阻为

$$Z = R_\text{p} = \frac{L}{Cr} \tag{2.1.7}$$

由式(2.1.6)得回路的谐振角频率和谐振频率分别为

$$\omega_0 = \frac{1}{\sqrt{LC}}, \quad f_0 = \frac{1}{2\pi\sqrt{LC}} \tag{2.1.8}$$

可见，在谐振点，角频率为 ω_0 时，并联谐振回路相当于一个纯电阻电路。

注：严格地讲，ω_0 与回路损耗电阻 r 有关，式(2.1.8)的精确表达式为

$$\omega_0 = \frac{1}{\sqrt{LC}}\sqrt{1 - \frac{Cr^2}{L}}$$

2）并联谐振回路的阻抗频率特性

由图 2.1.2 可以看出，当回路的角频率 $\omega = \omega_0$ 时，$\varphi_Z = 0$，并联谐振回路总阻抗 Z 呈纯电阻性；当回路的角频率 $\omega < \omega_0$ 时，$\varphi_Z > 0$，并联谐振回路总阻抗 Z 呈电感性；当回路的角频率 $\omega > \omega_0$ 时，$\varphi_Z < 0$，并联谐振回路总阻抗 Z 呈电容性。

3）品质因数

为了评价谐振回路损耗的大小，常引入品质因数 Q，它定义为回路谐振时的感抗(或容抗)与线圈中串联的损耗电阻 r 之比(或定义为回路谐振时的无功功率与损耗功率之比)，即

$$Q = \frac{\omega_0 L}{r} = \frac{1}{\omega_0 Cr} \tag{2.1.9}$$

将式(2.1.8)代入式(2.1.9)，得

$$Q = \frac{1}{r}\sqrt{\frac{L}{C}} \tag{2.1.10}$$

一般并联谐振回路的 Q 值在几十到几百范围内，Q 值越大，回路的损耗越小，其选频特性就越好。

4）特性阻抗

并联谐振回路谐振时的感抗 $(\omega_0 L)$ 或容抗大小 $\left(\dfrac{1}{\omega_0 C}\right)$，称为回路的特性阻抗 ρ，即

$$\rho = \omega_0 L = \frac{1}{\omega_0 C} = \sqrt{\frac{L}{C}} \tag{2.1.11}$$

并联谐振回路的谐振电阻 R_p 可以用 Q 表示，即

$$R_p = \frac{L}{Cr} = Q\omega_0 L = \frac{Q}{\omega_0 C} = Q\rho = Q\sqrt{\frac{L}{C}} \tag{2.1.12}$$

式(2.1.12)这个关系式后面会经常用到。

2. 并联谐振回路的特性

1）幅频特性和相频特性

上面已经介绍了并联谐振回路的阻抗频率特性。设维持信号源 $\dot{I}_s$ 的幅值不变，改变其频率，回路两端电压 $\dot{U}_o$ 的变化规律与回路的阻抗频率特性相同。由图 2.1.1 可知

$$\dot{U}_o = \dot{I}_s Z \tag{2.1.13}$$

当信号源角频率 $\omega = \omega_0$ 时，回路谐振，两端输出电压为

$$\dot{U}_p = \dot{I}_s R_p \qquad (2.1.14)$$

由式(2.1.13)、式(2.1.14)、式(2.1.3)、式(2.1.7)、式(2.1.12)得归一化回路电压为

$$\frac{\dot{U}_o}{\dot{U}_p} = \frac{Z}{R_p} = \frac{1}{1 + jR_p\left(\omega C - \dfrac{1}{\omega L}\right)}$$

$$= \frac{1}{1 + j\left(\dfrac{R_p}{\omega_0 L}\right)\left(\dfrac{\omega}{\omega_0} - \dfrac{\omega_0}{\omega}\right)}$$

$$= \frac{1}{1 + jQ\left(\dfrac{\omega}{\omega_0} - \dfrac{\omega_0}{\omega}\right)} = \frac{1}{1 + j\xi} \qquad (2.1.15)$$

式中

$$\xi = Q\left(\frac{\omega}{\omega_0} - \frac{\omega_0}{\omega}\right) \qquad (2.1.16)$$

称为"广义失谐"。由于通常谐振回路主要研究谐振角频率 ω_0 附近的频率特性，ω 十分接近 ω_0，故可近似认为 $\omega + \omega_0 \approx 2\omega_0$，$\omega\omega_0 \approx \omega_0^2$，并令 $\omega - \omega_0 = \Delta\omega$，则

$$\xi = Q\left(\frac{\omega}{\omega_0} - \frac{\omega_0}{\omega}\right) = Q\left(\frac{\omega^2 - \omega_0^2}{\omega_0\omega}\right) = Q\frac{(\omega + \omega_0)(\omega - \omega_0)}{\omega_0\omega}$$

$$\approx Q\frac{2(\omega - \omega_0)}{\omega_0} = Q\frac{2\Delta\omega}{\omega_0} = Q\frac{2\Delta f}{f_0} \qquad (2.1.17)$$

式中：$\Delta f = \dfrac{\Delta\omega}{2\pi} = f - f_0$，称为"绝对失谐"；$f_0 = \dfrac{\omega_0}{2\pi}$。这样，式(2.1.15)可以重新写为

$$\frac{\dot{U}_o}{\dot{U}_p} = \frac{1}{1 + j\xi} \approx \frac{1}{1 + jQ\dfrac{2\Delta f}{f_0}} \qquad (2.1.18)$$

其幅频特性为

$$\left|\frac{\dot{U}_o}{\dot{U}_p}\right| = \frac{1}{\sqrt{1 + \left(Q\dfrac{2\Delta f}{f_0}\right)^2}} \qquad (2.1.19)$$

相频特性为

$$\varphi = -\arctan\left(Q\frac{2\Delta f}{f_0}\right) \qquad (2.1.20)$$

根据式(2.1.19)和式(2.1.20)可以画出并联谐振回路以绝对失谐 Δf 表示的幅频特性和相频特性曲线，如图 2.1.3(a)、(b)所示。由式(2.1.19)可以看出，在谐振点，$\Delta f = 0$，$\left|\dfrac{\dot{U}_o}{\dot{U}_p}\right| = 1$；随着 $|\Delta f|$ 的增大，$\left|\dfrac{\dot{U}_o}{\dot{U}_p}\right|$ 将减小。对于同样的偏离值 Δf，Q 越高，$\left|\dfrac{\dot{U}_o}{\dot{U}_p}\right|$ 衰减就越多，谐振曲线就越尖锐，如图 2.1.3(a)所示。

另外，从相频特性曲线可以看出，对于同样的偏离值 Δf，Q 越高，相角的绝对值就越

大，相频特性曲线在原点处就越"陡峭"（即曲线在原点处的斜率绝对值越大）；当 $\Delta f \to \pm \infty$ 时，$\varphi \to \mp 90°$，如图 2.1.3(b)所示。

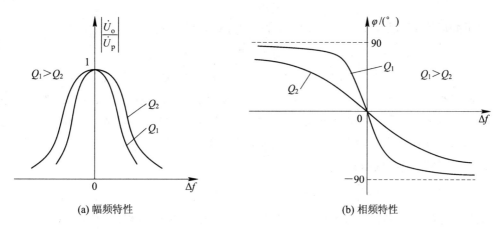

(a) 幅频特性   (b) 相频特性

图 2.1.3 并联谐振回路幅频特性和相频特性曲线

2. 通频带

我们规定，当 $\left|\dfrac{\dot{U}_o}{\dot{U}_p}\right|$ 值由最大值 1 下降到 $0.707\left(\dfrac{1}{\sqrt{2}} \approx 0.707，即 -3 \text{ dB}\right)$ 时，所确定的频带宽度（简称带宽）$2\Delta f$ 称为回路的通频带，记作 $\text{BW}_{0.7}$，如图 2.1.4 所示。令式(2.1.19)中 $\left|\dfrac{\dot{U}_o}{\dot{U}_p}\right| = \dfrac{1}{\sqrt{2}}$，可求得

$$\text{BW}_{0.7} = 2\Delta f_{0.7} = \frac{f_0}{Q} \qquad (2.1.21)$$

式(2.1.21)说明，回路的通频带 $\text{BW}_{0.7}$ 取决于品质因数 Q，Q 值越高，幅频特性曲线越尖锐，通频带越窄。

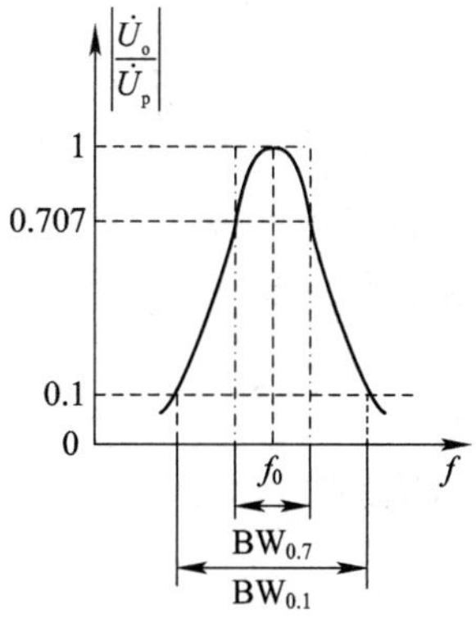

3. 选择性

选择性是指回路从含有各种不同频率信号总和中选出有用信号、抑制干扰信号的能力。

理想的选频特性，要求选频网络的幅频特性应具有矩形形状，即在通频带内各频率分量具有相同的输出幅度，而在通频带外无用信号的输出为零，如图 2.1.4 点画线所示。然而，具有这样的幅频特性的选频网络实际上是不存在的。为了说明实际幅频特性曲线接近矩形的程度，人们引入了"矩形系数"这一参数，用符号 $K_{0.1}$ 表示，它定义为

图 2.1.4 通频带

$$K_{0.1} = \frac{\text{BW}_{0.1}}{\text{BW}_{0.7}} \qquad (2.1.22)$$

式中，$\text{BW}_{0.1}$ 为 $\left|\dfrac{\dot{U}_o}{\dot{U}_p}\right| = 0.1$（即 -20 dB）时所确定的频带宽度，如图 2.1.4 所示。显然，理

想矩形幅频特性的 $K_{0.1}=1$，实际选频网络的矩形系数越接近 1，说明其幅频特性曲线越接近矩形，选择性也就越好。

对于并联谐振回路，令 $\left|\dfrac{\dot{U}_\text{o}}{\dot{U}_\text{p}}\right|=0.1$，由式(2.1.19)可得

$$\text{BW}_{0.1}=2\Delta f_{0.1}=\sqrt{99}\,\frac{f_0}{Q}\approx 10\,\frac{f_0}{Q}$$

由此可得 $K_{0.1}\approx 10$。这说明单个并联谐振回路的矩形系数远大于 1，选择性是比较差的。若要减小矩形系数，可将两个或多个串联、并联谐振回路连接起来，构成带通滤波器，也可采用石英晶体和陶瓷滤波器或声表面波滤波器等(详见 2.3.1 节)。

3. 并联谐振回路的等效变换

1) 串、并联电路阻抗等效变换

电抗、电阻的并联和串联电路如图 2.1.5 所示。它们之间可以进行等效变换。所谓等效就是指在工作频率相同的条件下两者复阻抗相等(或复导纳相等)。由图 2.1.5 可知串联和并联电路的复阻抗 $Z_\text{串}$ 和 $Z_\text{并}$ 分别为

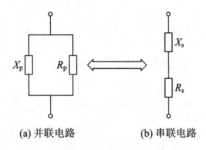

(a) 并联电路   (b) 串联电路

图 2.1.5　串、并联电路阻抗等效电路

$$Z_\text{串}=R_\text{s}+\text{j}X_\text{s} \tag{2.1.23}$$

$$Z_\text{并}=\frac{R_\text{p}\cdot\text{j}X_\text{p}}{R_\text{p}+\text{j}X_\text{p}}=\frac{R_\text{p}\cdot\text{j}X_\text{p}(R_\text{p}-\text{j}X_\text{p})}{(R_\text{p}+\text{j}X_\text{p})(R_\text{p}-\text{j}X_\text{p})}=\frac{R_\text{p}X_\text{p}^2}{R_\text{p}^2+X_\text{p}^2}+\text{j}\,\frac{X_\text{p}R_\text{p}^2}{R_\text{p}^2+X_\text{p}^2} \tag{2.1.24}$$

根据等效原理，当上述串联电路、并联电路等效时，式(2.1.23)与式(2.1.24)实部、虚部分别相等，即

$$R_\text{s}=\frac{R_\text{p}X_\text{p}^2}{R_\text{p}^2+X_\text{p}^2},\quad X_\text{s}=\frac{X_\text{p}R_\text{p}^2}{R_\text{p}^2+X_\text{p}^2} \tag{2.1.25}$$

根据品质因数的定义，串联电路中 R_s、X_s 和并联电路中 R_p、X_p 的品质因数分别为

$$Q_\text{s}=\frac{|X_\text{s}|}{R_\text{s}},\quad Q_\text{p}=\frac{R_\text{p}}{|X_\text{p}|}$$

由式(2.1.25)可得

$$\frac{|X_\text{s}|}{R_\text{s}}=\frac{R_\text{p}}{|X_\text{p}|}$$

所以，有

$$Q_\text{s}=Q_\text{p}=Q=\frac{|X_\text{s}|}{R_\text{s}}=\frac{R_\text{p}}{|X_\text{p}|} \tag{2.1.26}$$

将式(2.1.26)代入式(2.1.25)可得并联电路阻抗变换为串联电路阻抗的关系式为

$$R_s = \frac{R_p X_p^2}{R_p^2 + X_p^2} = \frac{R_p}{1 + \left(\dfrac{R_p}{X_p}\right)^2} = \frac{R_p}{1 + Q^2} \tag{2.1.27a}$$

$$X_s = \frac{X_p R_p^2}{R_p^2 + X_p^2} = \frac{X_p}{1 + \left(\dfrac{X_p}{R_p}\right)^2} = \frac{X_p}{1 + \dfrac{1}{Q^2}} \tag{2.1.27b}$$

反之，可得串联电路阻抗变换为并联电路阻抗的关系式为

$$R_p = R_s(1 + Q^2) \tag{2.1.28a}$$

$$X_p = X_s\left(1 + \frac{1}{Q^2}\right) \tag{2.1.28b}$$

若电路品质因数 $Q \gg 1$，由式(2.1.28a)和式(2.1.28b)可得

$$R_p \approx R_s Q^2 , \quad X_p \approx X_s \tag{2.1.29}$$

2) 并联谐振回路的等效电路

图 2.1.6(a)所示的并联谐振回路可用串、并联电路阻抗等效变换，将 L、r 串联电路变换为并联电路，如图 2.1.6(b)所示。一般谐振回路中，电感线圈的 Q 值都在几十以上，由式(2.1.29)可知，图 2.1.6(a)、(b)中两电感值 L 是近似相等的，但图(b)中并联电阻 R_p 的值将比图(a)中串联电阻 r 的值大很多，R_p 的值为

$$R_p \approx rQ^2 = r\left(\frac{\omega_0 L}{r}\right)^2 = \frac{L}{Cr} \tag{2.1.30}$$

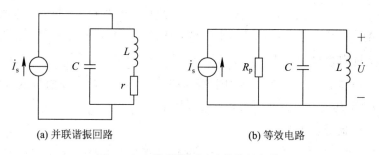

(a) 并联谐振回路　　　　　　　　　　　(b) 等效电路

图 2.1.6　并联谐振回路的等效电路

2.1.2　阻抗变换电路

1. 信号源内阻及负载对谐振回路的影响

在实际应用中，谐振回路必然与信号源和负载相连接，信号源的内阻 R_s 和负载电阻 R_L 都会对谐振回路产生影响。实际考虑 R_s 和 R_L 后的并联谐振回路如图 2.1.7(a)所示，图 2.1.7(b)将图 2.1.7(a)中的信号源由电压源形式等效变换成了电流源形式($\dot{I}_s = \dot{U}_s/R_s$)，将 L 与 r 串联电路等效变换成了 L 与 R_p 并联电路。将图(b)中所有电阻合并为 R_e，即

$$R_e = R_s /\!/ R_p /\!/ R_L \tag{2.1.31}$$

由此可得图 2.1.7(c)所示电路。

由式(2.1.12)可知，不考虑 R_s 和 R_L 影响的并联谐振回路的品质因数(称为空载品质

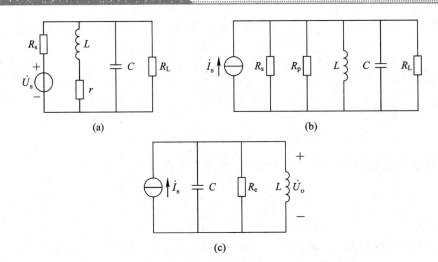

图 2.1.7 考虑 R_s 和 R_L 后的并联谐振回路

因数)为

$$Q = R_p \sqrt{\frac{C}{L}}$$

考虑 R_s 和 R_L 影响后,图 2.1.7(c)中等效并联谐振回路的品质因数(称为有载品质因数,记为 Q_e)为

$$Q_e = R_e \sqrt{\frac{C}{L}} \qquad (2.1.32)$$

由于 $R_e < R_p$,所以有载品质因数 Q_e 小于空载品质因数 Q。可见,信号源的内阻 R_s 和负载电阻 R_L 的影响将使回路的品质因数下降,选择性变差,通频带 $\mathrm{BW}_{0.7}$ 展宽。

2. 常用阻抗变换电路

为了减小信号源内阻及负载电阻对谐振回路的影响,通常采用阻抗变换电路。常用的阻抗变换电路有变压器、电感分压器和电容分压电路等。

1) 变压器阻抗变换电路

变压器阻抗变换电路如图 2.1.8 所示,设变压器为无损耗的理想变压器,其初级线圈匝数为 N_1,次级线圈匝数为 N_2,我们引入接入系数 p 为

$$p = \frac{N_2}{N_1}$$

则负载电阻 R_L 折算到初级线圈两端的等效电阻 R_L' 为

$$R_L' = \left(\frac{N_1}{N_2}\right)^2 R_L = \frac{R_L}{p^2} \qquad (2.1.33)$$

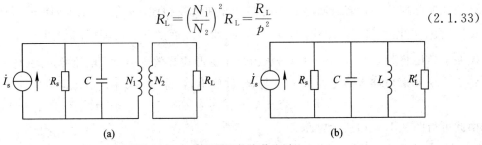

图 2.1.8 变压器阻抗变换电路

2) 电感分压器阻抗变换电路

电感分压器阻抗变换电路如图 2.1.9 所示，该电路也称自耦变压器阻抗变换电路。N_{13} 是总线圈匝数，N_{23} 是自耦变压器的抽头部分线圈匝数。负载电阻 R_L 折合到谐振回路后的等效电阻为 R_L'，如图 2.1.9(b)所示，则

$$R_L' = \left(\frac{N_{13}}{N_{23}}\right)^2 R_L = \frac{1}{p^2} R_L \tag{2.1.34}$$

式中，$p = \dfrac{N_{23}}{N_{13}}$ 为接入系数。

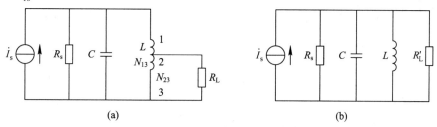

图 2.1.9　电感分压器阻抗变换电路

3) 电容分压器阻抗变换电路

电容分压器阻抗变换电路如图 2.1.10 所示，图中，C_1、C_2 为分压电容器，R_L 为负载电阻，R_L' 是 R_L 经变换后的等效电阻。

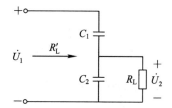

图 2.1.10　电容分压器阻抗变换电路

设电容 C_1、C_2 是无耗的，根据 R_L 和 R_L' 上所消耗的功率相等，即 $\dfrac{U_2^2}{R_L} = \dfrac{U_1^2}{R_L'}$($U_1$、$U_2$ 分别为 $\dot{U}_1$ 和 $\dot{U}_2$ 的有效值)可得

$$R_L' = \left(\frac{U_1}{U_2}\right)^2 R_L = \frac{R_L}{p^2} \tag{2.1.35}$$

式中，$p = \dfrac{U_2}{U_1}$ 为接入系数。

当 $R_L \gg \dfrac{1}{\omega C_2}$ 时，可求得

$$p = \frac{U_2}{U_1} = \frac{\dfrac{1}{\omega C_2}}{\dfrac{1}{\omega \dfrac{C_1 C_2}{C_1 + C_2}}} = \frac{C_1}{C_1 + C_2} \tag{2.1.36}$$

例题 2.1.1　并联谐振回路如图 2.1.11 所示，已知工作频率 $f_0 = 10$ MHz，$Q = 100$，

负载电阻 $R_L = 1$ kΩ，信号源内阻 $R_s = 12$ kΩ，$C = 40$ pF，$N_{13}/N_{23} = 1.3$，$N_{13}/N_{45} = 4$。

（1）将信号源、负载通过变压器阻抗变换等效到 1－3 端，画出等效电路；

（2）试求该谐振回路的有载谐振电阻 R_e、有载品质因数 Q_e 及通频带 $BW_{0.7}$。

解 （1）将信号源、负载通过变压器阻抗变换等效到 1－3 端，等效电路如图 2.1.12 所示。

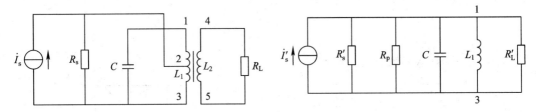

图 2.1.11 例题 2.1.1 电路 　　　 图 2.1.12 例题 2.1.1 电路变换后的等效电路

（2）LC 并联谐振回路电感支路串联损耗电阻 r 可等效为与回路并联的谐振电阻（空载谐振电阻），此时有

$$R_p = Q \frac{1}{\omega_0 C} = \frac{Q}{2\pi f_0 C} = \frac{100}{2\pi \times 10^7 \times 40 \times 10^{-12}} \Omega = 39.8 \text{ kΩ}$$

设信号源内阻 R_s、负载电阻 R_L 对 LC 并联谐振回路的接入系数分别为 p_1、p_2，相应阻抗变换变压器的匝比分别为 n_1、n_2，则

$$n_1 = \frac{1}{p_1} = \frac{N_{13}}{N_{23}} = 1.3, \quad n_2 = \frac{1}{p_2} = \frac{N_{13}}{N_{45}} = 4$$

因此

$$R_s' = \frac{R_s}{p_1^2} = n_1^2 R_s = 1.3^2 \times 12 \text{ kΩ} = 20.28 \text{ kΩ}$$

$$R_L' = \frac{R_L}{p_2^2} = n_2^2 R_L = 4^2 \times 1 \text{ kΩ} = 16 \text{ kΩ}$$

$$R_e = R_s' // R_p // R_L' = (20.28 // 39.8 // 16) \text{kΩ} = 7.303 \text{ kΩ}$$

有载品质因数为

$$Q_e = \frac{R_e}{\dfrac{1}{\omega_0 C}} = \frac{R_e}{\dfrac{1}{2\pi f_0 C}} = 7.303 \times 10^3 \times 2\pi \times 10^7 \times 40 \times 10^{-12} = 18.34$$

电路的通频带 $BW_{0.7}$ 为

$$BW_{0.7} = \frac{f_0}{Q_e} = \frac{10}{18.34} \text{ MHz} = 0.545 \text{ MHz}$$

2.2　小信号谐振放大器

小信号谐振放大器种类很多，它们都以谐振回路作为交流负载。按谐振回路区分，小信号谐振放大器有单调谐回路谐振放大器（交流负载为单调谐回路，即上节所讲的 LC 并联谐振回路）、双调谐回路谐振放大器（交流负载为双调谐回路，这种放大器本书未涉及，有兴趣的读者可参阅书末文献[3]）和参差调谐放大器等。小信号谐振放大器中的核心放大器件是高频晶体管。由于高频效应，低频电子线路中所讲的晶体管 h 参数等效电路在高频电

路中已经不再适用。下面介绍高频电路中晶体管的混合 π 参数、Y 参数等效电路。

2.2.1 晶体管的混合 π 参数、Y 参数等效电路

晶体管在高频等效电路与低频等效电路中是不同的，低频应用时，晶体管电容效应往往可以忽略，因而等效电路中可以不加考虑；高频应用时，晶体管电容效应不容忽视，必须加以考虑。

晶体管高频等效电路的建立有两种方法：一种是根据晶体管内部发生的物理过程，拟定模型而建立的物理参数等效电路，如常用的晶体管混合 π 参数等效电路；另一种是把晶体管视作有多个端子的"黑箱"，先从外部端子列出电流和电压的方程，然后拟定满足方程的网络模型而建立的网络参数等效电路，如 h、Y、Z 参数等效电路。

1. 晶体管的混合 π 参数等效电路

在高频时，考虑极间电容后，晶体管的结构示意图如图 2.2.1 所示，其中，B' 称为有效基极，$C_{b'e}$ 为发射结等效电容，$C_{b'c}$ 为集电结等效电容。由此得到晶体管共射混合 π 参数等效电路，如图 2.2.2 所示。

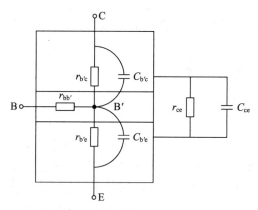

图 2.2.1　晶体管的结构示意图

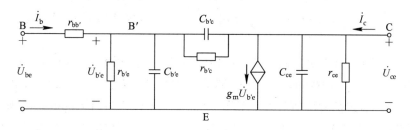

图 2.2.2　晶体管的混合 π 参数等效电路

在图 2.2.1 和图 2.2.2 中，晶体管混合 π 参数等效电路的参数名称及其参考数值范围如下：

$r_{bb'}$ 为基区电阻，指从基区引线到有效基极的电阻，其值为几十欧到 100 Ω；

$r_{b'e}$ 为发射结电阻，约 50～5000 Ω；

$r_{b'c}$ 为集电结电阻，因集电结反偏，其值很大，约 0.1～10 MΩ；

r_{ce} 为集-射极间电阻，其值较大，约 20～200 kΩ；

$C_{b'e}$ 为发射结电容，约 100～500 pF；

$C_{b'c}$ 为集电结电容，约 $2\sim10$ pF；

C_{ce} 为集-射极间电容，其值较小，约 $2\sim10$ pF；

g_m 为晶体管跨导，约 $20\sim80$ mS。

2. 晶体管的 Y 参数等效电路

Y 参数具有导纳量纲，是导纳参数。因为高频放大器的调谐回路以及下一级负载大都与晶体管并联，因此使用 Y 参数计算比较方便。

一个晶体管可以看成二端口网络，如图 2.2.3 所示。该二端口网络的 Y 参数方程如下：

$$\dot{I}_b = Y_{ie}\dot{U}_{be} + Y_{re}\dot{U}_{ce} \qquad (2.2.1a)$$

$$\dot{I}_c = Y_{fe}\dot{U}_{be} + Y_{oe}\dot{U}_{ce} \qquad (2.2.1b)$$

令 $\dot{U}_{ce}=0$，即令输出端交流短路，由式（2.2.1）可得

$$Y_{ie} = \frac{\dot{I}_b}{\dot{U}_{be}}\bigg|_{\dot{U}_{ce}=0}, \qquad Y_{fe} = \frac{\dot{I}_c}{\dot{U}_{be}}\bigg|_{\dot{U}_{ce}=0}$$

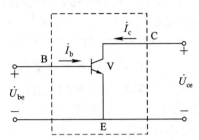

图 2.2.3　晶体管共发射极电路

Y_{ie}、Y_{fe} 分别称为晶体管输出端交流短路时的输入导纳和正向传输导纳。

令 $\dot{U}_{be}=0$，即令输入端交流短路，由式（2.2.1）可得

$$Y_{re} = \frac{\dot{I}_b}{\dot{U}_{ce}}\bigg|_{\dot{U}_{be}=0}, \qquad Y_{oe} = \frac{\dot{I}_c}{\dot{U}_{ce}}\bigg|_{\dot{U}_{be}=0}$$

Y_{re}、Y_{oe} 分别称为晶体管输入端交流短路时的反向传输导纳和输出导纳。

Y_{ie} 是晶体管输出端交流短路时的输入导纳（下标"i"表示输入，"e"表示共射组态），反映了晶体管放大器输入电压对输入电流的控制作用，其倒数是电路的输入阻抗。Y_{ie} 是复数，可表示为 $Y_{ie}=g_{ie}+j\omega C_{ie}$，其中 g_{ie}、C_{ie} 分别称为晶体管的输入电导和输入电容。

Y_{fe} 为晶体管输出端交流短路时的正向传输导纳，反映了晶体管放大器输入电压对输出电流的控制作用，或者说电路的放大作用。Y_{fe} 越大，放大能力越强。Y_{fe} 是一复数，可表示为 $Y_{fe}=|Y_{fe}|\angle\varphi_{fe}$。

Y_{re} 是晶体管输入端交流短路时的反向传输导纳（下标"r"表示反向），反映了晶体管输出电压对输入电流的影响，即晶体管内部的反馈作用。Y_{re} 是一复数，可表示为 $Y_{re}=|Y_{re}|\angle\varphi_{re}$。晶体管内部的反馈对正常工作不利，是造成放大器自激的根源，同时也使分析更复杂，因此应尽量使 Y_{re} 小，或减小它的影响。下面在画简化的 Y 参数等效电路时，我们认为 $Y_{re}\approx0$。

Y_{oe} 是晶体管输入端交流短路时的输出导纳（下标"o"表示输出），反映了晶体管输出电压对输出电流的作用，其倒数是电路的输出阻抗。Y_{oe} 也是复数，可表示为 $Y_{oe}=g_{oe}+j\omega C_{oe}$，其中 g_{oe}、C_{oe} 分别称为晶体管的输出电导和输出电容。

由式（2.2.1）所示的 Y 参数方程可画出晶体管等效电路图，如图 2.2.4（a）所示；Y_{ie}、Y_{oe} 分别用 g_{ie}、C_{ie} 和 g_{oe}、C_{oe} 表示，可画出图 2.2.4（b）所示电路；忽略 Y_{re} 的影响，可得简化的 Y 参数等效电路图，如图 2.2.4（c）所示。

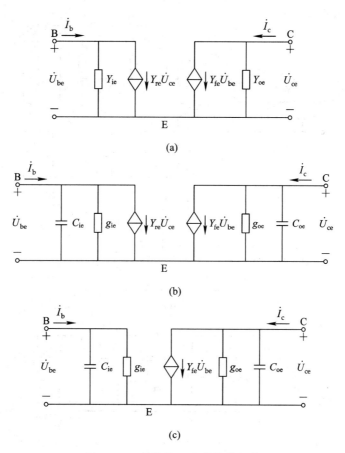

图 2.2.4 晶体管 Y 参数等效电路

3. Y 参数与混合 π 参数的关系

上面简单介绍了晶体管混合 π 参数与 Y 参数等效电路,它们各有所长:通常在分析小信号谐振放大器时,采用 Y 参数等效电路,但 Y 参数等效电路不能说明晶体管内部的物理过程;混合 π 参数等效电路用集总参数元件 RC 来表示晶体管内部的物理过程,物理意义清楚,在分析电路原理时用得较多。

一般情况下四个 Y 参数都是复数,Y 参数与混合 π 参数的关系十分复杂。若 $r_{bb'}$ 可以忽略不计,即令 $r_{bb'}=0$,有下列近似关系:

$$\begin{cases} g_{ie} \approx g_{b'e},\ C_{ie} \approx C_{b'e} \\ |Y_{fe}| \approx g_m,\ \varphi_{fe} \approx 0 \\ |Y_{re}| \approx \omega C_{b'c},\ \varphi_{re} \approx -90° \\ g_{oe} \approx g_{ce},\ C_{oe} \approx C_{b'c} \end{cases} \qquad (2.2.2)$$

2.2.2 单调谐回路谐振放大器

1. 放大电路及其等效电路

单调谐回路谐振放大器(简称单调谐放大器)是由单调谐回路作为交流负载的放大器。图 2.2.5(a)所示为一个共发射极单调谐放大器。它是接收设备中一种典型的高频放大器。

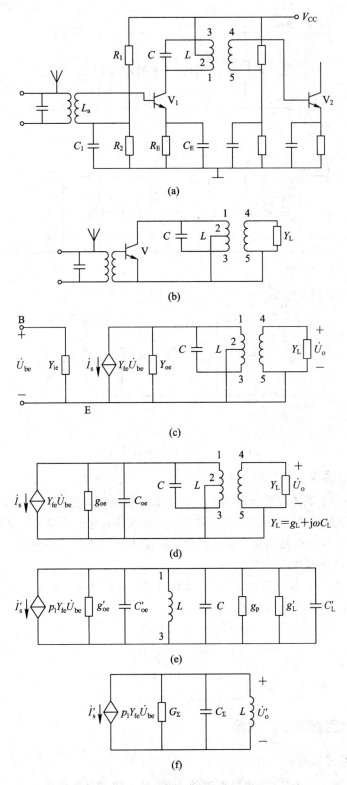

图 2.2.5　单调谐放大器的等效电路

图 2.2.5 中 R_1、R_2 是放大器的偏置电阻，R_E 是直流负反馈电阻，它们起稳定放大器静态工作点的作用；C_1、C_E 是交流高频旁路电容；LC 组成并联谐振回路，它与晶体管共同起着选频放大作用。

当直流工作点选定以后，图 2.2.5(a) 可以简化成只包括高频通路的等效电路，如图 2.2.5(b) 所示。由图 2.2.5(b) 可以看出，电路分为三部分：晶体管本身、输入电路和输出电路。晶体管是谐振放大器的重要组件，在分析电路时，可用 Y 参数等效电路来说明它的特性。输入电路由电感 L 与天线回路耦合，天线接收的高频信号通过电感加到晶体管的输入端。输出电路是由 L 与 C 组成的并联谐振回路，通过互感耦合将放大后的信号加到下一级放大器的输入端。本电路的晶体管输出端与负载输入端采用了部分接入的方式。

由图 2.2.5 可得

$$\begin{cases} \dot{I}_s' = p_1 \dot{I}_s = p_1 Y_{fe} \dot{U}_{be} \\ g_{oe}' = p_1^2 g_{oe}, \ C_{oe}' = p_1^2 C_{oe} \\ g_L' = p_2^2 g_L, \ C_L' = p_2^2 C_L \end{cases} \tag{2.2.3}$$

式中，p_1、p_2 分别为本级晶体管输出端对调谐回路的接入系数和负载导纳 Y_L 对调谐回路的接入系数，它们为

$$p_1 = \frac{N_{12}}{N_{13}}, \qquad p_2 = \frac{N_{45}}{N_{13}} \tag{2.2.4}$$

将图 2.2.5(e) 中的 g_{oe}'、g_L'、g_p 合并，得 G_Σ；将 C_{oe}'、C、C_L' 合并，得 C_Σ。这样可进一步将图 2.2.5(e) 简化成图 2.2.5(f) 所示的形式。在图 2.2.5(f) 中，有

$$\begin{cases} G_\Sigma = g_{oe}' + g_p + g_L' \\ C_\Sigma = C_{oe}' + C + C_L' \end{cases} \tag{2.2.5}$$

$$Y_\Sigma = G_\Sigma + j\omega C_\Sigma + \frac{1}{j\omega L} \tag{2.2.6}$$

$$\dot{U}_o' = -\frac{\dot{I}_s'}{Y_\Sigma} = \frac{1}{p_2}\dot{U}_o \tag{2.2.7}$$

2. 电压增益、选择性和通频带

下面对单调谐放大器的电路性能进行计算。放大器的谐振频率为

$$f_0 = \frac{1}{2\pi\sqrt{LC_\Sigma}} = \frac{1}{2\pi\sqrt{L(p_1^2 C_{oe} + p_2^2 C_L + C)}} \tag{2.2.8}$$

放大器的有载品质因数为

$$Q_e = \frac{1}{G_\Sigma \omega_0 L} = \frac{\omega_0 C_\Sigma}{G_\Sigma} \tag{2.2.9}$$

1）电压增益

单调谐放大器的电压增益

$$\dot{A}_u = \frac{\dot{U}_o}{\dot{U}_{be}} = \frac{-p_1 p_2 Y_{fe}}{G_\Sigma + j\omega C_\Sigma + \dfrac{1}{j\omega L}} \approx \frac{-p_1 p_2 Y_{fe}}{G_\Sigma\left(1 + jQ_e\dfrac{2\Delta f}{f_0}\right)} \tag{2.2.10}$$

当输入信号频率 $f = f_0$（即 $\Delta f = 0$）时，放大器的谐振电压增益 $\dot{A}_{u0}$ 为

$$\dot{A}_{u0} = \frac{-p_1 p_2 Y_{fe}}{G_\Sigma} \qquad (2.2.11a)$$

其模为

$$|\dot{A}_{u0}| = \frac{p_1 p_2 |Y_{fe}|}{G_\Sigma} \qquad (2.2.11b)$$

式(2.2.11a)中的负号表示输出电压与图2.2.5所标定的参考方向有180°的相位差。因为 Y_{fe} 还有一个相角 φ_{fe}，所以谐振时放大器电压增益的相移为 $180° + \varphi_{fe}$。

2）选择性和通频带

将式(2.2.10)与式(2.2.11)相比，可得单调谐放大器的谐振曲线数学表达式：

$$\left| \frac{\dot{A}_u}{\dot{A}_{u0}} \right| = \frac{1}{\sqrt{1 + \left(Q_e \dfrac{2\Delta f}{f_0} \right)^2}} \qquad (2.2.12)$$

据此可画得单调谐放大器的谐振曲线，如图2.2.6所示。

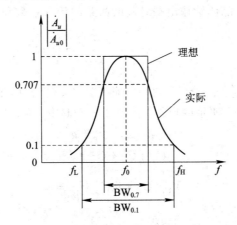

图 2.2.6 单调谐放大器的谐振曲线

令

$$\left| \frac{\dot{A}_u}{\dot{A}_{u0}} \right| = 0.707$$

由式(2.2.12)可求得单调谐放大器的通频带 $BW_{0.7}$：

$$BW_{0.7} = 2\Delta f_{0.7} = \frac{f_0}{Q_e} \qquad (2.2.13)$$

显然，单调谐放大器的通频带取决于回路的谐振频率 f_0 以及有载品质因数 Q_e。当 f_0 确定时，Q_e 越低，通频带越宽，如图2.2.7所示。

由式(2.2.11)和式(2.2.13)可得增益带宽积：

$$|\dot{A}_{u0}| BW_{0.7} = \frac{p_1 p_2 |Y_{fe}|}{G_\Sigma} \cdot \frac{f_0}{Q_e} = \frac{p_1 p_2 |Y_{fe}|}{2\pi C_\Sigma} \qquad (2.2.14)$$

上式说明，当 Y_{fe}、p_1、p_2、C_Σ 均为定值时，谐振放大器的增益与通频带的乘积为一常数，也就是说，通频带越宽，增益越小；反之，增益越大。

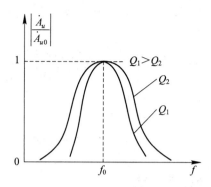

图 2.2.7　不同 Q 值的谐振曲线

令

$$\left|\frac{\dot{A}_u}{\dot{A}_{u0}}\right| = 0.1$$

由式(2.2.12)可得

$$\mathrm{BW}_{0.1} = 2\Delta f_{0.1} = \sqrt{10^2 - 1}\,\frac{f_0}{Q_e}$$

由此可知，单调谐放大器的矩形系数为

$$K_{0.1} = \frac{\mathrm{BW}_{0.1}}{\mathrm{BW}_{0.7}} = \sqrt{10^2 - 1} = \sqrt{99} \approx 9.95 \tag{2.2.15}$$

上式说明，单调谐放大器的矩形系数远大于1，谐振曲线与矩形相差太远，故单调谐放大器的选择性较差。

例题 2.2.1　单调谐放大器如图 2.2.5(a)所示，其工作频率 $f_0 = 10.7\ \mathrm{MHz}$，调谐回路采用中频变压器，$L = 4\ \mu\mathrm{H}$，$Q_0 = 100$，其抽头为 $N_{12} = 5$ 匝，$N_{13} = 20$ 匝，$N_{45} = 5$ 匝。晶体管在该工作状态的参数为 $g_{ie} = 2860\ \mu\mathrm{S}$，$C_{ie} = 19\ \mathrm{pF}$，$g_{oe} = 200\ \mu\mathrm{S}$，$C_{oe} = 7\ \mathrm{pF}$，$|Y_{fe}| = 45\ \mathrm{mS}$，忽略 Y_{re} 的作用，认为下一级电路参数与本级完全相同。试求谐振回路中的电容 C、放大器的谐振电压增益 $|\dot{A}_{u0}|$、通频带 $\mathrm{BW}_{0.7}$。

解　本级晶体管输出端对谐振回路的接入系数为

$$p_1 = \frac{N_{12}}{N_{13}} = \frac{5}{20} = 0.25$$

负载导纳 Y_{i2} 对谐振回路的接入系数为

$$p_2 = \frac{N_{45}}{N_{13}} = \frac{5}{20} = 0.25$$

由谐振频率公式 $f_0 = \dfrac{1}{2\pi\sqrt{LC_\Sigma}}$ 得回路等效总电容：

$$C_\Sigma = \frac{1}{(2\pi f_0)^2 L} = \frac{1}{(2 \times 3.14 \times 10.7 \times 10^6)^2 \times 4 \times 10^{-6}}\ \mathrm{F} = 55.4\ \mathrm{pF}$$

而 $C_\Sigma = p_1^2 C_{oe} + p_2^2 C_{ie} + C$，所以谐振回路中的电容 C 为

$$C = C_\Sigma - (p_1^2 C_{oe} + p_2^2 C_{ie}) = 55.4 - (0.25^2 \times 7 + 0.25^2 \times 19)\ \mathrm{pF} = 53.8\ \mathrm{pF}$$

$$g_p = \frac{1}{Q_0 \omega_0 L} = \frac{1}{100 \times 2 \times 3.14 \times 10.7 \times 10^6 \times 4 \times 10^{-6}}\ \mathrm{s} = 37.2\ \mu\mathrm{S}$$

$$G_\Sigma = p_1^2 g_{oe} + p_2^2 g_{ie} + g_p = 0.25^2 \times 200 \ \mu S + 0.25^2 \times 2860 \ \mu S + 37.2 \ \mu S = 228.5 \ \mu S$$

放大器的谐振电压增益为

$$|\dot{A}_{u0}| = \frac{p_1 p_2 |Y_{fe}|}{G_\Sigma} = \frac{0.25 \times 0.25 \times 45 \ mS}{228.5 \ \mu S} = 12.3$$

有载品质因数 $Q_e = \dfrac{1}{G_\Sigma \omega_0 L} = 16.3$，所以放大器通频带为

$$BW_{0.7} = \frac{f_0}{Q_e} = \frac{10.7}{16.3} \ MHz = 0.66 \ MHz$$

2.2.3 多级单调谐回路谐振放大器

在实际应用中，常常为了提高增益或改善选择性，采用多级单调谐放大器级联的方式。若各级均调谐在同一频率上，称为同步调谐；若各级调谐在不同频率上，则称为参差调谐。

1. 同步调谐放大器

设有 n 级单调谐放大器相互级联，显然总电压增益为

$$\dot{A}_{u\Sigma} = \dot{A}_{u1} \cdot \dot{A}_{u2} \cdot \cdots \cdot \dot{A}_{un}$$

设各级的电压增益相同，则有

$$\dot{A}_{u\Sigma} = \dot{A}_{u1} \cdot \dot{A}_{u2} \cdot \cdots \cdot \dot{A}_{un} = (\dot{A}_{u1})^n \qquad (2.2.16)$$

谐振时有

$$\dot{A}_{u0\Sigma} = (\dot{A}_{u01})^n \qquad (2.2.17)$$

由式(2.2.12)可得电压增益谐振曲线数学表达式为

$$\left| \frac{\dot{A}_{u\Sigma}}{\dot{A}_{u0\Sigma}} \right| \approx \frac{1}{\sqrt{\left[1 + \left(Q_e \dfrac{2\Delta f}{f_0} \right)^2 \right]^n}} \qquad (2.2.18)$$

从式(2.2.16)中可以看出，级联后总电压增益是单级电压增益的 n 次方。由式(2.2.18)可绘得多级同步调谐放大器的电压增益谐振曲线，如图 2.2.8 所示。在图 2.2.8 中，$n=1$ 是单调谐放大器电压增益谐振曲线；$n=2$ 是双级同步调谐放大器电压增益谐振曲线；$n=3$ 是三级同步调谐放大器电压增益谐振曲线。

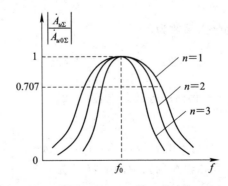

图 2.2.8 多级同步调谐放大器的电压增益谐振曲线

令式(2.2.18)等于 $1/\sqrt{2}$(即 0.707)，可得 n 级同步调谐放大器的总通频带为

$$BW_{0.7} = \sqrt{2^{\frac{1}{n}} - 1} \cdot \frac{f_0}{Q_e} \tag{2.2.19}$$

式中，f_0/Q_e 是单调谐放大器通频带；$\sqrt{2^{\frac{1}{n}} - 1}$ 是频带缩小因子，表 2.2.1 列出了不同 n 值时频带缩小因子的大小。

表 2.2.1　多级同步调谐放大器的频带缩小因子和矩形系数

级数 n	1	2	3	4	5
频带缩小因子	1.0	0.64	0.51	0.43	0.39
矩形系数 $K_{0.1}$	9.95	4.66	3.74	3.40	3.20

令式(2.2.18)等于 0.1，可得 n 级同步调谐放大器的 $BW_{0.1}$ 为

$$BW_{0.1} = \sqrt{100^{\frac{1}{n}} - 1} \cdot \frac{f_0}{Q_e}$$

将上式与式(2.2.19)相比，得矩形系数为

$$K_{0.1} = \frac{BW_{0.1}}{BW_{0.7}} = \frac{\sqrt{100^{\frac{1}{n}} - 1}}{\sqrt{2^{\frac{1}{n}} - 1}} \tag{2.2.20}$$

表 2.2.1 列出了不同 n 值时矩形系数的大小。由表可以看出，级数越大，矩形系数越接近 1。

2. 参差调谐放大器

同步调谐放大器的增益和带宽之间存在矛盾，参差调谐放大器可以有效地加宽通频带，应用广泛。

这里以双参差调谐放大器为例进行介绍，它是由两级为一组的电路参数相同的单调谐放大器组成的，但各级的谐振频率参差错开。参差调谐放大器也可以由三级为一组的电路参数相同的单调谐放大器组成。

图 2.2.9 示出了双参差调谐放大器的高频等效电路，两级单调谐放大器的谐振频率分别为 f_{01}、f_{02}。它们分别略低于和略高于放大器的中心频率 f_0，与 f_0 相差 Δf_S。Δf_S 称为回路偏调值，即

$$\begin{cases} f_{01} = f_0 - \Delta f_S \\ f_{02} = f_0 + \Delta f_S \end{cases} \tag{2.2.21}$$

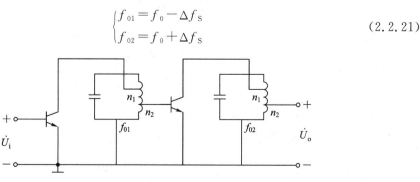

图 2.2.9　双参差调谐放大器

放大器第一级的电压增益为

$$|\dot{A}_{u1}| = \frac{|\dot{A}_{u01}|}{\sqrt{1+\left[2Q_e\dfrac{(f-f_{01})}{f_{01}}\right]^2}} \approx \frac{|\dot{A}_{u01}|}{\sqrt{1+\left[2Q_e\dfrac{(f-f_{01})}{f_0}\right]^2}} \qquad (2.2.22)$$

第二级的电压增益为

$$|\dot{A}_{u2}| = \frac{|\dot{A}_{u02}|}{\sqrt{1+\left[2Q_e\dfrac{(f-f_{02})}{f_{02}}\right]^2}} \approx \frac{|\dot{A}_{u02}|}{\sqrt{1+\left[2Q_e\dfrac{(f-f_{02})}{f_0}\right]^2}} \qquad (2.2.23)$$

以上两式中，$\dot{A}_{u01}$、$\dot{A}_{u02}$ 分别为第一级、第二级的谐振电压增益，假定 f_{01}、f_{02} 与 f_0 相差不大，那么分母上近似用 f_0 代替 f_{01}、f_{02}。根据式(2.2.21)，有

$$\begin{cases} f-f_{01} = f-(f_0-\Delta f_S) = f-f_0+\Delta f_S = \Delta f+\Delta f_S \\ f-f_{02} = f-(f_0+\Delta f_S) = f-f_0-\Delta f_S = \Delta f-\Delta f_S \end{cases} \qquad (2.2.24)$$

式中，$\Delta f = f-f_0$ 为绝对失谐。我们定义广义失谐为

$$\xi = 2Q_e\frac{\Delta f}{f_0} \qquad (2.2.25)$$

定义回路的偏调系数为

$$\eta = 2Q_e\frac{\Delta f_S}{f_0} \qquad (2.2.26)$$

式中 Q_e 为单级调谐放大器的有载品质因数，f_0 为双参差调谐放大器的中心频率。将式(2.2.25)、式(2.2.26)代入式(2.2.22)、式(2.2.23)，放大器的电压增益可改写成

$$|\dot{A}_{u1}| = \frac{|\dot{A}_{u01}|}{\sqrt{1+(\xi+\eta)^2}} \qquad (2.2.27)$$

$$|\dot{A}_{u2}| = \frac{|\dot{A}_{u02}|}{\sqrt{1+(\xi-\eta)^2}} \qquad (2.2.28)$$

若两级放大器的谐振电压增益相等，即

$$|\dot{A}_{u01}| = |\dot{A}_{u02}| = A_{u01}$$

则放大器的总增益为

$$\begin{aligned} |\dot{A}_u| &= |\dot{A}_{u1}| \cdot |\dot{A}_{u2}| \\ &= \frac{A_{u01}^2}{\sqrt{1+(\xi+\eta)^2} \cdot \sqrt{1+(\xi-\eta)^2}} \\ &= \frac{A_{u01}^2}{\sqrt{\xi^4+2\xi^2(1-\eta^2)+(1+\eta^2)^2}} \end{aligned} \qquad (2.2.29)$$

当 $\eta=1$ 时，称为临界偏调状态。谐振曲线为单峰，如图 2.2.10 所示。此时曲线矩形系数比较好，通频带较宽，且有

$$\Delta f_S = \frac{1}{2} \cdot \frac{f_0}{Q_e} = \frac{1}{2}\mathrm{BW}_1 \qquad (2.2.30)$$

式中 $\mathrm{BW}_1 = \dfrac{f_0}{Q_e}$ 为单级调谐放大器的通频带。

当 $\eta > 1$ 时，称为过参差状态，即两级放大器的调谐频率相距较远，谐振曲线出现双峰，且随着 η 的增加，曲线双峰间的距离增大，峰值的高度也随之下降，如图 2.2.10 所示。

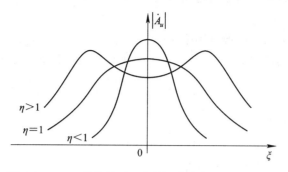

图 2.2.10　三种情况下双参差调谐放大器的谐振曲线

当 $\eta < 1$ 时，称为欠参差状态，即两级放大器的谐振频率相距过近，谐振曲线呈现单峰。

由于 $\eta = 1$ 时，谐振曲线具有最大平坦幅频特性，因此下面对该特性做进一步讨论。当 $\eta = 1$ 时，由式(2.2.29)可得

$$| \dot{A}_u | = \frac{A_{u01}^2}{\sqrt{4 + \xi^4}} \qquad (2.2.31)$$

在放大器的中心频率处，$\xi = 0$，两级放大器的总电压增益最大，即谐振电压增益为

$$| \dot{A}_{u0} | = \frac{A_{u01}^2}{2} \qquad (2.2.32)$$

由式(2.2.31)及式(2.2.32)得，相对电压增益为

$$\left| \frac{\dot{A}_u}{\dot{A}_{u0}} \right| = \frac{2}{\sqrt{4 + \xi^4}} = \frac{2}{\sqrt{4 + \left(Q_e \dfrac{2\Delta f}{f_0} \right)^4}} \qquad (2.2.33)$$

令式(2.2.33)等于 $\dfrac{1}{\sqrt{2}}$，可求得双参差调谐放大器的通频带为

$$\mathrm{BW}_{0.7} = \sqrt{2} \frac{f_0}{Q_e} = \sqrt{2}\,\mathrm{BW}_1 \qquad (2.2.34)$$

令式(2.2.33)等于 0.1，可求得

$$\mathrm{BW}_{0.1} = \sqrt[4]{396} \frac{f_0}{Q_e} \approx 4.46 \frac{f_0}{Q_e} = 4.46\mathrm{BW}_1 \qquad (2.2.35)$$

由式(2.2.34)及式(2.2.35)得，放大器的矩形系数为

$$K_{0.1} = \frac{\mathrm{BW}_{0.1}}{\mathrm{BW}_{0.7}} = \frac{4.46}{\sqrt{2}} \approx 3.16 \qquad (2.2.36)$$

由以上讨论可知，处于临界偏调状态的双参差调谐放大器的通频带为单级调谐放大器的 $\sqrt{2}$ 倍，矩形系数为 3.16。相对单调谐放大器而言，双参差调谐放大器既展宽了频带，又提高了选择性。

例题 2.2.2　如图 2.2.9 所示，一工作于临界偏调状态的双参差调谐放大器，其中心频率 $f_0 = 10.7\ \mathrm{MHz}$，每级单调谐放大器的谐振电压增益 $A_{u01} = 20$，通频带 $\mathrm{BW}_1 = 400\ \mathrm{kHz}$，

试求：

(1) 双参差调谐放大器的最大电压增益 $|\dot{A}_{u0}|$；

(2) 通频带 $\mathrm{BW}_{0.7}$；

(3) 每级单调谐放大器的谐振频率。

解 (1) 在临界偏调情况下，$\eta=1$，$\xi=0$，此时放大器有最大电压增益，即

$$|\dot{A}_{u0}|=\frac{A_{u01}^2}{2}=\frac{20^2}{2}=200$$

(2) 放大器的通频带为

$$\mathrm{BW}_{0.7}=\sqrt{2}\,\mathrm{BW}_1=\sqrt{2}\times400\ \mathrm{kHz}=566\ \mathrm{kHz}$$

(3) 每级单调谐放大器的谐振频率如下：

当临界偏调时，偏调系数 $\eta=2Q_e\dfrac{\Delta f_s}{f_0}=1$，所以

$$\Delta f_s=\frac{1}{2}\frac{f_0}{Q_e}=\frac{1}{2}\mathrm{BW}_1=\frac{1}{2}\times400\ \mathrm{kHz}=200\ \mathrm{kHz}=0.2\ \mathrm{MHz}$$

$$f_{01}=f_0-\Delta f_s=10.7-0.2=10.5\ \mathrm{MHz}$$

$$f_{02}=f_0+\Delta f_s=10.7+0.2=10.9\ \mathrm{MHz}$$

2.2.4 谐振放大器的稳定性

1. 引起谐振放大器不稳定的原因

前面对谐振放大器的特性进行讨论时，都是假定晶体管的反向传输导纳 $Y_{re}=0$，放大器输出端对输入端没有影响，晶体管是单向工作的。但实际上，由于晶体管集电结电容 $C_{b'c}$ 的存在，集电极所得到的放大信号的一部分将通过 $C_{b'c}$ 反馈到输入端，称为内反馈，使得放大器工作不稳定，甚至产生自激振荡。即使不发生自激振荡，由于内反馈随频率变化而变化，它对某些频率可能是正反馈，而对另一些频率则是负反馈，其总的结果是使放大器频率特性受到影响，通频带和选择性都有所改变，如图 2.2.11 所示。

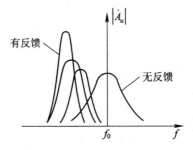

图 2.2.11 内反馈对谐振曲线的影响

2. 提高放大器稳定性的措施

由上面的讨论可知，导致放大器工作不稳定的原因是 $C_{b'c}$ 引起的晶体管内反馈。因此，要使放大器稳定工作，首先要选择 $C_{b'c}$ 尽可能小的晶体管，其次是在电路上设法抵消或削弱 $C_{b'c}$ 的影响，具体的方法有中和法和失配法。

1）中和法

中和法是指通过外接中和电容 C_n 以抵消 $C_{b'c}$ 的内反馈，电路如图 2.2.12(a)所示。该电路的交流通路如图 2.2.12(b)所示，由图可以看出，$\dot{U}_c$ 通过 $C_{b'c}$ 产生的内反馈电流为 $\dot{I}_f$，$\dot{U}_n$ 通过 C_n 产生的外部反馈电流为 $\dot{I}_n$，由于 $\dot{U}_c$ 与 $\dot{U}_n$ 极性相反，所以 $\dot{I}_f$ 与 $\dot{I}_n$ 在晶体管的输入端相互抵消。这种方法简单，但由于 C_n 是固定的，它只能在一个频率上起到较好的中和作用，而不能中和一个频段，故应用较少。

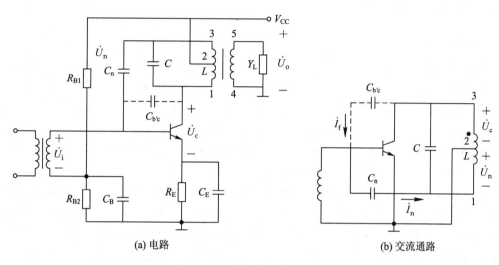

(a) 电路　　　　　　　　　(b) 交流通路

图 2.2.12　谐振放大器中和电路

2）失配法

失配法是利用输出与负载之间的失配来削弱内反馈影响的方法，它是以牺牲增益来换取电路稳定的。失配法的典型电路是共射-共基组合电路，其原理电路如图 2.2.13 所示。

当晶体管 V_1、V_2 连接时，V_2 的输入导纳可作为 V_1 的负载。由于 V_2 为共基极电路，输入导

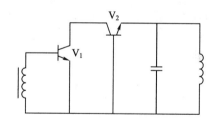

图 2.2.13　失配法的原理电路

纳很大，当它和输出导纳较小的共射电路 V_1 连接时，相当于增大了共射电路的负载导纳而使之失配，从而显著减小了共射电路的内反馈，提高了电路的稳定性。共射电路在负载导纳很大的情况下，虽然电压增益较小，但电流增益仍较大，而共基电路电压增益大，不存在 $C_{b'c}$ 的反馈，从而使得整个级联放大电路仍有较高的功率增益。以前人们使用的寻呼机的射频放大电路常采用此方法。

2.3　集中选频放大器

上一节介绍的几种类型的谐振放大器，虽然电路和性能有所不同，但每一级都包含晶体管和调谐回路，因此这些分散调谐放大器有着元件多、调谐麻烦、工作不容易稳定等缺点。随着电子技术的发展，在小信号选频放大器中人们越来越多地采用集中选频放大器。

集中选频放大器由集成宽带放大器和集中选频滤波器组成。其中，集中选频滤波器具有接近理想矩形的幅频特性。常用的集中选频滤波器有石英晶体滤波器、陶瓷滤波器和声表面波滤波器。下面先讨论集中选频滤波器，然后介绍集中选频放大器。将石英晶体切割成的石英谐振器，其品质因数 Q 可达几万甚至几百万，以其构成的石英晶体滤波器，工作频率稳定度极高，阻带衰减特性很陡峭，通带衰减很小，性能优良。石英谐振器还广泛应用于频率稳定度极高的振荡器电路中。石英谐振器及石英晶体振荡器将在本书4.4节中详细介绍。

2.3.1 集中选频滤波器

1. 陶瓷滤波器

常用的陶瓷滤波器是由锆钛酸铅 $[Pb(ZrTi)O_3]$ 陶瓷材料（简称PZT）制成的。把这种陶瓷材料制成片状（即陶瓷片），两面涂以银浆，加高温烧制成银电极，再经过直流高压极化后就具有压电效应，这样的陶瓷片也称为压电陶瓷片。所谓压电效应，就是指当压电陶瓷片发生机械变形时，例如拉伸或压缩，它的表面就会出现电荷，两极间产生电压（正压电效应）。而当压电陶瓷片两极加上电压时，它就会产生伸长或压缩的机械变形，如果外加电压做交流变化，压电陶瓷片就会产生机械振动，这种效应称为逆压电效应。这种材料和其他弹性体一样，具有惯性和弹性，因而存在固有振动频率。当外加信号频率与固有振动频率相同时，由于压电效应陶瓷片将产生谐振，这时机械振动的幅度最大，相应的压电陶瓷片表面上产生电荷量的变化也最大，因而外电路中的电流也最大。这表明压电陶瓷片具有串联谐振的特性，其等效电路和图形符号分别如图2.3.1(a)、(b)所示。图中 C_0 为压电陶瓷片的固定电容值，L_q、C_q、r_q 分别相当于机械振动的等效质量、等效弹性系数和等效阻尼。压电陶瓷片的厚度、半径等几何尺寸不同时，其等效电路的参数也不同。

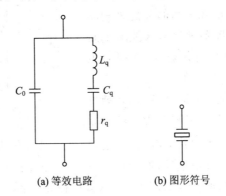

(a) 等效电路　　　　(b) 图形符号

图 2.3.1　压电陶瓷片的等效电路和图形符号

由图2.3.1(a)的等效电路可见，压电陶瓷片具有两个谐振频率，一个是串联谐振频率

$$f_s = \frac{1}{2\pi\sqrt{L_q C_q}} \tag{2.3.1}$$

另一个是并联谐振频率

$$f_p = \frac{1}{2\pi\sqrt{L_q \dfrac{C_0 C_q}{C_0 + C_q}}} \tag{2.3.2}$$

发生串联谐振时，压电陶瓷片的等效阻抗最小（≤20 Ω）；发生并联谐振时，压电陶瓷片的等效阻抗最大。压电陶瓷片的阻抗频率特性如图 2.3.2 所示。

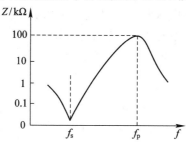

图 2.3.2　压电陶瓷片的阻抗频率特性

将不同谐振频率的压电陶瓷片进行适当的组合连接，就可以构成四端陶瓷滤波器，如图 2.3.3 所示。压电陶瓷片的有载品质因数约为几百，比一般 LC 回路的品质因数高，但远比石英晶体的品质因数低。各陶瓷片的串、并联谐振频率配置得当，四端陶瓷滤波器可以获得接近矩形的幅频特性。图 2.3.3(a)由两个压电陶瓷片组成，图(b)由 5 个压电陶瓷片组成，图(c)由 9 个压电陶瓷片组成。压电陶瓷片的数目越多，滤波器的性能越好。图 2.3.4 是四端陶瓷滤波器的图形符号。

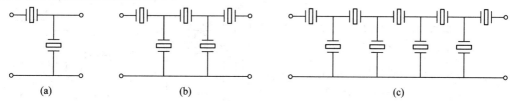

图 2.3.3　四端陶瓷滤波器

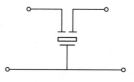

图 2.3.4　四端陶瓷滤波器的图形符号

例题 2.3.1　如图 2.3.5 所示，两个压电陶瓷片组成四端陶瓷滤波器，要求滤波器通过 (465 ± 5) kHz 频带，其串臂和并臂陶瓷片的串联谐振频率 f_{s1}、f_{s2} 和它们的并联谐振频率 f_{p1}、f_{p2} 的值分别为：$f_{s1}=f_{p2}=$ _____ kHz，$f_{p1}=$ _____ kHz，$f_{s2}=$ _____ kHz。

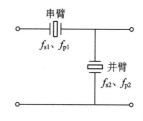

图 2.3.5　例题 2.3.1 图

分析：要求滤波器通过 (465 ± 5) kHz 频带，那么串臂陶瓷片的串联谐振频率应和并臂陶瓷片的并联谐振频率相重合，并等于 465 kHz，即 $f_{s1}=f_{p2}=465$ kHz。这样，对 465 kHz 的信号来说，串臂陶瓷片产生串联谐振，阻抗最小；并臂陶瓷片产生并联谐振，阻抗最大，因而能让信号通过。而串臂陶瓷片的并联谐振频率和并臂陶瓷片的串联谐振频率应分别取 $f_{p1}=(465+5)$ kHz，$f_{s2}=(465-5)$ kHz。这样，对于 $(465+5)$ kHz 的信号，串臂陶瓷片产生并联谐振，阻抗最大，信号不能通过；对于 $(465-5)$ kHz 的信号，并臂陶瓷片产生串联谐振，阻抗最小，使信号旁路(无输出)。因此,该滤波器仅能通过频带为(465±5) kHz的信号。

解 $f_{s1} = f_{p2} = \underline{465}$ kHz, $f_{p1} = \underline{465+5}$ kHz, $f_{s2} = \underline{465-5}$ kHz。

陶瓷滤波器的工作频率可以从几百千赫到几十兆赫,具有体积小、成本低、受外界影响小等优点。在使用四端陶瓷滤波器时,应当注意输入、输出阻抗必须与信号源、负载阻抗相匹配,否则其幅频特性将会变坏,通带内的响应起伏增大,阻带的衰减值变小。

2. 声表面波滤波器

目前,在高频电子线路中,还应用声表面波滤波器(Surface Acoustic Wave Filter, SAWF)。它具有体积小、质量小、性能稳定、工作频率高(几兆赫至几吉赫)、通频带较宽、频率特性一致性好、抗辐射能力强、动态范围大、制造简单、适于批量生产等特点,因此在通信、电视机、卫星和航空航天领域得到广泛应用。

声表面波滤波器是一种利用沿弹性固体表面传播机械振动波的器件。其结构示意图如图2.3.6所示,图形符号如图2.3.7所示。它以铌酸锂、锆钛酸铅或石英等压电材料为基片,利用真空蒸镀法,在抛光过的基片表面形成厚度约 $10~\mu m$ 的铝膜或金膜电极,该电极称为叉指电极。左端叉指电极与信号源连接,称为发端换能器;右端叉指电极与负载连接,称为收端换能器。

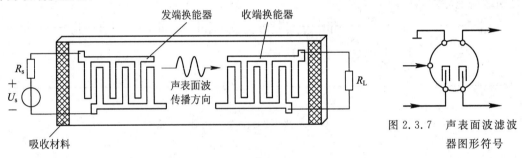

图 2.3.6 声表面波滤波器结构示意图

图 2.3.7 声表面波滤波器图形符号

当把输入信号加到发端换能器上时,发端换能器的叉指电极间便产生交变电场,由于逆压电效应的作用,基片表面将产生弹性形变,激发出与输入信号同频率的声表面波,声表面波沿着垂直于电极轴向的两个方向传播。图2.3.6中,向左传播的声表面波被涂于基片左端的吸收材料所吸收,向右传播的声表面波,沿着图中箭头方向,从发端换能器沿基片向收端换能器传播,到达收端换能器后,由于正压电效应的作用,在收端换能器的叉指电极间产生电信号,并传送给负载。

声表面波滤波器的中心频率、通频带等性能除与基片材料有关外,主要取决于叉指电极的几何尺寸和形状。只要合理设计叉指电极,就能获得预期的频率特性。实用的声表面波滤波器的矩形系数可小于1.2(几乎接近矩形),相对带宽(频带宽度与中心频率的百分比)可达50%,但有一定的插入损耗。

2.3.2 集中选频放大器

集中选频放大器由于线路简单、选择性好、性能稳定、调谐方便等优点,已广泛用于通信、电视等各种电子设备中。根据集中选频器位于放大器前后位置的不同,有图2.3.8示出的两种集中选频放大器,目前采用图2.3.8(b)所示方案的较多。下面对集中选频放大器略举两例。

图 2.3.8　集中选频放大器的组成框图

图 2.3.9 所示的集中选频放大器由集成宽带放大器和陶瓷滤波器组成。FZ1 为共射-共基组合电路构成的集成宽带放大器。为了使陶瓷滤波器的频率特性不受外电路参数的影响，使用时一般都要求接入规定的信号源阻抗和负载阻抗，以实现阻抗匹配。为此，在图 2.3.9 中，陶瓷滤波器的输入端采用变压器耦合的并联谐振回路，输出端接有晶体管构成的射极输出器。其中并联谐振回路调谐在陶瓷滤波器频率特性的主谐振频率上，用来消除陶瓷滤波器通频带以外出现的小谐振峰，这种小谐振峰会对邻近频道产生强干扰。图中，并联在谐振回路上的 4.7 kΩ 电阻是用来展宽 LC 谐振回路通频带的。

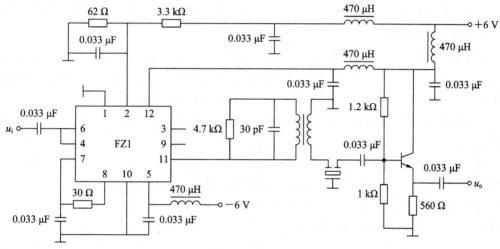

图 2.3.9　陶瓷滤波器集中选频放大器

图 2.3.10 所示的集中选频放大器由声表面波滤波器和集成宽带放大器组成。该电路为某品牌电视接收机图像中频放大器实际电路，其主要任务是把高频调谐器送来的带宽较宽的中频信号（38 MHz 图像信号和 31.5 MHz 伴音信号）进行放大。

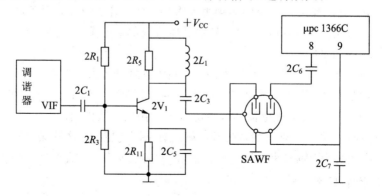

图 2.3.10　声表面波滤波器集中选频放大器

图 2.3.10 中由 $2V_1$ 及其偏置电路组成前置中级放大器电路，用于补偿 SAWF 的 $-20\ dB$ 插入损耗，$2L_1$ 与 $2C_3$ 组成的谐振回路用以高频提升。中频放大器采用宽带放大器（$\mu pcl366C$ 由四级直接耦合的宽带差动放大器组成），而且中频放大器频响曲线无需调整。

2.4 放大器的噪声

在放大器的输出端，除了有用信号之外，还存在一些无用的随机变化的电信号，它不会因为有用信号的消失而消失。这些电信号有的是由放大器外部因素引起的，习惯上称为干扰；有的是由放大器自身产生的，称为噪声。本节主要介绍后者。

2.4.1 噪声的来源

放大器的内部噪声主要是由电阻等有耗元件和晶体管、场效应管等电子器件产生的。

1. 电阻的热噪声

电阻内部存在着大量做随机运动的自由电子，自由电子运动方向与温度变化是随机的，温度越高，自由电子运动越剧烈。大量随机运动的自由电子，会使电阻两端产生随机的起伏电压。就一段时间而言，出现正、负电压的概率相同，平均电压值为零；但就某一瞬时而言，电阻两端电压的大小和方向是随机变化的。这种因热而产生的起伏电压称为电阻的热噪声。

电阻的热噪声频谱虽然很宽（从零频开始，一直延伸到 $10^{13}\sim10^{14}\ Hz$ 以上），但只有在放大器通频带内，这一部分噪声信号才能通过放大器放大，成为无用的干扰信号，且放大器通频带越宽，噪声也就越大。根据概率统计理论，起伏电压的强度可以用其均方值表示。此时电阻 R 两端起伏电压的均方值为

$$\overline{u_n^2}=4kTR\cdot BW \tag{2.4.1}$$

式中，$k=1.38\times10^{-23}\ J/K$，为玻耳兹曼常量；$T$ 为电阻的热力学温度值（K）；BW 为测试频带宽度（Hz）。

2. 晶体管的噪声

放大器中晶体管的噪声比电阻的热噪声大得多，晶体管的噪声有以下四种来源：

（1）热噪声，与电阻的热噪声一样，是由晶体管内部载流子不规则热运动产生的，主要是由基区电阻 $r_{bb'}$ 产生的。

（2）散粒噪声，是晶体管的主要噪声源。当晶体管处于放大状态，发射结正偏时通过较大的电流而产生的散粒噪声大；集电结反偏所产生的散粒噪声较小，可以忽略不计。

（3）分配噪声，是由集电极电流和基极电流分配比例起伏引起的。

（4）闪烁噪声，一般是晶体管清洁处理不好或有缺陷造成的。这种噪声在低频（1 kHz 以下）时起作用，高频时的影响较小，可以不考虑。因此闪烁噪声又称低频噪声或 $1/f$ 噪声。

3. 场效应管的噪声

场效应管的噪声主要有沟道热噪声、栅极感应噪声、闪烁噪声和栅极散粒噪声等。沟道热噪声是指由导电沟道电阻产生的噪声。栅极感应噪声是指沟道中的起伏噪声通过沟道

和栅极之间电容的耦合,在栅极上感应产生的噪声,工作频率越高,该噪声的影响就越大。闪烁噪声与晶体管一样,它主要影响低频段的噪声。散粒噪声是由于栅极内电荷不规则起伏引起的,其影响很小。一般来说,场效应管的噪声比晶体管的噪声小。

2.4.2　信噪比和噪声系数

放大器内部存在噪声,它将影响放大器对微弱信号的放大能力。尤其在小信号放大器中,噪声的影响是不能忽视的。

1. 信噪比

噪声对一个放大系统的影响程度通常用信噪比来衡量,信噪比用 SNR 表示,其定义为

$$SNR = \frac{S}{N} = \frac{信号功率}{噪声功率} = \frac{P_s}{P_n} \qquad (2.4.2)$$

用分贝表示为

$$\frac{S}{N} = 10\lg \frac{P_s}{P_n} \ dB \qquad (2.4.3)$$

信噪比是描述放大系统中信号抗噪声能力的一个重要物理量。显然,信噪比越大越好。以电视机为例,信噪比越大,声音就越清楚,图像就越清晰。

2. 噪声系数

由于信噪比不能反映系统内部引入的噪声,一个系统输出端的信噪比不仅与外部的噪声功率有关,还与系统内部噪声功率有关。因此需要引入一个噪声系数的概念。当信号通过放大器后,放大器本身将会产生新的噪声,其输出端的信噪比必然小于输入端的信噪比,使输出信号的质量变坏。由此可见,通过输出端信噪比相对于输入端信噪比的变化,可以清晰地反映放大器的噪声性能,因而引入噪声系数这一性能指标。它定义为输入端的信噪比$(P_s/P_n)_i$与输出端的信噪比$(P_s/P_n)_o$的比值,用 N_F 表示,即

$$N_F = \frac{输入端信噪比}{输出端信噪比} = \frac{(P_s/P_n)_i}{(P_s/P_n)_o} = \frac{P_{si}/P_{ni}}{P_{so}/P_{no}} \qquad (2.4.4)$$

用分贝表示为

$$N_F = 10\lg \frac{P_{si}/P_{ni}}{P_{so}/P_{no}} \ dB \qquad (2.4.5)$$

式中,P_{si} 和 P_{ni} 分别为放大器输入端的信号功率和噪声功率,P_{so}、P_{no} 分别为放大器输出端的信号功率和噪声功率。

噪声系数 N_F 反映信号从放大器的输入端传到输出端时,信噪比下降的程度,所以实用放大器的 N_F 总是大于 1 的,只有理想、无噪放大器的噪声系数才有可能为 1(即 0 dB)。

需要指出的是,噪声系数的概念通常只适用于线性电路。非线性电路中信号与噪声、噪声与噪声之间会相互作用,使输出端的信噪比更小,因此,噪声系数对非线性电路不适用。

减小噪声系数的措施有:选用低噪声的元器件、正确选择放大器的静态工作点、选择合适的工作带宽、选择合适的信号源内阻、降低放大器的工作温度、减小接收天线的馈线损耗等。

练习题

2.1 LC 并联谐振回路有何基本特性？说明品质因数对回路特性的影响。

2.2 试说明 LC 并联谐振回路在 $\omega<\omega_0$ 和 $\omega>\omega_0$ 时回路阻抗为什么分别呈感性和容性。

2.3 并联谐振回路的品质因数是否越大越好？说明如何选择并联谐振回路的有载品质因数 Q_e 的大小。

2.4 信号源及负载对谐振回路的特性有何影响？采用什么方法可减小它们的影响？

2.5 小信号谐振放大器有何特点？

2.6 参差调谐放大器与多级同步调谐放大器的区别是什么？

2.7 造成调谐放大器工作不稳定的原因是什么？如何采取措施提高调谐放大器的稳定性？

2.8 集中选频放大器如何构成？它有什么优点？

2.9 放大器内部噪声的主要来源有哪些？它对放大器性能有何影响？

2.10 LC 并联谐振回路的 $f_0=10$ MHz，$L=1\ \mu$H，$Q=100$。试求谐振电导和电容 C。

2.11 试设计一个收音机中频放大器中的简单并联谐振回路。已知中频频率为 465 kHz，回路电容为 200 pF，要求的通频带为 8 kHz。试计算回路电感和有载品质因数 Q_e。若电感线圈的空载品质因数 $Q_0=100$，问回路应并联多大的电阻才能满足要求？

2.12 LC 并联谐振回路的 $L=1\ \mu$H，$C=20$ pF，$Q=100$，求该并联回路的谐振频率 f_0、谐振电阻 R_p 及通频带 $\text{BW}_{0.7}$。

2.13 并联谐振回路如图 P2.1 所示。已知 $L=390\ \mu$H，$C=300$ pF，$Q=100$，信号源内阻 $R_s=100$ kΩ，负载电阻 $R_L=200$ kΩ，求该回路的谐振频率、谐振电阻及通频带。

2.14 并联谐振回路如图 P2.2 所示。已知 $C=360$ pF，$L_1=280\ \mu$H，$Q=100$，$L_2=50\ \mu$H，$p=N_2/N_1=0.1$，$R_L=1$ kΩ。试求该并联回路考虑 R_L 影响后的通频带及等效谐振电阻。

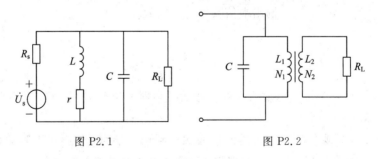

图 P2.1   图 P2.2

2.15 单调谐放大器如图 2.2.5 所示。已知放大器的中心频率 $f_0=10.7$ MHz，回路线圈电感 $L=4\ \mu$H，$Q=100$，匝数 $N_{13}=20$ 匝，$N_{12}=5$ 匝，$N_{45}=5$ 匝，$Y_L=g_L=2$ mS，晶体管的参数为：$g_{oe}=200\ \mu$S，$C_{oe}=7$ pF，$|Y_{fe}|=45$ mS，$Y_{re}\approx0$。试求该放大器的谐振电压增益、通频带及回路外接电容 C。

第 3 章　高频功率放大器

高频功率放大器是各种无线电波发送设备的重要组成部分，它主要用来对高频大信号进行高效率功率放大。高频功率放大器可分为窄带高频功率放大器和宽带高频功率放大器两类。窄带高频功率放大器一般采用 LC 谐振选频网络作为负载构成谐振功率放大器，为了提高效率，谐振功率放大器多工作在丙类状态。宽带高频功率放大器采用宽带传输线变压器作为负载，工作在甲类或乙类推挽状态，并可用功率合成技术来获得大功率输出。

本章先讨论谐振功率放大器的工作原理、外部特性及电路，然后介绍宽带高频功率放大器的有关知识。

3.1　丙类谐振功率放大器的工作原理

3.1.1　基本工作原理

1. 丙类谐振功率放大器的概念及工作特点

谐振功率放大器通常用于发送设备的末级，是用来放大高频大信号的，使之获得足够的高频功率，馈送到天线辐射出去。

谐振功率放大器一般工作在丙（C）类状态，效率高。此状态下晶体管输出电流与输入信号之间存在着严重的非线性失真，因此采用谐振选频网络（谐振回路）作为负载，来滤除非线性失真。这类放大器通常又称为窄带高频功率放大器或丙类谐振功率放大器。

丙类谐振功率放大器的工作特点如下：

（1）适用于大信号。放大器的输入信号为大信号，一般在 0.5 V 以上，可达 $1\sim2\text{ V}$，甚至更大。

（2）主要技术指标是输出功率和效率。一般要求谐振功率放大器实现大输出功率、高效率。

（3）放大器的输入、输出信号为单频信号或窄带信号。

丙类谐振功率放大器与小信号谐振放大器均为高频放大器，且负载均为谐振选频网络，但是由于放大信号的大小不同，所以二者存在着较大的差别。小信号谐振放大器属于小信号放大器，它是用来不失真地放大微弱的高频信号，同时抑制干扰信号的，因此主要考虑的性能指标是电压增益、选择性和通频带，而对输出功率和效率一般不予考虑。显然，这种放大器工作在甲（A）类状态，其谐振选频网络的作用是抑制干扰信号，其电路属于线性电路，晶体管模型采用微变高频 Y 参数模型。

丙类谐振功率放大器属于大信号放大器，它主要考虑的是输出功率和效率，因此这类放大器常工作在丙类状态(或乙(B)类状态)，其谐振选频网络的作用是从失真的集电极电流脉冲中选出基波、滤除谐波，从而得到不失真的输出电压。这类放大器电路属于非线性电路，晶体管特性分析采用非线性电路的折线近似分析法。

2. 原理电路

丙类谐振功率放大器的原理电路如图 3.1.1 所示。该电路的特点是：(1) 晶体管的发射结为零偏置或负偏置，使电路可靠地工作于丙类状态；(2) LC 并联谐振回路(或滤波匹配网络)为集电极负载，并调谐在输入信号的频率上。由于谐振选频网络的作用是从失真的集电极电流脉冲中选出基波、滤除谐波，所以其品质因数比小信号谐振放大器中谐振回路的品质因数要小得多。

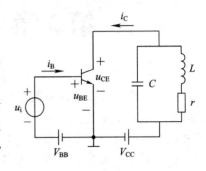

图 3.1.1 丙类谐振功率放大器的原理电路

3. 电流、电压波形

设基极输入一余弦高频信号 u_i 为

$$u_i = U_{im}\cos(\omega t) \tag{3.1.1}$$

则晶体管基极和发射极之间的电压为

$$u_{BE} = V_{BB} + u_i = V_{BB} + U_{im}\cos(\omega t) \tag{3.1.2}$$

u_{BE} 波形如图 3.1.2(a)、(b)所示。只有当 u_{BE} 大于基极和发射极之间的导通电压 U_{on} 时，晶体管导通，基极、集电极才有电流流过，故集电极耗散功率小、效率高。基极、集电极电流 i_B、i_C 均为脉冲形状，它们的波形如图 3.1.2(c)、(d)所示。

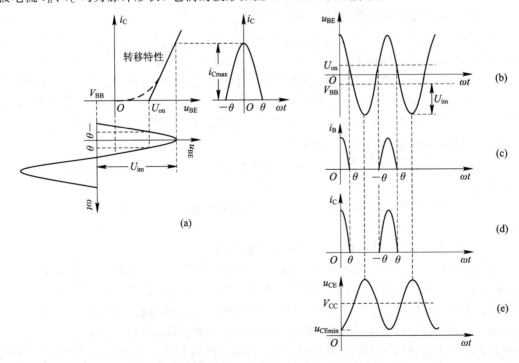

图 3.1.2 丙类谐振功率放大器各极电压和电流波形

将集电极脉冲电流 i_C 用傅里叶级数展开，可得

$$i_C = I_{C0} + I_{c1m}\cos(\omega t) + I_{c2m}\cos(2\omega t) + \cdots + I_{cnm}\cos(n\omega t) + \cdots \quad (3.1.3)$$

式中，I_{C0} 为集电极电流直流分量，I_{c1m}、I_{c2m}、I_{cnm} 分别为集电极电流的基波、二次谐波及 n 次谐波分量的振幅。

当集电极谐振回路调谐在输入信号频率 ω 上，即与集电极电流 i_C 的基波谐振时，谐振回路对基波电流而言等效为一纯电阻 R_e；对其他各次谐波而言，回路失谐而呈现很小的电抗并可看成短路；直流分量只能通过回路电感线圈支路，其直流电阻很小，对直流也可看成短路。这样，周期性脉冲形状的集电极电流 i_C，或者说包含直流、基波和高次谐波分量的电流 i_C 流经谐振回路时，只有基波电流产生压降，因而谐振回路两端输出频率为 ω 的不失真的高频信号电压。可见，晶体管集电极和发射极之间的电压为

$$u_{CE} = V_{CC} - U_{cm}\cos(\omega t) \quad (3.1.4)$$

其波形如图 3.1.2(e)所示。式中 $U_{cm} = I_{c1m}R_e$ 为谐振回路两端输出的高频信号电压的振幅，R_e 为集电极谐振回路的谐振电阻。

由图 3.1.2(e)可知，集电极电流 i_C 为最大值 i_{Cmax} 时，晶体管集-射极电压（晶体管管压降）为最小值 u_{CEmin}。在一个周期内，由于晶体管集电极电流的导通角 θ 减小了，所以晶体管的功耗也随着减小了。

3.1.2 余弦电流脉冲的分解

1. 丙类谐振功率放大器折线近似分析法

对丙类谐振功率放大器进行精确计算是十分困难的，故常采用近似估算的方法对其进行分析。由于功率放大器工作在大信号状态下，可以不必考虑晶体管导通后的非线性特性，而利用折线段来代替晶体管的实际特性曲线，这样就可以用简单的数学解析式来表示特性曲线，使工程计算变得简单易行。这就是放大器的折线近似分析法。

使用折线近似分析法的条件如下：

(1) 忽略晶体管的高频效应，如晶体管的极间电容、引线电感等；

(2) 输入和输出回路具有理想滤波特性；

(3) 晶体管的静态伏安特性可近似用折线表示。图 3.1.3 中晶体管的转移特性曲线，采用折线近似表示，图中 U_{on} 表示晶体管的基极和发射极之间的导通电压。折线化后的晶体管转移特性曲线可用下式简单表示：

$$i_C = \begin{cases} 0 & u_{BE} \leqslant U_{on} \\ g_c(u_{BE} - U_{on}) & u_{BE} > U_{on} \end{cases} \quad (3.1.5)$$

式中，$g_c = \Delta i_C / \Delta u_{BE}$ 为晶体管转移跨导，它表示晶体管工作在放大区时，单位基极电压变化产生的集电极电流的变化。

2. 集电极余弦电流脉冲的分解

根据晶体管折线化后的转移特性曲线，可以由基极和发射极之间的电压 u_{BE} 波形作出集电极电流 i_C 波形，如图 3.1.3 所示。图 3.1.3 中，i_{Cmax} 为余弦脉冲电流的最大值（脉冲高度），θ 为晶体管的导通角。

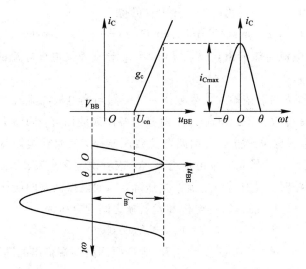

图 3.1.3　晶体管折线化后的转移特性曲线及 i_C 电流

由图 3.1.3 可知，集电极电流 i_C 为周期性余弦脉冲，可以用傅里叶级数展开，那么怎样求得集电极电流 i_C 的解析式呢？我们知道，在丙类谐振功率放大器中，集电极电流既满足外电路电压-电流方程，又符合晶体管内部特性。因此，将式(3.1.2)代入式(3.1.5)得

$$i_C = g_c \left[V_{BB} + U_{im} \cos(\omega t) - U_{on} \right] \tag{3.1.6}$$

由图 3.1.3 知，当 $\omega t = \theta$ 时，$i_C = 0$，由式(3.1.6)，可得

$$\cos\theta = \frac{U_{on} - V_{BB}}{U_{im}} \tag{3.1.7a}$$

或

$$\theta = \arccos \frac{U_{on} - V_{BB}}{U_{im}} \tag{3.1.7b}$$

将式(3.1.7a)代入式(3.1.6)，可得

$$i_C = g_c U_{im} \left[\cos(\omega t) - \frac{U_{on} - V_{BB}}{U_{im}} \right] = g_c U_{im} \left[\cos(\omega t) - \cos\theta \right] \tag{3.1.8}$$

当 $\omega t = 0$ 时，$i_C = i_{Cmax}$，将其代入式(3.1.8)可得

$$i_{Cmax} = g_c U_{im} (1 - \cos\theta) \tag{3.1.9}$$

由式(3.1.9)可得 $g_c U_{im} = \dfrac{i_{Cmax}}{(1 - \cos\theta)}$，将其代入式(3.1.8)可得

$$i_C = i_{Cmax} \frac{\cos(\omega t) - \cos\theta}{1 - \cos\theta} \tag{3.1.10}$$

式(3.1.10)即为集电极余弦脉冲电流 i_C 的数学解析式，可见 i_C 取决于脉冲高度 i_{Cmax} 和导通角 θ。将式(3.1.10)展开为傅里叶级数即为式(3.1.3)，由傅里叶级数求系数公式得

$$I_{C0} = \frac{1}{2\pi} \int_{-\pi}^{\pi} i_C \mathrm{d}(\omega t) = \frac{1}{2\pi} \int_{-\theta}^{\theta} i_C \mathrm{d}(\omega t) = \frac{1}{2\pi} \int_{-\theta}^{\theta} i_{Cmax} \frac{\cos(\omega t) - \cos\theta}{1 - \cos\theta} \mathrm{d}(\omega t)$$

$$= i_{Cmax} \left(\frac{1}{\pi} \frac{\sin\theta - \theta \cdot \cos\theta}{1 - \cos\theta} \right) = i_{Cmax} \cdot \alpha_0(\theta) \tag{3.1.11}$$

$$I_{c1m} = \frac{1}{\pi} \int_{-\pi}^{\pi} i_C \cos(\omega t) \mathrm{d}(\omega t)$$

$$= \frac{1}{\pi} \int_{-\theta}^{\theta} i_C \cos(\omega t) \mathrm{d}(\omega t)$$

$$= \frac{1}{\pi} \int_{-\theta}^{\theta} i_{C\max} \frac{\cos(\omega t) - \cos\theta}{1 - \cos\theta} \cos(\omega t) \mathrm{d}(\omega t)$$

$$= i_{C\max} \left(\frac{1}{\pi} \frac{\theta - \sin\theta \cdot \cos\theta}{1 - \cos\theta} \right)$$

$$= i_{C\max} \cdot \alpha_1(\theta) \tag{3.1.12}$$

$$I_{cnm} = \frac{1}{\pi} \int_{-\pi}^{\pi} i_C \cos(n\omega t) \mathrm{d}(\omega t) = \frac{1}{\pi} \int_{-\theta}^{\theta} i_C \cos(n\omega t) \mathrm{d}(\omega t)$$

$$= \frac{1}{\pi} \int_{-\theta}^{\theta} i_{C\max} \frac{\cos(\omega t) - \cos\theta}{1 - \cos\theta} \cos(n\omega t) \mathrm{d}(\omega t)$$

$$= i_{C\max} \left[\frac{2}{\pi} \frac{\sin(n\theta) \cdot \cos\theta - n\sin\theta \cdot \cos(n\theta)}{n(n^2 - 1)(1 - \cos\theta)} \right]$$

$$= i_{C\max} \cdot \alpha_n(\theta) \quad (n = 2, 3, 4, \cdots) \tag{3.1.13}$$

式(3.1.11)、式(3.1.12)、式(3.1.13)中，$\alpha_0(\theta)$、$\alpha_1(\theta)$ 和 $\alpha_n(\theta)$ 均称为余弦脉冲电流的分解系数，其大小是导通角 θ 的函数。其中，直流分量的分解系数为

$$\alpha_0(\theta) = \frac{I_{C0}}{i_{C\max}} = \frac{1}{\pi} \frac{\sin\theta - \theta \cdot \cos\theta}{1 - \cos\theta} \tag{3.1.14}$$

基波分量的分解系数为

$$\alpha_1(\theta) = \frac{I_{c1m}}{i_{C\max}} = \frac{1}{\pi} \frac{\theta - \sin\theta \cdot \cos\theta}{1 - \cos\theta} \tag{3.1.15}$$

n 次谐波分量的分解系数为

$$\alpha_n(\theta) = \frac{I_{cnm}}{i_{C\max}} = \frac{2}{\pi} \frac{\sin(n\theta) \cdot \cos\theta - n\sin\theta \cdot \cos(n\theta)}{n(n^2 - 1)(1 - \cos\theta)} \quad (n = 2, 3, 4, \cdots) \tag{3.1.16}$$

图 3.1.4 给出了 θ 在 $0°\sim180°$ 范围内的分解系数曲线。余弦脉冲分解系数也可以查表 3.1.1 余弦脉冲分解系数表得到。

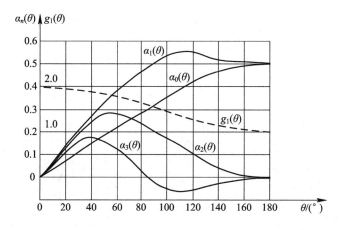

图 3.1.4　余弦脉冲分解系数曲线（$g_1(\theta)$ 为波形参数，详见式(3.1.22)）

表 3.1.1　余弦脉冲分解系数表

$\theta/(°)$	$\cos\theta$	α_0	α_1	α_2	g_1	$\theta/(°)$	$\cos\theta$	α_0	α_1	α_2	g_1
0	1.000	0.000	0.000	0.000	2.00	41	0.755	0.151	0.286	0.244	1.90
1	1.000	0.004	0.007	0.007	2.00	42	0.743	0.154	0.292	0.248	1.90
2	0.999	0.007	0.015	0.015	2.00	43	0.731	0.158	0.298	0.251	1.89
3	0.999	0.011	0.022	0.022	2.00	44	0.719	0.162	0.304	0.253	1.88
4	0.998	0.014	0.030	0.030	2.00	45	0.707	0.165	0.311	0.256	1.88
5	0.996	0.018	0.037	0.037	2.00	46	0.695	0.169	0.316	0.259	1.87
6	0.994	0.022	0.044	0.044	2.00	47	0.682	0.172	0.322	0.261	1.87
7	0.993	0.025	0.052	0.052	2.00	48	0.669	0.176	0.327	0.263	1.86
8	0.990	0.029	0.059	0.059	2.00	49	0.656	0.179	0.333	0.265	1.85
9	0.988	0.032	0.066	0.066	2.00	50	0.643	0.183	0.339	0.267	1.85
10	0.985	0.036	0.073	0.073	2.00	51	0.629	0.187	0.344	0.269	1.84
11	0.982	0.040	0.080	0.080	2.00	52	0.616	0.190	0.350	0.270	1.84
12	0.978	0.044	0.088	0.087	2.00	53	0.602	0.194	0.355	0.271	1.83
13	0.974	0.047	0.095	0.094	2.00	54	0.588	0.197	0.360	0.272	1.82
14	0.970	0.051	0.102	0.101	2.00	55	0.574	0.201	0.366	0.273	1.82
15	0.966	0.055	0.110	0.108	2.00	56	0.559	0.204	0.371	0.274	1.81
16	0.961	0.059	0.117	0.115	1.98	57	0.545	0.208	0.376	0.275	1.81
17	0.956	0.063	0.124	0.121	1.98	58	0.530	0.211	0.381	0.275	1.80
18	0.951	0.066	0.131	0.128	1.98	59	0.515	0.215	0.386	0.275	1.80
19	0.945	0.070	0.138	0.134	1.97	60	0.500	0.218	0.391	0.276	1.80
20	0.940	0.074	0.146	0.141	1.97	61	0.485	0.222	0.396	0.276	1.78
21	0.934	0.078	0.153	0.147	1.97	62	0.469	0.225	0.400	0.275	1.78
22	0.927	0.082	0.160	0.153	1.97	63	0.454	0.229	0.405	0.275	1.77
23	0.920	0.085	0.167	0.159	1.97	64	0.438	0.232	0.410	0.274	1.77
24	0.914	0.089	0.174	0.165	1.96	65	0.423	0.236	0.414	0.274	1.76
25	0.906	0.093	0.181	0.171	1.95	66	0.407	0.239	0.419	0.273	1.75
26	0.899	0.097	0.188	0.177	1.95	67	0.391	0.243	0.423	0.272	1.74
27	0.891	0.100	0.195	0.182	1.95	68	0.375	0.246	0.427	0.270	1.74
28	0.883	0.104	0.202	0.188	1.94	69	0.358	0.249	0.432	0.269	1.74
29	0.875	0.107	0.209	0.193	1.94	70	0.342	0.253	0.436	0.267	1.73
30	0.866	0.111	0.215	0.198	1.94	71	0.326	0.256	0.440	0.266	1.72
31	0.857	0.115	0.222	0.203	1.93	72	0.309	0.259	0.444	0.264	1.71
32	0.848	0.118	0.229	0.208	1.93	73	0.292	0.263	0.448	0.262	1.70
33	0.839	0.122	0.235	0.213	1.93	74	0.276	0.266	0.452	0.260	1.70
34	0.829	0.125	0.241	0.217	1.93	75	0.259	0.269	0.455	0.258	1.69
35	0.819	0.129	0.248	0.221	1.92	76	0.242	0.273	0.459	0.256	1.68
36	0.809	0.133	0.255	0.226	1.92	77	0.225	0.276	0.463	0.253	1.68
37	0.799	0.136	0.261	0.230	1.92	78	0.208	0.279	0.466	0.251	1.67
38	0.788	0.140	0.268	0.234	1.91	79	0.191	0.283	0.469	0.248	1.66
39	0.777	0.143	0.274	0.237	1.91	80	0.174	0.286	0.472	0.245	1.65
40	0.766	0.147	0.280	0.241	1.90	81	0.156	0.289	0.475	0.242	1.64

续表一

$\theta/(°)$	$\cos\theta$	α_0	α_1	α_2	g_1	$\theta/(°)$	$\cos\theta$	α_0	α_1	α_2	g_1
82	0.139	0.293	0.478	0.239	1.63	123	−0.545	0.413	0.536	0.081	1.30
83	0.122	0.296	0.481	0.236	1.62	124	−0.559	0.416	0.536	0.078	1.29
84	0.105	0.299	0.484	0.233	1.61	125	−0.574	0.419	0.536	0.074	1.28
85	0.087	0.302	0.487	0.230	1.61	126	−0.588	0.422	0.536	0.071	1.27
86	0.070	0.305	0.490	0.226	1.61	127	−0.602	0.424	0.535	0.068	1.26
87	0.052	0.308	0.493	0.223	1.60	128	−0.616	0.426	0.535	0.064	1.25
88	0.035	0.312	0.496	0.219	1.59	129	−0.629	0.428	0.535	0.061	1.25
89	0.017	0.315	0.498	0.216	1.58	130	−0.643	0.431	0.534	0.058	1.24
90	0.000	0.319	0.500	0.212	1.57	131	−0.656	0.433	0.534	0.055	1.23
91	−0.017	0.322	0.502	0.208	1.56	132	−0.669	0.436	0.533	0.052	1.22
92	−0.035	0.325	0.504	0.205	1.55	133	−0.682	0.438	0.533	0.049	1.22
93	−0.052	0.328	0.506	0.201	1.54	134	−0.695	0.440	0.532	0.047	1.21
94	−0.070	0.331	0.508	0.197	1.53	135	−0.707	0.443	0.532	0.044	1.20
95	−0.087	0.334	0.510	0.193	1.53	136	−0.719	0.445	0.531	0.041	1.19
96	−0.105	0.337	0.512	0.189	1.52	137	−0.731	0.447	0.530	0.039	1.19
97	−0.122	0.340	0.514	0.185	1.51	138	−0.743	0.449	0.530	0.037	1.18
98	−0.139	0.343	0.516	0.181	1.50	139	−0.755	0.451	0.529	0.034	1.17
99	−0.156	0.347	0.518	0.177	1.49	140	−0.766	0.453	0.528	0.032	1.17
100	−0.174	0.350	0.520	0.172	1.49	141	−0.777	0.455	0.527	0.030	1.16
101	−0.191	0.353	0.521	0.168	1.48	142	−0.788	0.457	0.527	0.028	1.15
102	−0.208	0.355	0.522	0.164	1.47	143	−0.799	0.459	0.526	0.026	1.15
103	−0.225	0.358	0.524	0.160	1.46	144	−0.809	0.461	0.526	0.024	1.14
104	−0.242	0.361	0.525	0.156	1.45	145	−0.819	0.463	0.525	0.022	1.13
105	−0.259	0.364	0.526	0.152	1.45	146	−0.829	0.465	0.524	0.020	1.13
106	−0.276	0.366	0.527	0.147	1.44	147	−0.839	0.467	0.523	0.019	1.12
107	−0.292	0.369	0.528	0.143	1.43	148	−0.848	0.468	0.522	0.017	1.12
108	−0.309	0.373	0.529	0.139	1.42	149	−0.857	0.470	0.521	0.015	1.11
109	−0.326	0.376	0.53	0.135	1.41	150	−0.866	0.472	0.520	0.014	1.10
110	−0.342	0.379	0.531	0.131	1.40	151	−0.875	0.474	0.519	0.013	1.09
111	−0.358	0.382	0.53	0.127	1.39	152	−0.883	0,475	0.517	0.012	1.09
112	−0.375	0.384	0.532	0.123	1.38	153	−0.891	0.477	0.517	0.010	1.08
113	−0.391	0.387	0.533	0.119	1.38	154	−0.899	0.479	0.516	0.009	1.08
114	−0.407	0.390	0.534	0.115	1.37	155	−0.906	0.480	0.515	0.008	1.07
115	−0.423	0.392	0.534	0.Ill	1.36	156	−0.914	0.481	0.514.	0.007	1.07
116	−0.438	0.395	0,535	0.107	1.35	157	−0.920	0.483	0.513	0.007	1.D7
117	−0.454	0.398	0.535	0.103	1.34	158	−0.927	0.485	0.512	0.006	1.06
118	−0.469	0.401	0.535	0.099	1.33	159	−0.934	0.486	0.511	0.005	1.05
119	−0.485	0.404	0.536	0.096	1.33	160	−0.940	0.487	0.510	0.004	1.05
120	−0.500	0.406	0.536	0.092	1.32	161	−0.946	0.488	0.509	0.004	1.04
121	−0.515	0.408	0.536	0.088	1.31	162	−0.951	0.489	0.509	0.003	1.04
122	−0.530	0.411	0.536	0.084	1.30	163	−0.956	0.490	0.508	0.003	1.04

$\theta/(°)$	$\cos\theta$	α_0	α_1	α_2	g_1	$\theta/(°)$	$\cos\theta$	α_0	α_1	α_2	g_1
164	−0.961	0.491	0.507	0.002	1.03	173	−0.993	0.498	0.501	0.000	1.01
165	−0.966	0.492	0.506	0.002	1.03	174	−0.994	0.499	0.501	0.000	1.00
166	−0.970	0.493	0.506	0.002	1.03	175	−0.996	0.499	0.500	0.000	1.00
167	−0.974	0.494	0.505	0.001	1.02	176	−0.998	0.499	0.500	0.000	1.00
168	−0.978	0.495	0.504	0.001	1.02	177	−0.999	0.500	0.500	0.000	1.00
169	−0.982	0.496	0.503	0.001	1.01	178	−0.999	0.500	0.500	0.000	1.00
170	−0.985	0.496	0.502	0.001	1.01	179	−1.000	0.500	0.500	0.000	1.00
171	−0.988	0.497	0.502	0.000	1.01	180	−1.000	0.500	0.500	0.000	1.00
172	−0.990	0.498	0.501	0.000	1.01						

由图 3.1.4 或表 3.1.1 可以看出，当 α_1 为最大值 0.536 时，$\theta \approx 120°$，此时若 i_{Cmax} 一定，则输出电流的基波分量达到最大值，也就是输出电压或输出功率达到最大值。但是这时放大器工作在甲乙类状态，集电极效率太低，理想效率只有 66%。如果要求谐振功率放大器工作在丙类状态，同时兼顾输出功率和效率，导通角 θ 应如何取值？下面我们就讨论这个问题。

3.1.3 输出功率与效率

功率和效率是衡量丙类谐振功率放大器的重要技术指标。由于丙类谐振功率放大器的负载是 LC 谐振回路，如果 LC 谐振回路谐振频率与输入信号频率（基波频率）相同，那么可以认为只有基波电流在 LC 谐振回路两端产生压降。因此我们只讨论集电极直流电源 V_{CC} 的供给功率、放大器的输出功率及集电极效率。

（1）集电极直流电源的供给功率 P_{DC}。

集电极直流电源的供给功率 P_{DC} 等于集电极电流直流分量与集电极直流电源电压的乘积，即

$$P_{DC} = I_{C0}V_{CC} \tag{3.1.17}$$

（2）放大器的输出功率 P_o。

放大器的输出功率 P_o 等于集电极电流基波分量在谐振电阻 R_e 上的平均功率，即

$$P_o = \frac{1}{2}I_{c1m}U_{cm} = \frac{1}{2}I_{c1m}^2 R_e = \frac{1}{2}\frac{U_{cm}^2}{R_e} \tag{3.1.18}$$

（3）集电极耗散功率 P_C。

集电极耗散功率 P_C 为

$$P_C = P_{DC} - P_o \tag{3.1.19}$$

（4）放大器的集电极效率 η_C。

放大器的集电极效率 η_C 为

$$\eta_C = \frac{P_o}{P_{DC}} \times 100\% \tag{3.1.20}$$

将式（3.1.11）、式（3.1.12）、式（3.1.17）和式（3.1.18）代入式（3.1.20），则得

$$\eta_C = \frac{P_o}{P_{DC}} = \frac{1}{2}\frac{U_{cm}I_{c1}}{V_{CC}I_{C0}} = \frac{1}{2} \cdot \xi \frac{\alpha_1(\theta)}{\alpha_0(\theta)} = \frac{1}{2}\xi g_1(\theta) \tag{3.1.21}$$

式中，$\xi = \dfrac{U_{cm}}{V_{CC}}$ 称为集电极电压利用系数；$g_1(\theta)$ 称为波形系数，且有

$$g_1(\theta) = \frac{\alpha_1(\theta)}{\alpha_0(\theta)} = \frac{\theta - \sin\theta \cdot \cos\theta}{\sin\theta - \theta \cdot \cos\theta} \tag{3.1.22}$$

$g_1(\theta)$ 是导通角 θ 的函数，其图像如图 3.1.4 虚线所示，其数值可由表 3.1.1 查得。θ 值越小，$g_1(\theta)$ 越大，放大器效率也就越高。在 $\xi = 1$ 的条件下，由式(3.1.21)可求得不同工作状态下放大器的集电极效率分别如下。

甲类工作状态：$\theta = 180°$，$g_1(\theta) = 1$，$\eta_C = 50\%$；

乙类工作状态：$\theta = 90°$，$g_1(\theta) = 1.57$，$\eta_C = 78.5\%$；

丙类工作状态：$\theta = 70°$，$g_1(\theta) = 1.73$，$\eta_C = 86.5\%$。

对于丙类谐振功率放大器，为了兼顾功率和效率两个因素，一般选取最佳导通角 θ 为 70°左右。如果要设计丙类倍频器如二倍频器或三倍频器，可参考图 3.1.4 或表 3.1.1 来选取使 $\alpha_2(\theta)$ 或 $\alpha_3(\theta)$ 取最大值时所对应的导通角 θ 的值。

例题 3.1.1　在图 3.1.1 所示的丙类谐振功率放大器中，集电极电源电压 $V_{CC} = 18$ V，输入信号电压 $u_i = 2\cos(\omega t)$ V，并联谐振回路调谐在输入信号频率 ω 上，其谐振电阻 $R_e = 400$ Ω，晶体管的输入特性曲线(已折线化)如图 3.1.5 所示。

(1) 已知 $V_{BB} = -0.5$ V，从图 3.1.5 中读出导通电压 U_{on}，并求导通角 θ；

(2) 画出 $V_{BB} = -0.5$ V 时的 u_{BE} 波形，并画出集电极电流 i_C 的脉冲波形；

(3) 计算该放大器的输出功率 P_o、集电极直流电源供给功率 P_{DC}、集电极耗散功率 P_C 及效率 η_C。

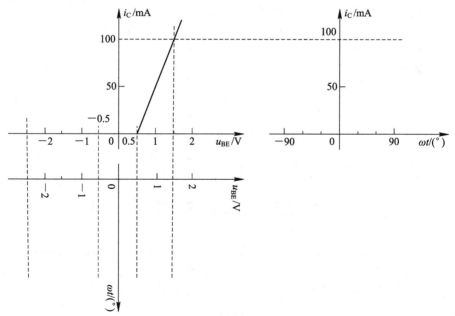

图 3.1.5　例题 3.1.1 图

解　(1) 已知 $V_{BB} = -0.5$ V，由图中读出 $U_{on} = 0.5$ V，由式(3.1.7b)求得导通角 θ 为

$$\theta = \arccos\frac{U_{on} - V_{BB}}{U_{im}} = \arccos\frac{0.5 - (-0.5)}{2} = \arccos 0.50 = 60°$$

(2) 由晶体管转移特性曲线作出集电极电流 i_C 的脉冲波形，如图 3.1.6 所示。

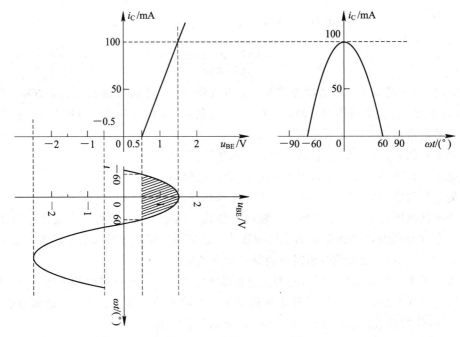

图 3.1.6　例题 3.1.1 解图

（3）由图 3.1.6 可求得 i_C 脉冲高度 $i_{Cmax}=100$ mA，查表 3.1.1 得 $\alpha_1(60°)\approx 0.4$，则基波分量振幅为

$$I_{c1m}=\alpha_1(60°)\cdot i_{Cmax}=0.4\times 100 \text{ mA}=40 \text{ mA}$$

查表 3.1.1 得 $\alpha_0(60°)\approx 0.22$，所以 i_C 直流分量为

$$I_{C0}=\alpha_0(60°)\cdot i_{Cmax}=0.22\times 100 \text{ mA}=22 \text{ mA}$$

所求功率和效率分别为

$$P_o=\frac{1}{2}I_{c1m}^2 R_e=\frac{1}{2}\times 0.040^2\times 400=0.32 \text{ W}$$

$$P_{DC}=I_{C0}V_{CC}=22 \text{ mA}\times 18 \text{ V}\approx 0.4 \text{ W}$$

$$P_C=P_{DC}-P_o=0.08 \text{ W}$$

$$\eta_C=\frac{P_o}{P_{DC}}\approx\frac{0.32 \text{ W}}{0.4 \text{ W}}\times 100\%\approx 80\%$$

3.2　丙类谐振功率放大器的外部特性

由 3.1 节的讨论可知，丙类谐振功率放大器在大信号激励下可获得大输出功率、高效率。实际调整电路时，晶体管选定后还要注意集电极负载回路的谐振电阻 R_e、输入信号的幅度 U_{im}、基极偏置电压 V_{BB} 以及集电极电源电压 V_{CC} 等参量对谐振功率放大器工作状态的影响。

3.2.1　丙类谐振功率放大器的工作状态与负载特性

1. 谐振功率放大器的三种工作状态

根据晶体管工作是否进入截止区及进入截止区的时间相对长短，即根据导通角的大小，将放大器的工作状态分为甲类、甲乙类、乙类和丙类等。而在丙类谐振功率放大器中，还可根据晶体管工作是否进入饱和区，将放大器的工作状态分为欠压、临界和过压。将不进入饱和区的工作状态称为欠压，放大器的集电极电流脉冲形状如图 3.2.1 中曲线①所示，该脉冲为尖顶余弦脉冲。将进入饱和区的工作状态称为过压，放大器的集电极电流脉冲形状如图 3.2.1 中曲线③所示，该脉冲为顶部凹陷的余弦脉冲。如果晶体管工作刚好不进入饱和区，则称为临界状态，放大器的集电极电流脉冲形状如图 3.2.1 中曲线②所示，该脉冲虽然仍为尖顶余弦脉冲，但顶部变化平坦。

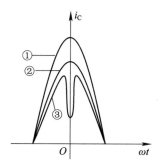

图 3.2.1　欠压、临界、过压状态集电极电流脉冲形状

在欠压状态时，输出基波电压幅度 U_{cm} 较小，电路的功率放大作用发挥得不充分；而在过压时集电极电流脉冲顶部出现凹陷，基波分量和平均分量都急剧下降，其他谐波分量明显加大，这对于高频功率放大也很不利；通常丙类谐振功率放大器选择持续工作在临界状态，此时可以获得最大的输出功率，效率也比较高。

2. 负载特性

丙类谐振功率放大器的负载特性是指当输入信号的振幅 U_{im}、基极偏置电压 V_{BB} 以及集电极电源电压 V_{CC} 维持不变时，放大器的集电极电流 I_{C0}、I_{c1m}，以及输出电压振幅 U_{cm}、输出功率 P_o、效率 η_C 等随谐振回路谐振电阻 R_e 变化的关系。

1）R_e 变化时 i_C 波形的变化

当 R_e 由小逐渐增大时，U_{cm} 也跟着由小变大，放大器由欠压状态经临界状态逐步向过压状态过渡，集电极电流脉冲变化情况如图 3.2.2 所示。在欠压状态，尖顶脉冲的高度随 R_e 的增加而略有下降；在过压状态，i_C 脉冲的凹陷程度随着 R_e 的增加而急剧加深。

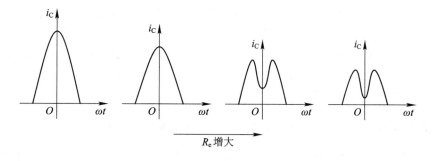

图 3.2.2　R_e 变化时的 i_C 波形变化

2）电流 I_{C0}、I_{c1m} 及电压 U_{cm} 随 R_e 变化关系

（1）欠压状态。

当 R_e 由小逐渐增大时，集电极电流脉冲高度 i_{Cmax} 及导通角 θ 略有减小，因而在欠压状态，I_{C0} 和 I_{c1m} 随 R_e 增大略有下降。所以把处于欠压状态的放大器近似看作一个恒流源。由于 $U_{cm}=I_{c1m}R_e$，所以 U_{cm} 随 R_e 增加而增加，如图 3.2.3(a)所示。

（2）过压状态。

当 R_e 继续增大，放大器进入过压状态，集电极电流 i_C 脉冲出现凹陷，其凹陷程度随着 R_e 的增加而急剧加深，从而使 I_{C0} 和 I_{c1m} 随 R_e 增大也急剧下降。R_e 增大、I_{c1m} 下降，使得 U_{cm} 基本维持缓慢上升状态，这样可以把处于过压状态的放大器近似看作一个恒压源，如图 3.2.3(a)所示。

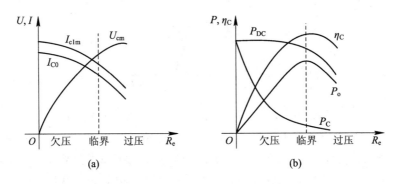

图 3.2.3 谐振功率放大器的负载特性

3）功率 P_{DC}、P_o、P_C 和效率 η_C 随 R_e 变化关系

放大器的功率与效率随 R_e 变化关系的曲线如图 3.2.3(b)所示，根据图 3.2.3(a)不难说明它们的变化规律：

（1）集电极直流电源供给功率 $P_{DC}=I_{C0}V_{CC}$，由于 V_{CC} 维持不变，所以 P_{DC} 与 I_{C0} 曲线变化形状一致。

（2）放大器输出功率 $P_o=\dfrac{1}{2}I_{c1m}U_{cm}$。$P_o$ 曲线可以从 I_{c1m} 与 U_{cm} 两条曲线相乘求出，如图 3.2.3(b)所示。由图可见，临界状态时 P_o 最大，此时对应的谐振电阻 R_e 称为谐振功率放大器的匹配负载或最佳负载，记作 R_{eopt}。

（3）集电极耗散功率 $P_C=P_{DC}-P_o$。P_C 曲线可由 P_{DC} 曲线与 P_o 曲线相减而得。由图 3.2.3(b)可知，在欠压状态，当 R_e 减小时，P_C 上升很快，当 $R_e=0$ 时，P_C 达到最大值，$P_C=P_{DC}$，这样可能使晶体管烧毁。因此，在调试丙类谐振功率放大器时，一定要注意负载不能短路。在过压状态，P_{DC} 曲线与 P_o 曲线几乎以同一规律下降，P_C 几乎不随 R_e 的变化而变化，并且具有较小的数值。

（4）效率 $\eta_C=\dfrac{P_o}{P_{DC}}$。在欠压状态，$P_{DC}$ 变化很小，所以 η_C 随 P_o 的增加而增加。放大器到达临界状态后，因为 P_o 下降没有 P_{DC} 下降得快，因而 η_C 继续增加。当 R_e 继续增加，放大器处于过压状态后，P_o 因 I_{c1m} 的急剧下降而下降，因而 η_C 略有减小。可见，η_C 的最大值出现在弱过压状态。

由图 3.2.3 所示的负载特性可见，工作在临界状态的谐振功率放大器输出功率 P_o 达到最大，P_C 较小，η_C 效率也比较高，谐振功率放大器接近最佳性能。此时，$R_e = R_{eopt}$，在工程上，最佳负载 R_{eopt} 可以根据所需输出功率 P_o，由下式近似确定：

$$R_{eopt} = \frac{1}{2} \frac{U_{cm}^2}{P_o} \approx \frac{1}{2} \frac{(V_{CC} - U_{CES})^2}{P_o} \tag{3.2.1}$$

式中，U_{CES} 为晶体管的饱和压降。

3.2.2 放大特性

保持基极偏置电压 V_{BB}、集电极电源电压 V_{CC} 和谐振回路谐振电阻 R_e 不变，改变输入信号的振幅 U_{im}，放大器的工作状态将跟随变化。放大器性能随 U_{im} 变化的特性称为振幅特性，也称放大特性。

1. U_{im} 变化时 i_C 波形的变化

当 U_{im} 由小增大时，晶体管导通时间加长，u_{BEmax}（$u_{BEmax} = V_{BB} + U_{im}$）增大，从而使得集电极电流 i_C 脉冲宽度和高度均增加，随着 U_{im} 不断增大，i_C 脉冲顶部出现凹陷，放大器由欠压状态进入过压状态，如图 3.2.4 所示。

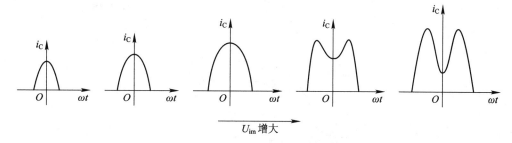

图 3.2.4　U_{im} 变化时 i_C 波形的变化

2. 放大特性

由图 3.2.4 可知，在欠压状态，U_{im} 增大时，i_C 脉冲高度增加显著，所以 I_{C0}、I_{c1m} 和相应的 U_{cm} 随 U_{im} 的增加而迅速增大。在过压状态，U_{im} 增大时 i_C 脉冲高度虽略有增加，但凹陷也加深，所以 I_{C0}、I_{c1m} 和 U_{cm} 增长缓慢。I_{C0}、I_{c1m} 和 U_{cm} 随 U_{im} 变化的特性曲线如图 3.2.5 所示。

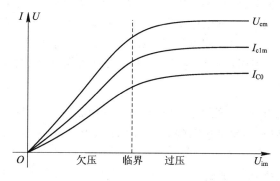

图 3.2.5　谐振功率放大器的放大特性

3.2.3 调制特性

1. 集电极调制特性

保持基极偏置电压 V_{BB}、输入信号的振幅 U_{im} 和谐振回路谐振电阻 R_e 不变,放大器集电极电流 I_{C0}、I_{c1m} 以及输出电压振幅 U_{cm} 随集电极电源电压 V_{CC} 变化的特性称为集电极调制特性。

1)V_{CC} 变化时 i_C 波形的变化

当 V_{CC} 由小增大时,u_{CEmin} 将跟随增大,放大器的工作状态由过压状态向欠压状态变化,i_C 脉冲由顶部凹陷的余弦脉冲向尖顶余弦脉冲变化,如图 3.2.6(a)所示。

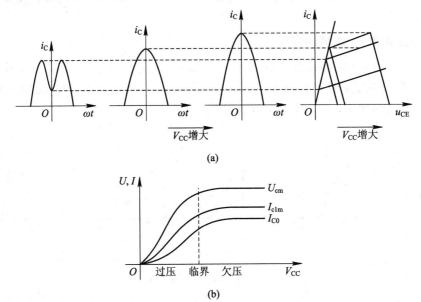

(a)

(b)

图 3.2.6　V_{CC} 变化对工作状态的影响

2)集电极调制特性

由图 3.2.6(a)可见,在欠压状态,i_C 脉冲高度变化不大,所以 I_{C0}、I_{c1m} 随 V_{CC} 的变化不大;而在过压状态,i_C 脉冲高度随 V_{CC} 的减小而下降,凹陷加深,因而 I_{C0}、I_{c1m} 随 V_{CC} 的减小而较快地下降,并且在 $V_{CC}=0$ 时,I_{C0}、I_{c1m} 都等于零。I_{C0}、I_{c1m} 随 V_{CC} 变化的曲线如图 3.2.6(b)所示。由于输出电压振幅 $U_{cm}=I_{c1m}R_e$,所以 U_{cm} 与 I_{c1m} 变化规律相同,如图 3.2.6(b)所示。由图 3.2.6(b)可知,工作在过压状态的谐振功率放大器,输出电压振幅 U_{cm} 随 V_{CC} 有较大变化,利用这一特性可以实现集电极调幅作用(参见第 6 章 6.2.2 节)。

2. 基极调制特性

保持集电极电源电压 V_{CC}、输入信号的振幅 U_{im} 和谐振回路谐振电阻 R_e 不变,放大器集电极电流 I_{C0}、I_{c1m} 以及输出电压振幅 U_{cm} 的随基极偏置电压 V_{BB} 变化的特性称为基极调制特性。

1)V_{BB} 变化时 i_C 波形的变化

由于 $u_{BEmax}=V_{BB}+U_{im}$,所以 U_{im} 不变、增大 V_{BB} 与 V_{BB} 不变、增大 U_{im} 的情况是类似

的(参见 3.2.2 节)。因此，V_{BB} 由负到正增大时，i_C 脉冲宽度和高度增大，并出现凹陷，放大器由欠压状态进入过压状态，如图 3.2.7(a)所示。

2) 基极调制特性

I_{C0}、I_{c1m} 以及相应的 U_{cm} 随 V_{BB} 变化的曲线与放大特性类似(参见 3.2.2 节)，如图 3.2.7(b)所示。由图可知，工作在欠压状态的谐振功率放大器，输出电压振幅 U_{cm} 随 V_{BB} 有较大变化，利用这一特性可以实现基极调幅作用(参见第 6 章 6.2.2 节)。

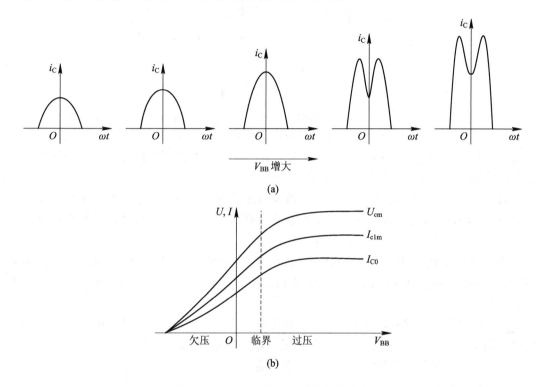

图 3.2.7　V_{BB} 变化对工作状态的影响

3.3　丙类谐振功率放大器电路

丙类谐振功率放大器电路由直流馈电电路和滤波匹配网络组成。现对二者进行详细讨论。

3.3.1　直流馈电电路

1. 集电极馈电电路

集电极直流馈电电路有两种连接方式，分别称为串馈和并馈。

如图 3.3.1(a)所示，晶体管 V、负载 LC 谐振回路(作为滤波匹配网络)、集电极电源 V_{CC} 三者在电路形式上是以串联形式相连的，该电路称为集电极串联馈电电路，简称串馈。集电极电源 V_{CC} 通过高频扼流圈 L_C 和谐振回路线圈 L 加到晶体管集电极。L_C 的作用是阻止高频电流进入电源 V_{CC}，以免造成电源内阻的高频功率损耗。旁路电容 C_C 的作用是为高频电流提供一个通路,这样,直流电流和高频电流各有自己的通路,使晶体管正常工作。

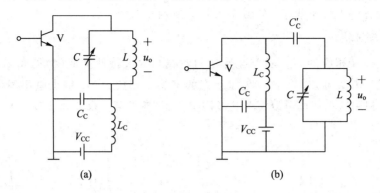

图 3.3.1 集电极馈电电路

如图 3.3.1(b)所示,晶体管 V、负载 LC 谐振回路(作为滤波匹配网络)、集电极电源 V_{CC} 三者在电路形式上是以并联形式相连的,该电路称为集电极并联馈电电路,简称并馈。图中 L_C 的作用仍是阻止高频电流流入电源 V_{CC},电容 C_C' 的作用是防止电源 V_{CC} 短路,C_C 的作用是进一步防止高频电流进入电源 V_{CC}。

需要指出的是,集电极串馈、并馈虽然电路形式有所不同,但它们的主要作用都是馈送电源 V_{CC},使放大器的直流电流和交流电流各有自己的通路,并且实际加到晶体管集电极上的电压同为 $u_{CE} = V_{CC} - U_{cm}\cos(\omega t)$。

串馈的优点是 L_C 和 C_C 处于高频地电位,它们对地的分布电容不会影响回路的谐振频率。串馈的缺点是负载 LC 谐振回路处于直流高电位,网络元件不能接地,安装调试不方便。

并馈的优点是负载 LC 谐振回路处于直流地电位,网络元件可以直接接地,安装方便。并馈的缺点是 L_C、C_C 和 C_C' 的分布参数将直接影响网络的调谐。

选用串馈还是并馈要视实际应用的情况而定。

2. 基极馈电电路

基极馈电电路也有串馈和并馈两种形式,分别如图 3.3.2(a)、(b)所示。对基极馈电电路的要求与集电极馈电电路类似,即在交流通路中,信号电压 u_i 要有效地加到基极和发射极之间,而不能被其他元件旁路或损耗;在直流通路中,偏置电压 V_{BB} 应有效地加到基极

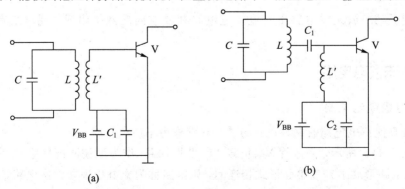

图 3.3.2 基极馈电电路

和发射极之间，而不被其他元件所旁路。无论串馈还是并馈，在基极回路均有 $u_{BE}=V_{BB}+u_i=V_{BB}+U_{im}\cos(\omega t)$。

在实际应用中，一般不用 V_{BB} 电源供电，而是采用自给偏置电路供电，如图 3.3.3 所示。其中图 3.3.3(a) 所示电路是利用基极电流脉冲 i_B 中的直流分量 I_{B0} 在电阻 R_B 上的压降产生自给偏压；图 3.3.3(b) 所示电路是利用发射极电流脉冲 i_E 中的直流分量 I_{E0} 在电阻 R_E 上的压降产生自给偏压。自给偏压只能提供反向偏压。

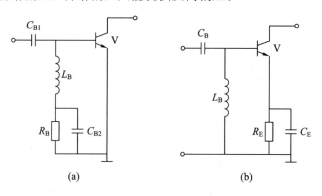

图 3.3.3　自给偏置电路

3.3.2　滤波匹配网络

谐振功率放大器通过耦合电路与前后级连接。这种耦合电路叫匹配网络，如图 3.3.4 所示，对它有如下要求：

(1) 匹配：使外接负载阻抗与放大器所需的最佳负载电阻 R_{eopt} 相匹配，放大器工作在临界状态，以保证放大器输出功率最大。

(2) 滤波：滤除不需要的各次谐波分量，选出所需的基波分量，相应的匹配网络称为滤波匹配网络。

(3) 效率：要求匹配网络本身的损耗尽可能小，即匹配网络的传输效率要高。

在实际电路中，为提高滤波匹配性能，匹配网络除了用 LC 谐振回路外，还常用复杂的网络。常用的 LC 匹配网络有 L 形、T 形和 π 形三种。

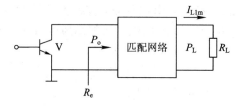

图 3.3.4　匹配网络在电路中的位置(I_{L1m} 表示负载电流的基波分量振幅)

1. L 形匹配网络

L 形匹配网络是由两个异性电抗元件接成 L 形结构的阻抗变换网络，它是最简单的阻抗变换电路。L 形匹配网络与负载的连接方式有两种：一种是低阻抗变高阻抗的 L 形匹配网络，如图 3.3.5(a) 所示；另一种是高阻抗变低阻抗的 L 形匹配网络，如图 3.3.6(a) 所示。

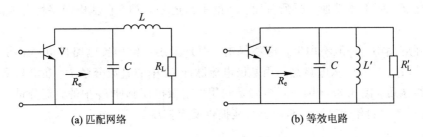

(a) 匹配网络　　　　　　　　　　(b) 等效电路

图 3.3.5　低阻抗变高阻抗的 L 形匹配网络

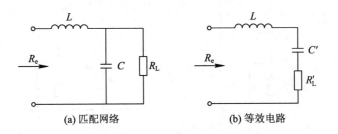

(a) 匹配网络　　　　　　　　(b) 等效电路

图 3.3.6　高阻抗变低阻抗的 L 形匹配网络

1) 低阻抗变高阻抗的 L 形匹配网络

如图 3.3.5(a)所示，将图中 L 和 R_L 串联电路用并联电路来等效，则得到 3.3.5(b)所示电路。由串、并联电路阻抗变换关系式(2.1.28a)、式(2.1.28b)及式(2.1.26)可得

$$
\begin{cases}
R_L' = R_L(1 + Q_e^2) \\
L' = L\left(1 + \dfrac{1}{Q_e^2}\right) \\
Q_e = \dfrac{\omega L}{R_L}
\end{cases}
\tag{3.3.1}
$$

在工作频率 ω 上，图 3.3.5(b)所示并联回路谐振满足

$$
\omega L' - \frac{1}{\omega C} = 0
\tag{3.3.2}
$$

其等效阻抗 R_e 就等于 R_L'。由于 $Q_e > 1$，由式(3.3.1)可见，$R_e = R_L' > R_L$，即图 3.3.5(a)所示 L 形网络能将低阻抗负载变换为高阻抗负载，其变换倍数取决于 Q_e 值的大小。为了实现阻抗匹配，在已知 R_L 和 R_e 时，滤波匹配网络的品质因数 Q_e 可由式(3.3.1)得到，即

$$
Q_e = \sqrt{\frac{R_e}{R_L} - 1}
\tag{3.3.3}
$$

滤波匹配网络的元件 L、C 的参数可由以下两式求得：

$$
L = \frac{Q_e R_L}{\omega}
\tag{3.3.4}
$$

$$
C = \frac{1}{\omega^2 L\left(1 + \dfrac{1}{Q_e^2}\right)} = \frac{Q_e}{\omega R_e}
\tag{3.3.5}
$$

2) 高阻抗变低阻抗的 L 形匹配网络

高阻抗变低阻抗的 L 形匹配网络如图 3.3.6(a)所示，将图中 C 和 R_L 并联电路用串联

电路来等效，则得到 3.3.6(b)所示电路。由并、串联电路阻抗变换关系式(2.1.27a)、式(2.1.27b)及式(2.1.26)可得

$$\begin{cases} R'_L = \dfrac{R_L}{1+Q_e^2} \\[2mm] C' = C\left(1+\dfrac{1}{Q_e^2}\right) \\[2mm] Q_e = \dfrac{R_L}{\dfrac{1}{\omega C}} = R_L\omega C \end{cases} \tag{3.3.6}$$

在工作频率 ω 上，图 3.3.6(b)所示串联谐振回路发生串联谐振，此时有

$$\omega L - \frac{1}{\omega C'} = 0 \tag{3.3.7}$$

其等效阻抗 R_e 就等于 R'_L。由于 $Q_e>1$，即(3.3.6)可见，$R_e=R'_L<R_L$，可见，图 3.3.6(a)所示 L 形匹配网络实现了高阻抗变低阻抗的变换作用。为了实现阻抗匹配，在已知 R_L 和 R_e 时，滤波匹配网络的品质因数 Q_e 可由式(3.3.6)得到，即

$$Q_e = \sqrt{\frac{R_L}{R_e} - 1} \tag{3.3.8}$$

图 3.3.6(a)所示的滤波匹配网络的元件 C、L 的参数可由以下两式求得：

$$C = \frac{Q_e}{\omega R_L} \tag{3.3.9}$$

$$L = \frac{1}{\omega^2 C\left(1+\dfrac{1}{Q_e^2}\right)} = \frac{Q_e R_e}{\omega} \tag{3.3.10}$$

2. T 形和 π 形匹配网络

由于 L 形匹配网络阻抗变换前后的电阻相差 $1+Q_e^2$ 倍，如果实际情况下要求变换的倍数并不高，那么回路的 Q_e 值就只能很小，这使得网络滤波性能很差。为了解决这一矛盾，可采用 T 形和 π 形匹配网络，分别如图 3.3.7(a)与图 3.3.8(a)所示。

1) T 形匹配网络

图 3.3.7(a)是 T 形匹配网络，其中两个串臂为同性电抗元件，并臂为异性电抗元件。为了求出 T 形匹配网络的元件参数，可以将它分成两个 L 形匹配网络，如图 3.3.7(b)所示。然后利用 L 形匹配网络的计算公式，经整理便可求得参数 L_1、L_2、C 的计算公式。

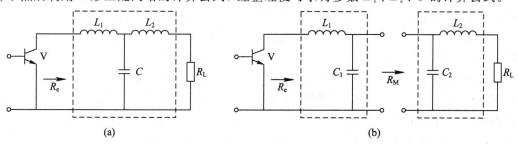

(a)　　　　　　　　　　　　　　(b)

图 3.3.7　T 形网络的阻抗变换

2）π形匹配网络

π形匹配网络如图 3.3.8(a)所示，分析过程也是将 π形网络分成两个基本的 L形匹配网络，如图 3.3.8(b)所示，然后按 L形匹配网络进行求解。

例题 3.3.1 已知谐振功率放大器所需的最佳负载电阻 $R_e = 150\ \Omega$，负载电阻 $R_L = 50\ \Omega$，工作频率 $f = 50\ \text{MHz}$，取 $Q_{e1} = 10$，试求 π形匹配网络的元件值。

解 π形匹配网络如图 3.3.8(a)所示，将其拆成两个基本的 L形匹配网络，如图 3.3.8(b)所示。

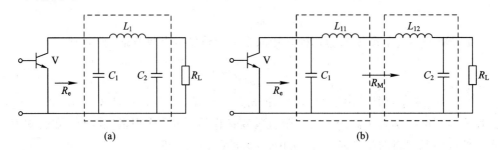

图 3.3.8 π形网络的阻抗变换

由 $Q_{e1} = \sqrt{\dfrac{R_e}{R_M} - 1} = 10$，可得 $R_M \approx 1.5\ \Omega$，则

$$Q_{e2} = \sqrt{\frac{R_L}{R_M} - 1} = \sqrt{\frac{50}{1.5} - 1} \approx 5.7$$

$$C_2 = \frac{Q_{e2}}{\omega R_L} = \frac{5.7}{2\pi \times 50 \times 10^6 \times 50}\ \text{F} \approx 0.36\ \text{nF}$$

$$L_{12} = \frac{Q_{e2} R_M}{\omega} = \frac{5.7 \times 1.5}{2\pi \times 50 \times 10^6}\ \text{H} \approx 27\ \text{nH}$$

$$L_{11} = \frac{Q_{e1} R_M}{\omega} = \frac{10 \times 1.5}{2\pi \times 50 \times 10^6}\ \text{H} \approx 47.8\ \text{nH}$$

$$C_1 = \frac{Q_{e1}}{\omega R_e} = \frac{10}{2\pi \times 50 \times 10^6 \times 150}\ \text{F} \approx 210\ \text{pF}$$

$$L_1 = L_{11} + L_{12} = (47.8 + 27)\text{nH} = 74.8\ \text{nH}$$

3.3.3 谐振功率放大器电路举例

图 3.3.9 所示是工作频率为 160 MHz 的谐振功率放大器，该放大器向 50 Ω 的外接负载提供 13 W 功率，功率增益为 9 dB。该电路由晶体管 V、馈电电路和匹配网络等组成。

(1) 馈电电路：基极采用自给偏置电路，由高频扼流圈 L_B 中的直流电阻产生很小的负偏压 V_{BB}；集电极采用并馈，L_C 为高频扼流圈，C_C 为旁路电容。

(2) 匹配电路：放大器输入端采用 C_1、C_2、L_1 构成的 T形匹配网络，它可将晶体管的输入阻抗，在工作频率上变换为前级放大器所要求的 50 Ω 匹配电阻。L_1 除了用于抵消晶体管的输入电容作用外，还与 C_1、C_2 产生谐振。C_1 用来调匹配，C_2 用来调谐振。

放大器输出端采用 L_2、C_3 和 C_4 构成的 L形匹配网络，调节 C_3 和 C_4 使得 50 Ω 外接负载电阻在工作频率上变换为放大器所要求的匹配电阻。

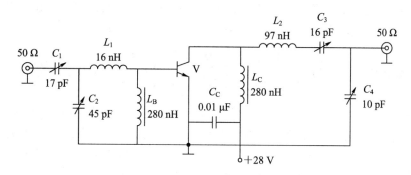

图 3.3.9 160 MHz 谐振功率放大电路

3.4 丁类和戊类功率放大器

高频功率放大器的主要问题是如何尽可能地提高它的输出功率与效率。在提高效率方面，除了通常的丙类(C 类)高频功率放大器外，近年来又出现了两大类高效率($\eta \geqslant 90\%$)的高频功率放大器。一类是开关型高频功率放大器，在这类高频功率放大器中，有源器件是作为开关使用的，这类功率放大器有丁类(D 类)、戊类(E 类)和 S 类；还有一类高频功率放大器是采用特殊的电路设计技术设计功率放大器的负载回路，以降低器件功耗，提高功率放大器的集电极效率，这类功率放大器有 F 类、G 类和 H 类。本节将对丁类(D 类)和戊类(E 类)功率放大器进行简略介绍。

1. 丁类功率放大器

丙类谐振功率放大器可以通过减小电流导通角 θ 来提高放大器的效率，但是为了让输出功率符合要求又不使输入激励电压太大，θ 就不能太小，因而放大器效率的提高就受到了限制，为了进一步提高效率，就必须另辟蹊径。丁类、戊类等功率放大器就是采用固定 θ 为 90°，尽量降低晶体管的耗散功率来提高放大器的效率的。我们知道，晶体管的集电极耗散功率 P_C 可由下式表示：

$$P_C = \frac{1}{2\pi} \int_{-\theta}^{\theta} i_C u_{CE} \mathrm{d}(\omega t) \tag{3.4.1}$$

由式 3.4.1 可见，要减小 P_C，一种方法是减小 P_C 的积分区间，即减小电流的导通角 θ，这就是丙类谐振功率放大器所采用的方法；另一种方法是减小 i_C 与 u_{CE} 的乘积，该方法是各种高效率谐振功率放大器的设计基础。使放大器工作在开关状态，当晶体管导通，i_C 不等于零时，u_{CE} 最小，接近于零；而当晶体管截止，$i_C = 0$ 时，u_{CE} 不为零。可见，理想情况下，i_C、u_{CE} 乘积可接近于零，故 η_C 可达 100%，这类放大器就是开关型丁类功率放大器。

丁类功率放大器有电压开关型和电流开关型两种类型电路，下面仅介绍电压开关型的工作原理。

图 3.4.1(a)所示为电压开关型丁类功率放大器的原理电路。图中输入信号电压 u_i 是角频率为 ω 的方波或幅度足够大的余弦波。通过变压器 T 产生两个极性相反的推动电压 u_{b1} 和 u_{b2}，并分别加到两个特性相同的同类型晶体管 V_1 和 V_2 的输入端，使得两晶体管在

一个信号周期内轮流饱和导通和截止。L、C 和外接负载 R_L 组成串联谐振回路。设 V_1 和 V_2 的饱和压降为 U_{CES}，则当 V_1 饱和导通时，A 点对地电压为

$$u_A = V_{CC} - U_{CES}$$

而当 V_2 饱和导通时，u_A 为

$$u_A = U_{CES}$$

因此，u_A 是振幅为 $V_{CC} - 2U_{CES}$ 的矩形方波电压，它是串联谐振回路的激励电压，如图 3.4.1(b)所示。当串联谐振回路调谐在输入信号频率上，且回路有载品质因数 Q_e 足够高时，通过回路的仅是 u_A 中基波分量产生的电流 i_o，它是角频率为 ω 的余弦波，而这个余弦波电流只能是由 V_1 和 V_2 分别导通时的半波电流 i_{C1}、i_{C2} 合成的。这样，负载 R_L 上就可获得与 i_o 相同波形的输出电压 u_o。i_{C1}、i_{C2} 波形均示于图 3.4.1(b)中。可见，在开关工作状态下，两晶体管均为半周期导通，半周期截止。导通时，电流为半个正弦波，但 u_{CE} 很小，近似为零。截止时，u_{CE} 很大，但电流为零，这样，晶体管的损耗始终维持在很小值。

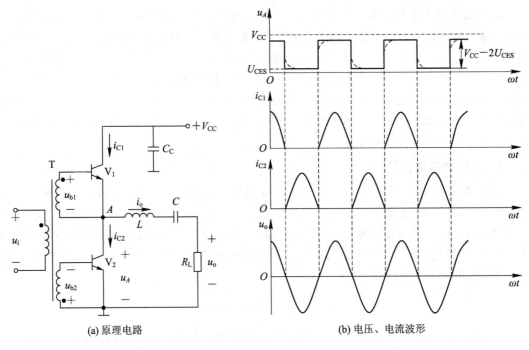

(a) 原理电路　　　　(b) 电压、电流波形

图 3.4.1　丁类功率放大器原理图及电压和电流波形

实际上，在高频工作时，由于晶体管结电容和电路分布电容的影响，晶体管 V_1 和 V_2 的开关转换不可能在瞬间完成，u_A 的波形会有一定的上升沿和下降沿，如图 3.4.1(b)中虚线所示。这样，晶体管的耗散功率将增大，放大器实际效率将下降，这种现象随着输入信号频率的提高而更加严重。为了克服上述缺点，在丁类功率放大器的基础上采用特殊设计的输出回路，构成戊(E)类功率放大器。

2. 戊类功率放大器

戊(E)类功率放大器由工作在开关状态的单个晶体管构成，其基本电路如图 3.4.2 所示。图中 R_L 为等效负载电阻，L_C 为高频扼流圈，用以使流过它的电流 I_{CC} 恒定；L、C 为串联谐振回路，其 Q 值足够大，但它并不谐振于输入信号的基频，C_1 接于集电极与地之间

并与晶体管的输出电容 C_0 并联，令 $C_1' = C_0 + C_1$，因此 C_1' 和 L、C 组成负载网络。通过选择适当的网络参数使负载网络的瞬态响应满足：晶体管截止时，集电极电压 u_{CE} 的上升沿延迟到集电极电流 $i_C = 0$ 以后才开始；晶体管导通时，迫使 $u_{CE} = 0$ 以后才出现集电极电流 i_C 脉冲，即保证晶体管上的电流和电压不同时出现，从而提高了放大器的效率。

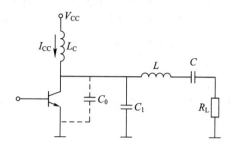

图 3.4.2　戊(E)类功率放大器

戊类和丁类功率放大器晶体管处于开关工作状态，能放大等幅的恒包络信号，如 FM、PSK、FSK 等已调信号，因此，在数字通信和 GSM 数字通信系统中具有广阔的应用前景。此外，丁类功率放大器也广泛应用于如污水处理、工业中的高频淬火、高频塑封、电磁炉(灶)、高频手术刀等多种电子设备中，这些设备的主要特点是技术先进、电能的转换效率高。戊类功率放大器在射频识别(RFID)阅读器等电子设备中也广泛应用。

3.5　宽带高频功率放大器

前面所述谐振功率放大器的主要优点是效率高，但它们适用的工作频率范围很窄。当需要改变工作频率时，必须改变其匹配网络的谐振频率，这往往是十分困难的。在多频道通信系统和相对带宽较宽的高频设备中，谐振功率放大器就不适用了，这时必须采用无须调节工作频率的宽带高频功率放大器。目前在移动通信系统、电视差转装备等电子设备中，均采用无须调节工作频率的宽带高频功率放大器，该放大器也称为非谐振线性放大器。由于宽带高频功率放大器无选频滤波性能，只能工作在非线性失真较小的甲类状态(或乙类推挽)，其效率低，输出功率小，因而常采用功率合成技术，实现多个功率放大器的联合工作，以获得大功率的输出。本节主要介绍具有宽带特性的传输线变压器及宽带高频功率放大器的工作原理。

3.5.1　传输线变压器

由于单个高频晶体管的输出功率有限，当要求更高的输出功率时，一般的方法就是采用功率合成技术。利用高频功率放大器、功率分配网络和功率合成网络组成的耦合网络，就可以实现高频大功率的输出。传输线变压器是组成耦合网络的核心，本节对传输线变压器及其应用进行简要介绍。

与普通变压器相比，传输线变压器主要特点是工作频带极宽，它的上限频率可高到上千兆赫兹，频率覆盖系数(即上限频率对下限频率的比值)可达 10^4，而普通高频变压器的上限频率只能达到几十兆赫兹，频率覆盖系数只有几百。

1. 传输线变压器的工作原理

传输线变压器是将传输线绕在高磁导率、低损耗的磁环上构成的。传输线可采用扭绞线、平行线、同轴线等，磁环一般由镍锌高频铁氧体制成，其直径小的只有几毫米，大的有几十毫米，视功率大小而定。传输线变压器的工作原理是传输线原理和变压器原理的结合，即它对激励信号的不同频率分量，以传输线或以变压器方式传输能量。对激励信号的高频频率分量以传输线方式为主传输能量；对激励信号的低频频率分量以变压器方式为主传输能量，频率愈低，变压器方式愈突出。

图 3.5.1(a)所示为 1:1 传输线变压器的结构示意图，该传输线变压器是由两根等长的导线紧靠在一起并绕在磁环上构成的。用虚线表示的导线 1 端接信号源，2 端接地，用实线表示的另一根导线 3 端接地，4 端接负载。图 3.5.1(b)示出了以传输线方式工作的电路形式，图 3.5.1(c)示出了以普通变压器方式工作的电路形式。为了便于比较，它们的初级、次级线圈都有一端接地。

由图 3.5.1(b)不难看出，由于 2、3 端同时接地，这样信号电压 $\dot{U}_1$ 加至传输线始端(即同名端)1、3 时，同时也加至线圈 1、2 两端，负载 R_L 接至传输线终端 2、4 时也接到线圈 3、4 两端，如图 3.5.1(c)所示，传输线变压器同时按变压器方式工作。因此传输线变压器的工作原理是传输线原理与变压器原理的结合。至于它工作在传输线方式还是变压器方式，取决于信号源对它的不同激励：高频时以传输线方式为主，低频时以变压器方式为主。

以传输线方式工作的主要特点：一是在传输线的任一点上，两导线上流过的电流大小相等、方向相反；二是只要传输线终端匹配(R_L 与传输线特性阻抗 Z_C 相等)、传输线的长度尽可能短($l < \frac{1}{8}\lambda_{\min}$)，就可使通频带的上限频率得到扩展。

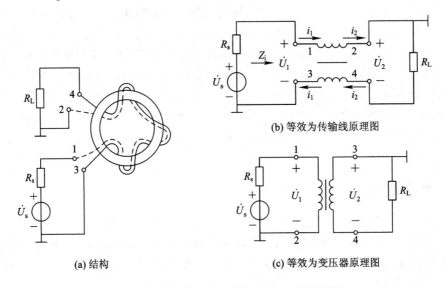

(a) 结构　　　　　　　　　　(c) 等效为变压器原理图

图 3.5.1　1:1 传输线变压器结构和工作原理图

以变压器方式工作的主要特点：一是在两线圈端(1、2 和 3、4 端)有同相的电压；二是在绕组中有磁芯，激励电感量较大，可使通频带的低频响应范围得到扩展。

2. 传输线变压器的应用

1）极性变换

传输线变压器可作为极性变换电路，如图 3.5.1(c)所示。在信号源的作用下，初级绕组 1、2 端有电压 $\dot{U}_1$，极性为 1 端正、2 端负；在 $\dot{U}_1$ 的作用下，通过电磁感应，在变压器次级 3、4 端产生等值的电压 $\dot{U}_2$，极性为 3 端正、4 端负。由于 3 端接地，故负载电阻上的电压与 3、4 端的电压 $\dot{U}_2$ 的极性相反，从而实现了极性变换。

2）平衡与不平衡电路的转换

传输线变压器可以实现平衡与不平衡电路的转换。图 3.5.2(a)示出了两信号源构成平衡输入，通过传输线变压器得到一个对地不平衡的电压输出的电路。输入端两个信号源的电压和内阻均相等，分别接在地的两旁，这种接法称为平衡接法；输出负载只有单端接地，称为不平衡接法。图 3.5.2(b)是将不平衡输入变换为平衡输出的电路。

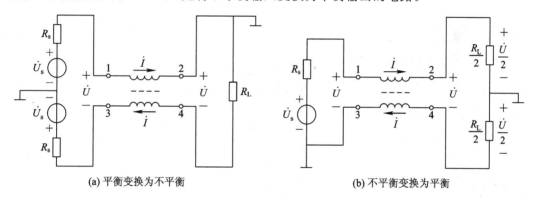

(a) 平衡变换为不平衡　　　　　　　　(b) 不平衡变换为平衡

图 3.5.2　平衡与不平衡电路的转换

3）阻抗变换

传输线变压器可以构成阻抗变换器，最常见的是 4∶1 和 1∶4 阻抗变换器。

（1）4∶1 阻抗变换器。

传输线变压器构成的 4∶1 阻抗变换器如图 3.5.3(a)所示，设输入电流为 $\dot{I}$，输出电压为 $\dot{U}$。

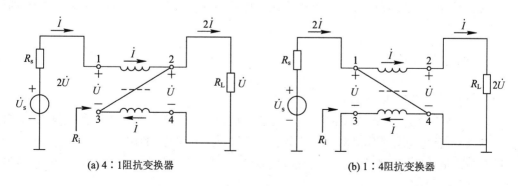

(a) 4∶1阻抗变换器　　　　　　　　(b) 1∶4阻抗变换器

图 3.5.3　传输线变压器构成的两种基本阻抗变换器

由于传输线 2、4 两端与 1、3 两端的电压均为 $\dot U$，则 1 端对地的电压为

$$\dot U_1 = \dot U_{12} + \dot U_{34} = \dot U_{13} + \dot U_{24} = 2\dot U$$

信号源端输入阻抗为

$$R_i = \frac{\dot U_1}{\dot I} = \frac{2\dot U}{\dot I}$$

负载电阻为

$$R_L = \frac{\dot U_{24}}{2\dot I} = \frac{\dot U}{2\dot I}$$

所以 $R_i : R_L = 4 : 1$，从而实现了 4 : 1 阻抗变换。

为了实现阻抗匹配，要求传输线的特性阻抗为

$$Z_C = \frac{\dot U_{12}}{\dot I} = \frac{\dot U}{\dot I} = 2R_L = \frac{1}{2}R_i$$

进而可得到特性阻抗的通式 $Z_C = \sqrt{R_i R_L}$。

（2）1 : 4 阻抗变换器。

传输线变压器构成的 1 : 4 阻抗变换器如图 3.5.3(b)所示，设输出电流为 $\dot I$，输入端电压为 $\dot U$，那么信号源端输入阻抗为

$$R_i = \frac{\dot U_{13}}{2\dot I} = \frac{\dot U}{2\dot I}$$

负载电阻为

$$R_L = \frac{\dot U_{23}}{\dot I} = \frac{\dot U_{21} + \dot U_{43}}{\dot I} = \frac{\dot U_{21} + \dot U_{13}}{\dot I} = \frac{2\dot U}{\dot I}$$

所以 $R_i : R_L = 1 : 4$，从而实现了 1 : 4 阻抗变换。

传输线的特性阻抗为

$$Z_C = \frac{\dot U_{12}}{\dot I} = \frac{\dot U}{\dot I} = 2R_i = \frac{1}{2}R_L$$

根据相同的原理，可以采用多个传输线变压器组成 9 : 1、16 : 1 或 1 : 9、1 : 16 的阻抗变换器。

3.5.2 功率合成技术

1. 功率合成与分配

图 3.5.4 是输出 40 W 功率的功率合成器组成框图。图中三角形表示的是高频功率放大器，菱形表示的是功率分配网络和功率合成网络。由图可见，利用高频功率放大器、功率分配网络和功率合成网络的组合，就可以实现 40 W 功率的输出，如果希望得到更大的功率输出，可以此类推。

功率合成网络与功率分配网络满足的条件是：

（1）功率相加条件：N 个同类型放大器，它们输出功率相同（均为 P），则 N 个放大器输出给负载的总功率为 NP。

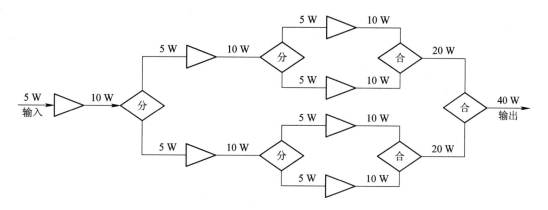

图 3.5.4　功率合成器组成框图

（2）相互无关条件：功率合成器中各单元放大电路要彼此隔离，其中任何一个损坏，都不会影响其他放大单元的工作。

2. 功率合成

功率合成器可以分为反相功率合成器和同相功率合成器两类。反相功率合成器典型电路如图 3.5.5 所示。图中传输线变压器 T_1 为混合网络，T_2 在电路中起平衡与不平衡电路的变换作用。两功率源 N_1、N_2 分别由 A、B 端反相输入，故该合成器称为反相功率合成器（若合成器的两个输入功率源的电压相位相同，则称同相功率合成器）。C 端为平衡端，R_C 为混合网络的平衡电阻。D 端为合成端，R_D 为合成器负载。

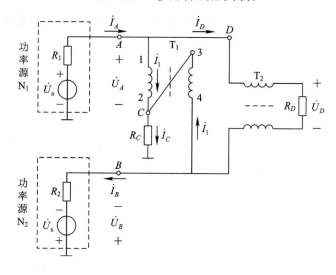

图 3.5.5　反相功率合成器

设流入传输线变压器 T_1 的电流为 $\dot{I}_1$，两个功率源向混合网络提供的电流分别为 $\dot{I}_A$ 和 $\dot{I}_B$，流过 R_D 的电流为 $\dot{I}_D$。由图 3.5.5 可得

$$\dot{I}_1 = \dot{I}_A - \dot{I}_D = \dot{I}_D - \dot{I}_B \tag{3.5.1}$$

则

$$\dot{I}_D = \frac{1}{2}(\dot{I}_A + \dot{I}_B) \tag{3.5.2}$$

$$\dot{I}_1 = \frac{1}{2}(\dot{I}_A - \dot{I}_B) \tag{3.5.3}$$

流过电阻 R_C 的电流为

$$\dot{I}_C = 2\dot{I}_1 = \dot{I}_A - \dot{I}_B \tag{3.5.4}$$

若电路工作在平衡状态，即 $\dot{I}_A = \dot{I}_B$，$\dot{U}_A = \dot{U}_B$，则

$$\dot{I}_D = \dot{I}_A = \dot{I}_B$$

$$\dot{I}_C = 0$$

$$\dot{U}_D = \dot{U}_A + \dot{U}_B = 2\dot{U}_A = 2\dot{U}_B$$

所以，R_D 上所获得的功率为

$$P_D = |\dot{I}_D||\dot{U}_D| = |\dot{I}_A||\dot{U}_A| + |\dot{I}_B||\dot{U}_B| = P_{N_1} + P_{N_2} \tag{3.5.5}$$

由式(3.5.5)可见，电路工作在平衡状态时，平衡电阻 R_C 将不消耗功率，两功率源输入的功率将全部通过 T_2 传输到负载 R_D。此时，每个功率源的等效输出负载电阻为

$$R_L = \frac{\dot{U}_A}{\dot{I}_A} = \frac{\dot{U}_B}{\dot{I}_B} = \frac{1}{2} \times \frac{\dot{U}_D}{\dot{I}_D} = \frac{1}{2}R_D \tag{3.5.6}$$

为了实现阻抗匹配，要求 $R_1 = R_2 = \frac{1}{2}R_D$。可见，只要选择合适的 R_D 值，便可满足各功率合成器所要求的负载电阻值。

若 $\dot{I}_A \neq \dot{I}_B$，且 $\dot{I}_B$ 为任意值时，由于传输线变压器 T_1 两线圈上的电压相等，并等于 $\dot{U}_D/2$，因此，由图 3.5.5 可得 A 端的电位为

$$\dot{U}_A = \frac{1}{2} \times \dot{U}_D + 2\dot{I}_1 R_C$$

式中，$\dot{U}_D = \dot{I}_D R_D$，将式(3.5.2)、式(3.5.3)代入上式，得

$$\dot{U}_D = \dot{I}_D R_D + (\dot{I}_A - \dot{I}_B)R_C = \left(\frac{1}{4}R_D + R_C\right)\dot{I}_A + \left(\frac{1}{4}R_D - R_C\right)\dot{I}_B \tag{3.5.7}$$

上式说明，当电路不平衡时，加于 A 端的电压，不仅受功率源 N_1 的影响，同时也受到功率源 N_2 的影响。若电阻 R_C 的值满足

$$R_C = \frac{1}{4}R_D \tag{3.5.8}$$

则 $\dot{U}_A = \frac{1}{2}\dot{I}_A R_D$，$\dot{U}_A$ 仅由功率源 N_1 决定，而不受功率源 N_2 的影响；同理推得，B 端的电位 $\dot{U}_B$ 仅由功率源 N_2 决定而不受功率源 N_1 的影响，即 A 端与 B 端互不影响。所以在通常情况下，R_C 的取值满足式(3.5.8)。

同相功率合成器与反相功率合成器类似，本书不再赘述。

3. 功率分配

图 3.5.6 所示为最基本的同相功率分配器。该电路与图 3.5.5 所示反相功率合成器的电路相似，它们的区别仅在于分配网络的信号功率由 C 端输入，D 端为平衡端。两个负载 R_A、R_B 分别接于 A 端和 B 端。根据图 3.5.6 中给出的各点电压、电流，可得

$$\dot{I}_C = 2\dot{I}_1$$

$$\dot{I}_A = \dot{I}_1 - \dot{I}_D$$

$$\dot{I}_B = \dot{I}_1 + \dot{I}_D$$

$$\dot{U}_D = \dot{I}_D R_D = \dot{I}_A R_A - \dot{I}_B R_B$$

由上述公式可得

$$\dot{I}_D = \frac{R_A - R_B}{R_D + R_A + R_B}\dot{I}_1 \tag{3.5.9}$$

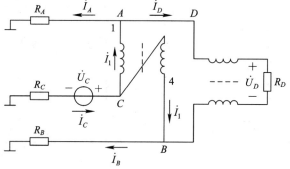

图 3.5.6　同相功率分配器

当 $R_A = R_B = R$ 时，$\dot{I}_D = 0$，$\dot{I}_A = \dot{I}_B = \dot{I}_1 = \dfrac{1}{2}\dot{I}_C$。可见，$D$ 端没有得到功率，而 A 端、B 端获得等值功率。

由于 $\dot{I}_D = 0$，故 $\dot{U}_D = 0$，则 A、B 两点同电位，R_A、R_B 相当于并联，功率源 $\dot{U}_C$ 的总负载电阻为

$$R_L = R_A /\!/ R_B = \frac{1}{2}R \tag{3.5.10}$$

为了使信号源提供最大功率输出，则要求信号源内阻

$$R_C = R_L = \frac{1}{2}R \tag{3.5.11}$$

当两负载中有一个电阻发生变化甚至损坏时，分配器应保证对没有发生变化的负载提供原来的功率。只要分配器中各电阻满足下列关系：

$$R_D = 2R,\ R_C = \frac{R}{2},\ R_A = R_B = \frac{1}{2}R \tag{3.5.12}$$

就可以保证不论 A 端负载 R_A（或 B 端负载 R_B）如何变化，B 端（或 A 端）所得到的功率仍会保持不变，即 B 端（或 A 端）的输出功率不受 A 端（或 B 端）负载影响，这时，平衡端将起到调节作用。

如果将信号功率由 D 端引入，A 和 B 端仍为负载端，当 $R_A = R_B$ 时，A 端和 B 端也等分输入功率，但此时 A 端和 B 端的输出电压是反相的，故称为反相功率分配器。

3.5.3 宽带高频功率放大器电路举例

将以上讨论的网络与适当的放大电路相组合，就可以构成宽带高频功率放大器。

图 3.5.7 所示为反相（推挽）功率合成器的应用电路，它是输出功率为 75 W，带宽为 30～75 MHz 的宽带高频功率放大电路的一部分。图中 T_1 为 1∶1 传输线变压器，用来将不平衡的输入并变为平衡的输出并加到 T_2 的 D 端，T_2 构成反相功率分配网络，C 端为功率分配网络的平衡端，所以 A、B 两端可得到相等的激励功率，但电压相位相反。T_3、T_4 为 4∶1 阻抗变换器，它们的作用是把晶体管的输入阻抗（约 3 Ω）变换成反相功率分配网络 A、B 端所要求的阻抗（12.5 Ω）。

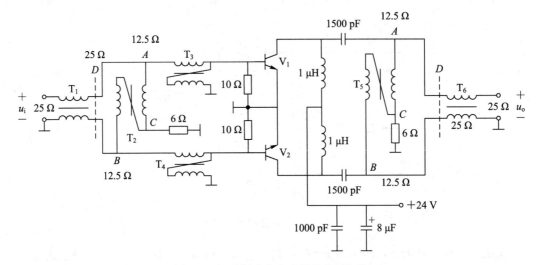

图 3.5.7　反相功率合成器的应用电路

由于晶体管 V_1、V_2 输入的激励电压反相，经放大后，它们的输出电压也是反相的，所以输出端采用了由 T_5 构成的反相功率合成网络，该网络可将 V_1、V_2 输出的反相功率由 D 端合成后经 T_6 输出。C 端为平衡端。

根据阻抗匹配的要求，对于反相功率合成网络 T_5，当 D 端阻抗 $R_D = 25$ Ω 时，则要求 A、B 端阻抗 $R_A = R_B = R_D/2 = 12.5$ Ω，而 C 端平衡电阻 $R_C = R_D/4 \approx 6$ Ω。对于反相功率分配网络 T_2，当 D 端阻抗 $R_D = 25$ Ω 时，则要求 A、B 端阻抗 $R_A = R_B = R_D/2 = 12.5$ Ω，C 端平衡电阻 $R_C = R_D/4 \approx 6$ Ω。

✹ 练习题

3.1　试简述丙类谐振功率放大器原理电路的基本特点；试说明为什么放大器的集电极电流 i_C 为严重失真的余弦脉冲形状，而放大器的输出电压却没有失真。

3.2　谐振功率放大器与小信号谐振放大器有哪些主要区别？

3.3　为什么低频功率放大器不能工作于丙类状态？而高频功率放大器可以工作在丙类状态？

3.4　谐振功率放大器原来工作在临界状态，若集电极回路稍有失谐，放大器的 I_{C0}、I_{c1m} 将如何变化？P_C 将如何变化？有何危险？

3.5　一谐振功率放大器输出功率为 P_o，现增大 V_{CC}，发现放大器的输出功率增加，这是为什么？如发现输出功率增加不明显，又是为什么？

3.6　在 V_{BB}、V_{CC}、U_{im}、R_e 中，若只改变 V_{BB} 或 V_{CC}，U_{cm} 有明显的变化，问谐振功率放大器原处于何种工作状态？为什么？

3.7　谐振功率放大器原工作于欠压状态。现在为了提高输出功率，将放大器调整到临界状态。试问可分别改变哪些参数来实现，当改变不同的参数调到临界状态时，放大器的输出功率是否一样大？

3.8　已知谐振功率放大器原工作于过压状态，现欲将它调整到临界状态，应改变哪些参数？不同的调整方法所得到的输出功率是否相同？

3.9　谐振功率放大器实际电路中集电极直流馈电电路有哪几种形式？并联馈电电路有何特点？

3.10　谐振功率放大器中自给偏压电路有何特点？

3.11　谐振功率放大器中滤波匹配网络有何作用？

3.12　什么是丁类功率放大器？为什么它的集电极效率高？

3.13　试画出一个功率合成器电路的方框图，并标出各主要点的功率关系和阻抗关系。

3.14　谐振功率放大器如图 3.1.1 所示，晶体管的理想化转移特性如图 P3.1 所示。已知：$V_{BB}=0.2$ V，$u_i=1.1\cos(\omega t)$ V，回路调谐在输入信号频率上。

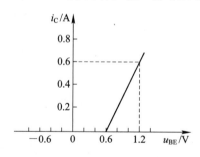

图 P3.1

（1）试在转移特性上画出输入电压和集电极电流波形，并求出电流导通角 θ 及 I_{C0}、I_{c1m}、I_{c2m} 的大小；

（2）若集电极电源电压 $V_{CC}=16$ V，调谐回路谐振电阻 $R_e=50$ Ω，试计算该放大器的输出功率 P_o、集电极直流电源供给功率 P_{DC} 及效率 η_C。

3.15　图 3.1.1 所示高频谐振功率放大器中，已知 $P_o=5$ W，$V_{CC}=24$ V，导通角 $\theta=70°$，$\xi=0.9$，试求该功率放大器的 η_C、P_{DC}、P_C、i_{Cmax} 和谐振回路谐振电阻 R_e。

3.16　一高频谐振功率放大器工作于临界状态，输出功率为 $P_o=15$ W，$V_{CC}=24$ V，导通角 $\theta=70°$，集电极电流余弦脉冲高度 $i_{Cmax}=3$ A。求：

（1）集电极直流电源供给功率 P_{DC}、集电极耗散功率 P_C 及效率 η_C 和临界最佳负载电阻 R_{eopt}。

（2）若输入信号振幅增大一倍，功率放大器的工作状态将如何改变？此时输出功率为多少？

（3）若负载电阻增大一倍，功率放大器的工作状态又将如何改变？

3.17　一丙类谐振功率放大器，已知 $P_\text{o} = 2$ W，$V_\text{CC} = 15$ V，晶体管饱和压降 $U_\text{CES} \leqslant 1.5$ V，导通角 $\theta = 70°$，试求该功率放大器的最佳负载电阻 R_eopt 以及 i_Cmax、P_DC、P_C、η_C。

3.18　一高频谐振功率放大器，要求工作于临界状态。已知 $P_\text{o} = 0.5$ W，$V_\text{CC} = 20$ V，$R_\text{L} = 50$ Ω，集电极电压利用系数为 0.95，工作频率 10 MHz。用 L 形匹配网络作为输出滤波匹配网络，试计算该网络的元件值。

3.19　已知实际负载 $R_\text{L} = 50$ Ω，谐振功率放大器要求的最佳负载电阻 $R_\text{eopt} = 121$ Ω，工作频率 30 MHz，试计算输出滤波 π 形匹配网络的元件值（取中间变换阻抗 $R_\text{L}' = 50$ Ω）。

第 4 章　正弦波振荡器

振荡器(又称波形发生器)是用来产生一定频率和振幅的给定波形信号的装置。按起振激励的不同方式,振荡器分为自激式和他激式两种。一般所说的振荡器,指自激式振荡器,它不需要外加输入信号的激励,就能自动地将电源的直流能量转换为所需要的交流能量输出。按产生振荡波形的不同,振荡器又可分为正弦波振荡器和非正弦波(三角波、方波、锯齿波等)振荡器。本章只讨论自激式振荡器中的正弦波振荡器(下文所提振荡器,未说明时均指正弦波振荡器),它是一种具有选频能力的正反馈放大电路,能够产生一定振幅和频率的正弦波。它在自动控制、仪器仪表、高频加热、超声探伤、广播通信等技术领域中有着广泛的应用。例如,正弦波振荡器在无线电通信、广播、电视设备中用来产生所需载波和本地振荡信号,在电子仪器仪表中用来产生各种频段的正弦信号等。

4.1　概　　述

4.1.1　正弦波振荡器的自激振荡条件

图 4.1.1 为自激式振荡器的原理框图。图中基本放大器的开环电压增益为 $\dot{A}$,正反馈电路的反馈系数为 $\dot{F}$。当振荡器接通电源的瞬间,电路受到扰动,在放大器输入端将产生一个微弱的扰动电压(窄脉冲),该窄脉冲具有十分丰富的频率分量,它经放大器和选频网络放大、选频后,只有被选频网络选中的单一频率的信号才能顺利通过正反馈电路并反馈到放大器的输入端,且作为选频后的输入信号继续放大、选频、反馈,在输出端得到进一步放大的单频信号。

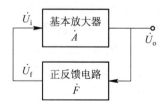

图 4.1.1　自激式振荡器的原理框图

设输入信号为 $\dot{U}_i$,经放大器放大后的输出信号为 $\dot{U}_o(\dot{U}_o = \dot{A}\dot{U}_i)$,放大后的输出信号 $\dot{U}_o$ 通过正反馈电路产生反馈,反馈电压为 $\dot{U}_f(\dot{U}_f = \dot{F}\dot{U}_o = \dot{A}\dot{F}\dot{U}_i)$,这里 $|\dot{A}\dot{F}| > 1$,且 $\dot{U}_f$ 与 $\dot{U}_i$ 同相。在这一循环振荡过程中,输出电压的振幅不是无限增大的,它将受到放大器中电子器件(如晶体管、场效应管等)非线性特性的限制。当振幅增大到一定程度后晶体管的工

作范围就进入饱和区和截止区，电流放大倍数 β 下降，放大器的电压增益 $\dot{A}$ 也下降，最后达到 $|\dot{A}\dot{F}|=1$ 时，放大器输出电压的振幅便不再继续增大，振荡器便自动稳定在某一振幅下工作。此时，反馈电压正好等于产生输出电压所需的输入电压，振荡器进入平衡状态，即

$$\dot{U}_f = \dot{F}\dot{U}_o = \dot{A}\dot{F}\dot{U}_i = \dot{U}_i$$

从而

$$\dot{A}\dot{F} = 1 \tag{4.1.1}$$

在式(4.1.1)中，$\dot{A} = \dfrac{\dot{U}_o}{\dot{U}_i} = |\dot{A}|e^{j\varphi_A}$，$\dot{F} = \dfrac{\dot{U}_f}{\dot{U}_o} = |\dot{F}|e^{j\varphi_F}$，则环路增益

$$\dot{A}\dot{F} = |\dot{A}\dot{F}|e^{j(\varphi_A + \varphi_F)} = 1$$

式中，$|\dot{A}\dot{F}| = |\dot{A}||\dot{F}|$，$|\dot{A}|$、$|\dot{F}|$ 分别为基本放大器电压增益的模和反馈系数的模，我们分别简记为 A、F；$\varphi_A + \varphi_F$ 分别为基本放大器电压增益和反馈系数的相角。由式(4.1.1)不难从上述分析中得知，振荡器要维持稳定地工作，必须满足两个条件：

（1）振幅平衡条件：

$$AF = 1 \tag{4.1.2}$$

此式说明，若要维持稳幅振荡，反馈电压的大小必须与产生它的输入电压大小相等。

（2）相位平衡条件：

$$\varphi_A + \varphi_F = \pm 2\pi n \quad (n=0,1,2,\cdots) \tag{4.1.3}$$

式中 φ_A 为信号经基本放大电路产生的相位差，φ_F 为反馈电路的相位差。相位平衡条件说明，要产生自激振荡，反馈电压 $\dot{U}_f$ 必须与产生反馈信号的输入信号的相位相同，即电路必须满足正反馈。

从振荡过程中我们还知，欲使振荡器在初始的微小扰动电压下能够起振，必须使 $AF>1$，那么振荡才会越来越强。当信号的振幅达到要求后，再利用半导体器件的非线性，使 AF 减小，直到 $AF=1$，实现稳幅振荡。因此 $AF>1$ 称为自激式振荡器的起振条件。

4.1.2　正弦波振荡器的组成

从上述分析中，我们了解到振荡器有放大器（由晶体管或场效应管组成）和反馈电路（由电阻、电容或电感等组成）两大部分，但要得到某种单一频率的正弦波信号，还必须在放大器中接入选频电路。按照选频电路选用的元器件不同，正弦波振荡器可分为：LC 正弦波振荡器，选频电路由电感 L 和电容 C 组成；RC 正弦波振荡器，选频电路由电阻 R 和电容 C 组成；石英晶体振荡器，选频电路用石英晶体做成。这里着重讨论 LC 正弦波振荡器，简要介绍 RC 振荡器和石英晶体振荡器。

4.2　LC 正弦波振荡器

正弦波振荡器采用 LC 谐振回路作为选频电路即构成 LC 正弦波振荡器，它主要用来产生 1 MHz 以上的高频正弦信号。在 LC 正弦波振荡器中，按照选频电路连接形式的不同，有变压器反馈式和三端式，三端式又可分为电感三端式和电容三端式及其改进型等多

种典型电路，下面分别予以介绍。

4.2.1　变压器反馈式 LC 振荡器

变压器反馈式 LC 正弦波振荡器的典型电路如图 4.2.1 所示。放大器由晶体管，接成共发射极电路，R_{B1}、R_{B2}、R_E 分别为放大电路的基极上、下偏置电阻和发射极负反馈电阻，用以建立稳定的静态工作点，C_E 是发射极的旁路电容，发射极高频接地，C_B 是反馈信号与放大器输入之间的耦合电容。图中，以 LC 并联谐振回路作为放大器的选频电路。

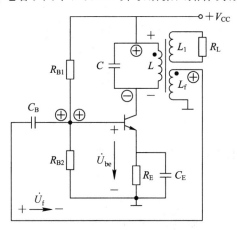

图 4.2.1　变压器反馈式 LC 振荡器

在图 4.2.1 电路中，反馈电压 $\dot{U}_f$ 取自线圈 L_f，只要改变 L_f 的匝数或它的耦合程度，就可以改变 $\dot{U}_f$ 的大小，使它满足 $AF>1$ 的条件，电路即能起振。

对于相位平衡条件，这里采用瞬时极性法来判别电路是否满足正反馈。图 4.2.1 中反馈线圈 L_f 上的反馈电压 $\dot{U}_f$ 的极性，主要取决于变压器初级线圈 L 与 L_f 的绕向。工程上常将 L 线圈与 L_f 线圈绕向一致的一端称为同名端(或称同极性端)，标记"·"。它表示线圈 L 与 L_f 相应端的感应电动势的极性相同，如图 4.2.1 所示。假设某瞬间晶体管输入端基极的瞬时极性为"⊕"，当电路谐振时，由于 LC 电路相当于集电极负载电阻，且电路是共射接法，则晶体管输出端集电极(LC 电路下端)的瞬时极性与基极相反，为"⊖"，所以 LC 电路上端的瞬时极性为"⊕"。由电路中标出的 L 与 L_f 线圈的同名端可知，L_f 的同名端也为"⊕"，反馈到输入端为"⊕"，即 $\dot{U}_f$ 与 $\dot{U}_{be}$ 同相，满足正反馈的条件。在实际运用中，如果不知道线圈的同极性端，无从确定正反馈的连接时，可以试连，如果不产生振荡，只需将 L_f 或 L 两个接头对调一下。

变压器反馈式 LC 振荡器的振荡频率为

$$f_0 = \frac{1}{2\pi\sqrt{LC}}$$

(4.2.1)

变压器反馈式 LC 振荡器通过互感实现耦合和反馈，很容易满足阻抗匹配和起振条件，所以效率较高。若要调节振荡器的输出频率，可将 LC 回路中的电容器改为可变电容器。调节频率范围可达几十千赫兹到几十兆赫兹。该振荡器的缺点是频率稳定度不够高，输出正弦波形不够理想。

4.2.2 三端式 LC 振荡器

所谓三端式 LC 振荡器，就是晶体管的三个电极 B、C、E 分别与谐振回路的三个端点相连接的振荡器，如图 4.2.2 所示。图中谐振回路既是晶体管的集电极负载，又是正反馈选频网络。假设可以略去电抗元件的损耗及晶体管输入和输出阻抗的影响，则谐振回路可以用纯电抗元件 X_1、X_2 和 X_3 表示。

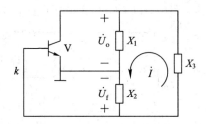

图 4.2.2　三端式 LC 振荡器

图 4.2.2 中，令回路电流为 $\dot{I}$，则电路的反馈系数为

$$\dot{F}=\frac{\dot{U}_\text{f}}{\dot{U}_\text{o}}=\frac{-\mathrm{j}X_2\dot{I}}{\mathrm{j}X_1\dot{I}}=-\frac{X_2}{X_1} \qquad (4.2.2)$$

由于振荡器采用共射接法，所以 $\varphi_A=180°$；为满足相位平衡条件，谐振回路 φ_F 必须有 $180°$ 的相移，即 $\varphi_F=180°$，由式 (4.2.2) 可知电抗元件 X_1 与 X_2 必须性质相同（同号）。考虑谐振时（回路为一纯电阻）回路总电抗为零，即

$$X_1+X_2+X_3=0 \qquad (4.2.3)$$

则 X_3 必须是与 X_1、X_2 性质相反的电抗元件。

综上可知，与发射极相连的两电抗元件性质相同，与基极相连的电抗元件性质相反，简称"射同基反"，这就是三端式 LC 振荡器的基本组成原则。

1. 电感三端式 LC 振荡器

电感三端式 LC 振荡器又称为哈特莱（Hartley）振荡器，其典型电路如图 4.2.3(a) 所示，图中 R_{B1}、R_{B2} 和 R_E 均为晶体管偏置电阻。L_1、L_2 和 C 组成选频电路和反馈电路，电感线圈的一段 L_2 为电路提供正反馈信号。图 4.2.3(b) 是图(a) 所示电路的交流通路。由图 4.2.3(b) 可见，选频电路三个端点"1"、"2"、"3"分别与晶体管三个电极 C、E、B 相连接，故有电感三端式之称。

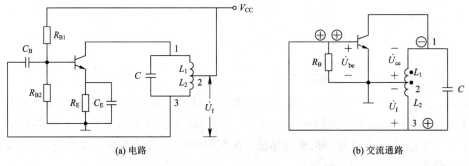

(a) 电路　　　　　　　　　　　　　　　(b) 交流通路

图 4.2.3　电感三端式 LC 振荡器 $(R_B=R_{B1}/\!/R_{B2})$

设晶体管的基极电位瞬时极性为"⊕"，当电路谐振时，集电极（LC 电路"1"端）为"⊖"。由线圈的同名端可得 LC 电路"3"端电位为"⊕"，则线圈 L_2 上反馈电压 $\dot{U}_f$ 的极性与输入端 $\dot{U}_{be}$ 同相，为正反馈，满足相位平衡条件（这个结论也可以由 4.2.2 节所述"射同基反"三端式振荡器的基本组成原则快速得出）。改变反馈线圈 L_2 的抽头位置即可改变 $\dot{U}_f$ 的大小，通常取 L_1 的匝数与 L_2 的匝数比为 3～7 时，电路就能满足振幅起振条件。电感三端式 LC 振荡器的振荡频率为

$$f_0 = \frac{1}{2\pi\sqrt{(L_1+L_2+2M)C}} \tag{4.2.4}$$

式中，M 为 L_1 与 L_2 之间的互感系数。

电感三端式 LC 振荡器的优点是，L_1 和 L_2 耦合很紧，容易起振，输出波形振幅大，LC 谐振回路中采用可变电容器，可以很容易地调节频率，且频率调节范围较宽，可产生几十兆赫兹以下的正弦信号。其缺点是，由于反馈信号取自电感元件，频率越高，感抗越大，输出波形中高次谐波越多，所以输出波形一般较差。

2. 电容三端式 LC 振荡器

电容三端式 LC 振荡器又称为考比次（Colpitts）振荡器，其典型电路及其交流通路分别如图 4.2.4(a)、(b)所示。它的结构形式与电感三端式 LC 振荡器相似，只是把 LC 选频电路中的电感与电容互换了一个位置，反馈电压从 C_2 取出。由于电容 C_1、C_2 的三端分别接到晶体管的三个电极上，故称电容三端式。

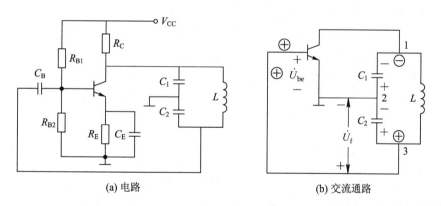

(a) 电路　　　　　　　　　　　　　　(b) 交流通路

图 4.2.4　电容三端式 LC 振荡器

设晶体管基极 B 点电位瞬时极性为"⊕"，当电路谐振时，集电极（LC 电路"1"端）瞬时极性为"⊖"。由于选频电路"2"端为交流接地，所以在 C_2 上得到的反馈电压 $\dot{U}_f$ 的极性为上"⊖"下"⊕"，且 $\dot{U}_f$ 与输入端电压 $\dot{U}_{be}$ 同相，满足相位平衡条件（也可由 4.2.2 节所述"射同基反"三端式振荡器基本组成原则判断）。对于电容三端式 LC 振荡器，一般取电容的比值 $\dfrac{C_1}{C_2} \approx 0.01\sim0.5$，就会满足振幅平衡条件使电路起振。

电容三端式 LC 振荡器的振荡频率为

$$f_0 = \frac{1}{2\pi\sqrt{LC}} \tag{4.2.5}$$

式中，$C = \dfrac{C_1 \cdot C_2}{C_1 + C_2}$，为 C_1 和 C_2 串联的等效电容。

电容三端式 LC 振荡器的特点是，因为电容对高次谐波的阻抗较小，所以电容 C_2 取出的反馈信号中的谐波分量大大减少，输出波形较好。又因为 LC 电路中的 C_1 和 C_2 的电容可以取得较小，所以此类振荡器的振荡频率较高，一般可做到 $100\ \text{MHz}$ 以上。但由于反馈量与电容直接有关，且调节频率时须同时改变 C_1 和 C_2，当调节电容以改变频率时，会影响反馈量，甚至影响电路起振，因而不适用作为频率变化范围较宽的振荡器。

3. 改进型电容三端式 LC 振荡器

由于电容三端式 LC 振荡器有振荡频率稳定度较差和振荡频率不可调两个缺点，人们为了克服这两个缺点，又提出了改进型电容三端式 LC 振荡器，它又可分为串联型和并联型两种。

1) 串联改进型电容三端式 LC 振荡器

前述电容三端式 LC 振荡器振荡频率稳定度较差的原因在于晶体管极间存在寄生电容 C_i、C_o，如图 4.2.5(a) 所示。C_i、C_o 与谐振回路的 C_1、C_2 并联，从而使振荡频率发生偏移，而且晶体管极间电容大小会随晶体管工作状态变化而变化，这将引起振荡频率的不稳定。为了减小晶体管极间电容的影响，可以采用图 4.2.5(b) 所示的克拉泼 (Clapp) 电路，它也称为串联改进型电容三端式 LC 振荡器。

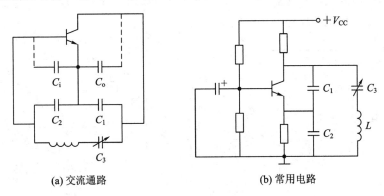

(a) 交流通路 (b) 常用电路

图 4.2.5 克拉泼电路

克拉泼电路除了采用两个较大的电容 C_1、C_2 外，主要特点是把电容三端式 LC 振荡器集电极-基极支路的电感 L 改用 LC_3 串联来代替，这正是此电路名称的由来——串联改进型电容三端式 LC 振荡器。相应的交流通路如图 4.2.5(a) 所示。由图 4.2.5(a) 易知，回路总电容为 C_Σ，则

$$\frac{1}{C_\Sigma} = \frac{1}{C_1 + C_o} + \frac{1}{C_2 + C_i} + \frac{1}{C_3}$$

若 $C_3 \ll C_1$、$C_3 \ll C_2$，则 $C_\Sigma \approx C_3$。故回路振荡频率可近似为

$$f_0 = \frac{1}{2\pi\sqrt{LC_\Sigma}} \approx \frac{1}{2\pi\sqrt{LC_3}} \tag{4.2.6}$$

由式 (4.2.6) 可见，C_1、C_2 对频率的影响大大减小，振荡频率主要由 C_3 决定，故可以通过调整 C_3 来改变振荡频率而不影响反馈系数。

图 4.2.5(b)示出了实际中用得较多的串联改进型电容三端式 LC 振荡器实际电路。

2）并联改进型电容三端式 LC 振荡器

若在图 4.2.5 所示电路中电感线圈 L 上再并一个可变电容 C_4，如图 4.2.6 所示，即可构成并联改进型电容三端式 LC 振荡电路，也称西勒（Seiler）电路。

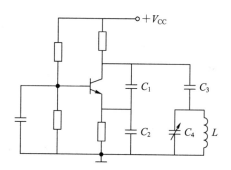

图 4.2.6　西勒电路

采用西勒电路可改善克拉泼电路存在的一些问题。调节 C_4 改变振荡频率时，因 C_3 不变（C_3 用数值固定的电容，一般与 C_4 同数量级），所以谐振回路反映到晶体管 c、e 端的等效负载阻抗变化很缓慢，故调节 C_4 对放大器增益的影响不大，从而可以保持振幅稳定。

由图 4.2.6 易知，回路总电容为 $C_\Sigma = C_\Sigma' + C_4$，其中

$$\frac{1}{C_\Sigma'} = \frac{1}{C_1 + C_o} + \frac{1}{C_2 + C_i} + \frac{1}{C_3}$$

若 $C_3 \ll C_1$、$C_3 \ll C_2$，则 $C_\Sigma' \approx C_3$。故回路振荡频率可近似为

$$f_0 = \frac{1}{2\pi\sqrt{LC_\Sigma}} \approx \frac{1}{2\pi\sqrt{L(C_3 + C_4)}} \tag{4.2.7}$$

由于西勒电路输出振幅稳定、频率稳定度高，因此在短波、超短波通信机、电视接收机等高频设备中得到广泛的应用。

需要注意的是，改进型电容三端式 LC 振荡电路之所以稳定性能好，是通过在电路中串联电容值远小于 C_1、C_2 的 C_3 来实现的，若 C_3 值过大，此电路将失去频率稳定度高的优点。

4.3　RC 桥式正弦波振荡器

在上述的 LC 正弦波振荡器中，其振荡频率取决于 LC 电路的电感 L 和电容 C。当要求的振荡频率很低时（振荡频率 f_0 为几十千赫兹以下），电感 L 和电容 C 就必须取较大的值，线圈匝数要增多，电路体积增加，这样既不方便也不经济。因此，在低频时广泛采用由电阻、电容组成的 RC 振荡器。

RC 振荡器与 LC 振荡器的工作原理基本相同。所不同的主要是 RC 振荡器无需专门另接反馈电路，选频电路既能完成选频任务，又能传递反馈信号。下面仅以 RC 桥式振荡器为例进行分析。

4.3.1　RC 选频电路的选频特性

RC 桥式振荡器中的选频电路是一个 RC 串并联电路,如图 4.3.1(a)所示。由于电容的容抗与频率成反比,在输入频率不同的信号后,输出信号的振幅和频率也不同。

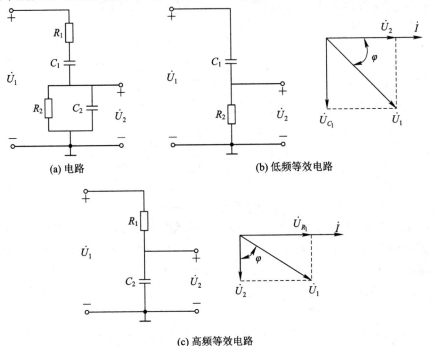

(a) 电路　　　　　　　　　　(b) 低频等效电路

(c) 高频等效电路

图 4.3.1　RC 串并联电路及等效电路

当信号频率较低时,电容 C_1、C_2 的容抗比电阻大得多,在 R_1、C_1 串联支路中,电容 C_1 起主要作用;在 R_2、C_2 并联支路中,电阻 R_2 起主要作用,这样电路可等效为图 4.3.1(b)所示的低频等效电路,设图 4.3.1 中的 C_1 上的电压为 $\dot{U}_{C_1}$,则 $\dot{U}_{C_1} + \dot{U}_2 = \dot{U}_1$,相量如图 4.3.1(b)所示。此时输入电压 $\dot{U}_1$ 基本上降落在 C_1 上,输出端 R_2 上的电压 $\dot{U}_2$ 很小,且 $\dot{U}_2$ 的相位超前 $\dot{U}_1(\varphi > 0)$。信号频率 f 越低,$\dot{U}_2$ 越小,$\dot{U}_2$ 的相位越超前。

当信号频率较高时,电容 C_1、C_2 的容抗相当小,这时电路可等效为图 4.3.1(c)所示的高频等效电路。设图 4.3.1(c)中 R_1 上的电压为 $\dot{U}_{R_1}$,则 $\dot{U}_{R_1} + \dot{U}_2 = \dot{U}_1$,相量图如图 4.3.1(c)所示。这时输入电压 $\dot{U}_1$ 基本上降落在电阻 R_1 上,因此,C_2 上的分压 $\dot{U}_2$ 很小,且 $\dot{U}_2$ 的相位滞后 $\dot{U}_1(\varphi < 0)$。信号频率 f 越高,输出电压 $\dot{U}_2$ 越小,$\dot{U}_2$ 的相位越滞后。

按照上述电路的变化规律,可以作出 RC 串并联电路的频率特性曲线,如图 4.3.2 所示。由图可以看到,当信号频率降低或升高时,输出电压的振幅都要减小,且信号频率由

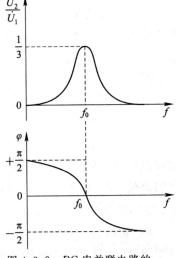

图 4.3.2　RC 串并联电路的频率特性曲线

零向无穷大变化时，输出电压(与输入电压间)的相移 φ 由 $+\dfrac{\pi}{2}$ 向 $-\dfrac{\pi}{2}$ 变化。而在中间某一频率，即 $f=f_0$ 时，输出电压的振幅达最大，且 $\dot{U}_2$ 与 $\dot{U}_1$ 同相，$\varphi=0$。

f_0 就是 RC 串并联电路产生谐振时所对应的频率，即谐振频率。当电路中 $R_1=R_2=R$，$C_1=C_2=C$ 时，有

$$f_0=\frac{1}{2\pi RC} \tag{4.3.1}$$

由图 4.3.1(a)所示电路可推算得到，此时 $\dot{U}_2$ 与 $\dot{U}_1$ 电压比的模亦是反馈系数的最大值，即

$$\left|\frac{\dot{U}_2}{\dot{U}_1}\right|_{\max}=|\dot{F}|_{\max}=\frac{1}{3} \tag{4.3.2}$$

4.3.2　RC 桥式振荡器

RC 桥式振荡器的电路如图 4.3.3(a)所示。放大电路采用两级共射阻容耦合放大器，R_{B1}、R_{B2}、R_{B3}、R_{B4} 是偏置电阻，C_3、C_4、C_5 为隔直电容。RC 串并联电路既起选频作用，又传输正反馈信号，反馈信号取自晶体管 V_2 的集电极输出电压 U_o，由 RC 并联支路送入晶体管 V_1 的基极。为了改善波形和稳定振幅，在放大电路中由 R_F、R_{E1} 引入了电压串联负反馈。由于 RC 选频电路与基本放大器内部的电阻 R_F、R_{E1} 形成了一个四臂电桥(见图 4.3.3(b))，所以称为桥式振荡器。

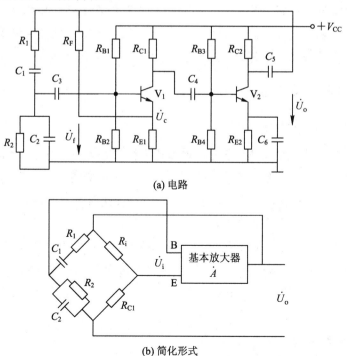

(a) 电路

(b) 简化形式

图 4.3.3　RC 桥式振荡器

RC 串并联电路作为反馈电路，已知当频率为 f_0 时，其相移 $\varphi_F = 0°$。由于放大电路采用两级放大，对输入信号进行了两次倒相，所以 $\varphi_A = 0°$，满足相位平衡条件。

当 $f = f_0$ 时，得到 RC 正反馈电路的反馈系数的模 $|\dot{F}| = \dfrac{1}{3}$，所以基本放大器的电压增益应取

$$|\dot{A}| = \frac{1}{|\dot{F}|} = 3 \tag{4.3.3}$$

这样，除了频率为 f_0 的信号外，其余频率的信号因 $|\dot{F}| < \dfrac{1}{3}$ 而使 $AF < 1$，都不能满足振幅平衡条件。

电路的振荡频率由 RC 串并联电路决定，即

$$f_0 = \frac{1}{2\pi RC} \tag{4.3.4}$$

RC 桥式振荡器的输出波形较好，且频率调节范围较宽，一般用来产生 1 Hz～1 MHz 范围内的信号（属于低频信号）。在实际电路中，通常采用双连电位器和双连电容器，以方便连续地改变输出频率。

4.4　石英晶体振荡器

石英晶体振荡器是以石英晶体作为谐振选频电路的振荡器，其特点是频率稳定度高，它广泛应用于频率稳定度要求高的设备中，例如电子钟、表、标准频率发生器、脉冲计时器和计算机中的时钟信号发生器等。

4.4.1　石英晶体的频率特性

1. 石英晶体的压电谐振

天然的石英是六棱形结晶体，它的物理和化学性能都非常稳定。我们将石英晶体按一定的方位切割成石英晶片，在石英晶片的两个表面上加以交流电压，石英晶片受到交变电场作用时，就会发生机械振动，同时，这种机械振动又使石英晶片表面上产生相应的交变电压。这种现象称为石英晶体的压电效应。

若加在石英晶片两个表面的交流电压的频率改变时，我们发现当交流电压频率等于石英晶片的固有频率（或称谐振频率，它与外形尺寸及切割方式有关）时，石英晶片振动的幅度突然增加很多，产生共振。这一现象称为石英晶片的压电谐振效应，与 LC 电路的谐振现象非常相似。

2. 石英谐振器及其频率特性

根据石英晶片的压电谐振效应，可以将它做成石英谐振器。图 4.4.1 为石英谐振器的结构、等效电路及图形符号。

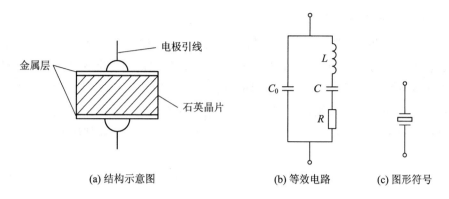

(a) 结构示意图　　　　(b) 等效电路　　　(c) 图形符号

图 4.4.1　石英谐振器的结构、等效电路及图形符号

图 4.4.1(b)中，C_0 是两金属极板的电容，L、C、R 是石英晶片本身的等效参数，其数值与石英晶体切割方式及石英晶片几何尺寸有关，一般 L 很大(零点几到几百亨)，C 很小(约百分之几皮法)，R(石英晶片振动摩擦而造成的损耗)也很小，因此该等效电路的品质因数 Q 很高$\left(Q=\dfrac{1}{R}\sqrt{\dfrac{L}{C}}\right)$，由于 R、C、L 等参数随温度变化程度很小，所以它的频率稳定度很高。

从图 4.4.1(b)所示的等效电路可以看出，这个电路有两个谐振频率，一个是 L、C、R 串联支路的串联谐振频率 f_s，即

$$f_s=\frac{1}{2\pi\sqrt{LC}} \tag{4.4.1}$$

另一个是并联回路的谐振频率 f_p，即

$$f_p=\frac{1}{2\pi\sqrt{L\dfrac{CC_0}{C+C_0}}} \tag{4.4.2}$$

由于 $C_0\gg C$，所以 f_s 和 f_p 非常接近。石英谐振器的频率特性如图 4.4.2 所示。

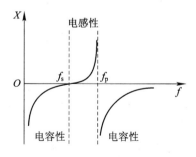

图 4.4.2　石英谐振器的频率特性

4.4.2　石英晶体振荡器

从上述分析知道，石英谐振器的谐振频率有两个，我们可以利用这两个谐振频率进行选频。对应于这两个频率，可以分别组成并联型石英晶体振荡器和串联型石英晶体振荡器。

1. 并联型石英晶体振荡器

图 4.4.3 是并联型石英晶体振荡器的基本电路，又称皮尔斯(Pierce)电路。由图 4.4.2 石英谐振器的频率特性可知，当谐振器工作在 f_s 和 f_p 之间时，呈现电感性，则可把它看作由一个电感元件 L 与电容 C_1、C_2 构成的电容三端式 LC 振荡器。由此可见，并联型石英晶体振荡器的振荡频率被限制在 f_s 与 f_p 之间很窄的范围内，且只有那些接近 f_p 值的信号才能满足相位和振幅平衡条件而产生振荡，所以并联型石英晶体振荡器的振荡频率 $f_0 \approx f_p$。

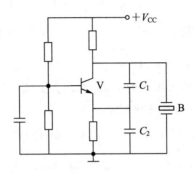

图 4.4.3　并联型石英晶体振荡器的基本电路

图 4.4.4 所示的电路称为密勒(Miller)电路，属于电感三端式振荡器的电路。晶体和 $L_1 C_1$ 回路均等效为电感，因此要求振荡器工作频率 f_0 低于 $L_1 C_1$ 回路的固有谐振频率 $f_{01} = \dfrac{1}{2\pi\sqrt{L_1 C_1}}$。由于 $L_1 C_1$ 回路可以抑制其他谐波，故其输出波形较好。但是因为晶体并联在输入阻抗较低的晶体管 B 和 E 之间，降低了有载品质因数，与皮尔斯电路相比，频率稳定度较低，为此可以采用场效应管代替晶体管构成振荡电路。

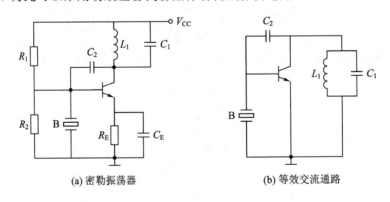

(a) 密勒振荡器　　　　　　　　(b) 等效交流通路

图 4.4.4　密勒电路

由于石英谐振器的频率越高要求晶片越薄，造成晶片机械强度差，易振碎。为了提高晶体谐振频率，可以使电路工作在晶体机械振动的泛音上。工作在泛音上的晶体叫作泛音晶体，它易加工，老化效应小，稳定性高，一般工作频率高于 6 MHz 时都采用泛音晶体。图 4.4.5 所示的泛音晶体振荡器，工作频率为晶体的三次泛音频率。

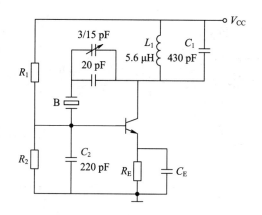

图 4.4.5　泛音晶体振荡器

图 4.4.5 中，L_1C_1 并联回路的谐振频率低于工作频率（在此为晶体的三次泛音频率）而高于需要抑制的基频或低次泛音频率。在工作频率处，L_1C_1 回路呈容性，晶体等效为电感，满足起振条件，产生振荡。对于基频或低次泛音频率而言，L_1C_1 回路呈感性，不再满足振荡的相位平衡条件；对高次泛音频率而言，L_1C_1 回路呈容性，此时等效电容量过大，以致反馈系数过小，不满足振幅平衡条件，同样也不会产生振荡。

2. 串联型石英晶体振荡器

图 4.4.6 是利用石英谐振器组成的串联型石英晶体振荡器。在这个电路中石英谐振器接在晶体管 V_1 与 V_2 之间的正反馈网络中，当石英谐振器对频率为 f_s 的信号产生串联谐振时，石英谐振器呈现的阻抗最小，且为纯电阻（$\varphi_F = 0°$），此时电路正反馈最强，且相移为零（$\varphi_A = 0°$），因而电路满足相位和振幅平衡条件产生振荡。对于其他频率的信号，因为衰减增大并产生附加相移而不能满足相位平衡条件，所以串联石英晶体振荡器的振荡频率 $f_0 = f_s$。

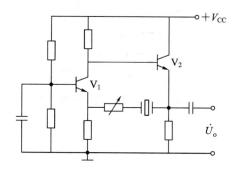

图 4.4.6　串联型石英晶体振荡器

练习题

4.1　三端式 LC 振荡器的基本组成原则是什么？

4.2　画出图 P4.1 所示各电路的交流通路，并根据相位平衡条件判断哪些电路能产生振荡，哪些电路不能产生振荡？（图中 C_B、C_E、C_C 为耦合电容或旁路电容，L_C 为高频扼流圈）

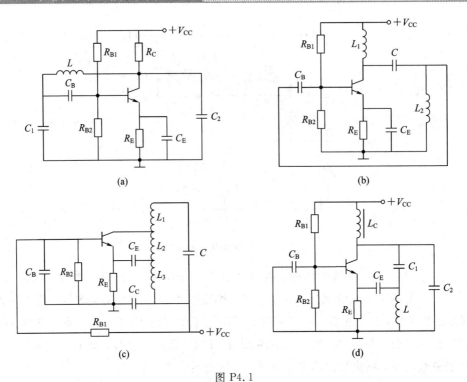

图 P4.1

4.3　振荡电路如图 P4.2 所示。它是什么类型的振荡器？计算其振荡频率。

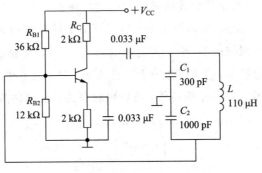

图 P4.2

4.4　振荡电路如图 P4.3 所示。它们是什么类型的振荡器？有何优点？计算每个电路的振荡频率。

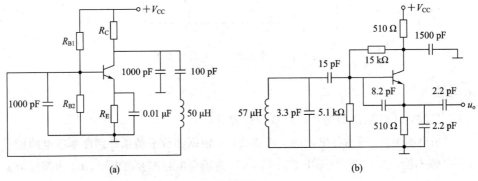

图 P4.3

4.5　图 P4.4 所示石英晶体振荡器属于哪种类型的晶体振荡器？说明石英晶体在电路中的作用。

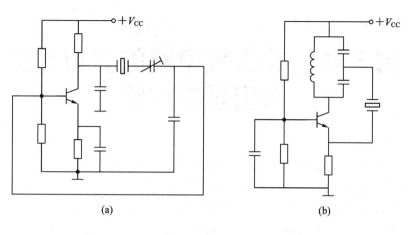

(a)　　　　　　　　　　　　(b)

图 P4.4

第5章　非线性电路的分析方法与相乘器电路

本章将对非线性电路的分析方法进行集中性论述。非线性电路的分析要比线性电路的分析复杂得多，主要原因是非线性电路中元器件的参数（与通过元器件的电流或所加的电压大小有关）不是常数，因而非线性电路中不能应用叠加定理。非线性电路的分析方法有幂级数近似分析法、折线近似分析法、线性时变电路分析法、开关函数分析法等。此外，本章还将对各种模拟相乘器电路的组成、特性进行分析，涉及的模拟相乘器主要有二极管平衡相乘器、二极管双平衡相乘器及双差分对模拟相乘器等。

5.1　概　　述

5.1.1　非线性电路的基本特点

线性电路不产生新的频率成分，而非线性电路会产生新的频率成分。与线性电路相比，非线性电路涉及的概念多，分析方法也不同。非线性器件的主要特点是它的参数（如电阻、电容、有源器件中的跨导、电流放大倍数等）都随电路中的电流或电压变化，即非线性器件的电流与电压不是线性关系。

非线性电路的特点如下：

（1）非线性电路能够产生新的频率分量，具有频率变换作用；

（2）非线性电路不具有叠加性和齐次性，叠加定理不再适用；

（3）当作用信号振幅很小，工作点取得适当时，非线性电路可近似按线性电路进行分析。

5.1.2　非线性器件的相乘作用

下面通过一个例题来说明非线性器件的相乘作用。

例题 5.1.1　设某非线性器件伏安特性为

$$i = au^2$$

式中，$u = u_1 + u_2 = U_{1m}\cos(\omega_1 t) + U_{2m}\cos(\omega_2 t)$，试分析电流 i 的频谱。（要求具体列出电流 i 所含的频率成分）

解

$$i = au^2 = a(u_1 + u_2)^2 = a(u_1^2 + u_2^2 + 2u_1u_2)$$
$$= aU_{1m}^2 \cos^2(\omega_1 t) + aU_{2m}^2 \cos^2(\omega_2 t) + 2aU_{1m}U_{2m}\cos(\omega_1 t)\cos(\omega_2 t)$$
$$= \frac{1}{2}aU_{1m}^2 [1 + \cos(2\omega_1 t)] + \frac{1}{2}aU_{2m}^2 [1 + \cos(2\omega_2 t)] +$$
$$aU_{1m}U_{2m}[\cos(\omega_1 + \omega_2)t + \cos(\omega_1 - \omega_2)t]$$
$$= \frac{1}{2}a(U_{1m}^2 + U_{2m}^2) + aU_{1m}U_{2m}[\cos(\omega_1 + \omega_2)t + \cos(\omega_1 - \omega_2)t] +$$
$$\frac{1}{2}aU_{1m}^2 \cos(2\omega_1 t) + \frac{1}{2}aU_{2m}^2 \cos(2\omega_2 t)$$

由上式可见，输出电流中除了直流成分 $\frac{1}{2}a(U_{1m}^2 + U_{2m}^2)$ 外，还产生了两个频率分别为 $2\omega_1$ 和 $2\omega_2$ 的二次谐波分量，以及两个频率分别为 $|\omega_1 + \omega_2|$ 和 $|\omega_1 - \omega_2|$ 的和、差频分量。和频、差频分量是由两输入信号 u_1、u_2 的乘积项产生的，而 u_1、u_2 的乘积项，是由非线性器件的伏安特性的二次方项产生的。

注：分析过程应用了三角函数公式 $\cos\alpha \cdot \cos\beta = \frac{1}{2}[\cos(\alpha - \beta) + \cos(\alpha + \beta)]$，$\cos^2\alpha = \frac{1 + \cos(2\alpha)}{2}$。

5.2 非线性电路的分析方法

大多数非线性器件的伏安特性都可用幂级数、多段折线和超越函数等三类函数逼近。对非线性电路进行分析，主要采用幂级数近似分析法。另外，在一定条件下，还有将非线性电路等效为线性时变电路的线性时变电路分析法及线性时变电路分析法的特例——开关函数分析法。下面分别来介绍这几种分析方法。

5.2.1 幂级数近似分析法

非线性器件的伏安特性可以用非线性函数表示：
$$i = f(u) = f(U_Q + u_1 + u_2) \tag{5.2.1}$$
式中，u 为非线性器件上的电压。一般情况下，这里 $u = U_Q + u_1 + u_2$，U_Q 为静态工作点电压，u_1、u_2 是两个输入电压。若 $f(u) = f(U_Q + u_1 + u_2)$ 在 U_Q 附近各阶导数都存在，式 (5.2.1) 在 U_Q 附近展开的泰勒级数式为
$$i = f(u) = f(U_Q + u_1 + u_2)$$
$$= a_0 + a_1(u_1 + u_2) + a_2(u_1 + u_2)^2 + \cdots + a_n(u_1 + u_2)^n + \cdots$$
$$= \sum_{n=0}^{\infty} a_n(u_1 + u_2)^n \tag{5.2.2}$$
式中，$a_n (n = 0, 1, 2, \cdots)$ 为各次方项的系数，由下式确定：
$$a_n = \frac{1}{n!}\frac{d^n f(u)}{du^n}\bigg|_{u=U_Q} = \frac{1}{n!}f^{(n)}(U_Q) \tag{5.2.3}$$

其中，$n=0$ 时，$a_0=I_Q$ 为静态工作点 $u=U_Q$ 处的电流值；$n=1$ 时，$a_1=\dfrac{\mathrm{d}i}{\mathrm{d}u}\bigg|_{u=U_Q}=g$ 为静态工作点处的增量电导。

由二项式定理：

$$(u_1+u_2)^n=\sum_{m=0}^{n}\mathrm{C}_n^m u_1^{n-m}u_2^m \tag{5.2.4}$$

这里 $\mathrm{C}_n^m=n!/(m!(n-m)!)$ 是二项式系数，所以有

$$i=\sum_{n=0}^{\infty}\sum_{m=0}^{n}a_n\mathrm{C}_n^m u_1^{n-m}u_2^m \tag{5.2.5}$$

上述分析过程应用的数学公式如下：

（1）函数 $f(x)$ 在 $x_0=a$ 的泰勒级数展开式为

$$f(x)=f(a)+f'(a)(x-a)+\frac{f''(a)}{2!}(x-a)^2+\cdots+\frac{f^{(n)}(a)}{n!}(x-a)^n+\cdots$$

（2）二项式定理：

$$(u_1+u_2)^n=\sum_{m=0}^{n}\mathrm{C}_n^m u_1^{n-m}u_2^m$$

二项式系数 $\mathrm{C}_n^m=n!/(m!(n-m)!)=n(n-1)\cdots(n-m+1)/(1\times2\times3\times\cdots\times m)$，指从 n 个不同元素中每次取出 m 个元素的所有不同组合的种数。

为简便分析起见，假设只有一个正弦信号，令 $u_2=0$，$u_1=U_{1m}\cos(\omega_1 t)$，将 u_1、u_2 代入式(5.2.2)，则有

$$i=\sum_{n=0}^{\infty}a_n u_1^n=\sum_{n=0}^{\infty}a_n U_m^n\cos^n(\omega_1 t) \tag{5.2.6}$$

利用三角函数公式：

$$\cos^n x=\begin{cases}\dfrac{1}{2^n}\left[\mathrm{C}_n^{n/2}+\displaystyle\sum_{k=0}^{\frac{n}{2}-1}\mathrm{C}_n^k\cos(n-2k)x\right] & n\text{ 为偶数}\\[4mm]\dfrac{1}{2^{n-1}}\displaystyle\sum_{k=0}^{\frac{1}{2}(n-1)}\mathrm{C}_n^k\cos(n-2k)x & n\text{ 为奇数}\end{cases}$$

可将式(5.2.6)写成

$$i=\sum_{n=0}^{\infty}b_n U_{1m}^n\cos(n\omega_1 t) \tag{5.2.7}$$

式中，b_n 为 a_n 和 $\cos^n(\omega_1 t)$ 的分解系数 C_n^k 的乘积。由式(5.2.7)可以看出，当单一频率信号作用于非线性器件时，输出电流中包含输入信号频率为 ω_1 分量及其各次谐波分量。这些谐波分量就是非线性器件产生的新的频率分量。

由上面的分析可知，当只有一个输入信号时，只能得到输入信号频率的基波分量和各次谐波分量，但并不能获得任意频率的信号，也不能完成频谱在频域上任意搬移。只有输入两个不同频率的信号时，才能完成频谱任意搬移的功能。

从电路形式上看，线性电路都是四端（或双口）网络，即一个输入端口，一个输出端口；而频谱搬移电路一般情况下有两个输入、一个输出，是一种六端（三口）网络。

当输入两个不同频率的信号 u_1、u_2 时，由式(5.2.2)得

$$i = a_0 + a_1(u_1 + u_2) + a_2(u_1 + u_2)^2 + a_3(u_1 + u_2)^3 + \cdots$$

$$= a_0 + a_1(u_1 + u_2) + a_2(u_1^2 + u_2^2 + 2u_1u_2) + a_3(u_1^3 + u_2^3 + 3u_1^2u_2 + 3u_1u_2^2) + \cdots \quad (5.2.8)$$

式中 u_1、u_2 的乘积项 $2a_2u_1u_2$ 是由特性的二次方项产生的。式(5.2.8)中同时也出现了众多无用的高阶相乘项，所以一般非线性器件的相乘作用是不理想的。

令 $u_1 = U_{1m}\cos(\omega_1 t)$，$u_2 = U_{2m}\cos(\omega_2 t)$，将 u_1、u_2 代入式(5.2.8)并利用三角函数公式变换，不难得到电流 i 中所含的频谱成分的通式为

$$\omega_{p,q} = |\pm p\omega_1 \pm q\omega_2| \quad (5.2.9)$$

p、q 是包括零、正整数在内的自然数。其中 $p = 1$、$q = 1$ 的组合频率分量 $\omega_{1,1} = |\pm\omega_1 \pm \omega_2|$ 是有用的相乘项产生的和频、差频，其他组合频率分量都是无用的高阶相乘项产生的。

为了抑制非线性器件产生的无用组合频率分量，常采取以下几种措施：

(1) 选用器件特性接近于平方律的器件；

(2) 使器件工作在大信号控制下的线性时变工作状态；

(3) 采用平衡电路。

5.2.2　折线近似分析法

在幂级数近似分析法中，当输入信号很大时，必须选取较多的项，计算起来比较麻烦。这时采用折线近似分析法就比较方便。具体方法可参见 3.1.2 节。

5.2.3　线性时变电路分析法

设 U_Q 为静态工作点电压，交流信号 $u_1 \gg u_2$，非线性器件的工作点电压按大信号 u_1（称为控制信号）的变化规律随时间变化，即在伏安特性曲线上来回移动，这样的工作点称为"时变工作点"。

将式(5.2.1)在 $U_Q + u_1$ 上对 u_2 用泰勒级数展开，有

$$i = f(U_Q + u_1 + u_2)$$

$$= f(U_Q + u_1) + f'(U_Q + u_1)u_2 + \frac{1}{2!}f''(U_Q + u_1)u_2^2 + \cdots + \frac{1}{n!}f^{(n)}(U_Q + u_1)u_2^n + \cdots$$

$$(5.2.10)$$

将(5.2.10)与式(5.2.5)对照，可以得到

$$\begin{cases} f(U_Q + u_1) = \sum_{n=0}^{\infty} a_n u_1^n \\ f'(U_Q + u_1) = \sum_{n=1}^{\infty} na_n u_1^{n-1} \\ f''(U_Q + u_1) = 2! \sum_{n=2}^{\infty} C_n^{n-2} a_n u_1^{n-2} \end{cases} \quad (5.2.11)$$

若 u_2 足够小，忽略式(5.2.10)中的二次方项及以上各次方项，式(5.2.10)简化为

$$i \approx f(U_Q + u_1) + f'(U_Q + u_1)u_2 \tag{5.2.12}$$

其中，$f(U_Q + u_1)$ 是当输入信号 $u_2 = 0$ 时的电流，称为时变静态电流（或时变工作点电流），用 $I_0(t)$ 表示；$f'(U_Q + u_1)$ 是在 $u_2 = 0$ 时的增量电导，称为时变增益（或时变电导、时变跨导），用 $g(t)$ 表示。这样，式(5.2.12)可表示为

$$i = I_0(t) + g(t)u_2 \tag{5.2.13}$$

由式(5.2.13)可以看出，就非线性器件的输出电流 i 与输入电压 u_2 的关系而言，i 与 u_2 是线性的。但它们的系数却是时变的。因此将这种工作状态称为线性时变工作状态，具有这种关系的电路称为线性时变电路。

需要注意的是，线性时变电路并不是线性电路，线性电路不会产生新的频率分量，不能完成频谱的搬移功能。线性时变电路本质上还是非线性电路，是非线性电路在一定条件下近似的结果。线性时变电路分析法大大简化了非线性电路的分析，减少了非线性器件的组合频谱分量。大多数频谱搬移电路都工作在线性时变工作状态，这样有利于提高系统的性能指标。

设控制信号 $u_1 = U_{1m}\cos(\omega_1 t)$，$I_0(t)$ 和 $g(t)$ 是角频率为 ω_1 的周期函数，分别用傅里叶级数展开为

$$I_0(t) = I_0(u_1) = I_0(\omega_1 t) = I_0 + I_{1m}\cos(\omega_1 t) + I_{2m}\cos(2\omega_1 t) + \cdots$$

$$g(t) = g(u_1) = g(\omega_1 t) = g_0 + g_{1m}\cos(\omega_1 t) + g_{2m}\cos(2\omega_1 t) + \cdots$$

设输入的小信号 $u_2 = U_{2m}\cos(\omega_2 t)$，将 u_2 和上式一起代入式(5.2.13)，有

$$\begin{aligned} i &= I_0(t) + g(t)u_2 \\ &= [I_0 + I_{1m}\cos(\omega_1 t) + I_{2m}\cos(2\omega_1 t) + \cdots] + \\ &\quad [g_0 + g_{1m}\cos(\omega_1 t) + g_{2m}\cos(2\omega_1 t) + \cdots]U_{2m}\cos(\omega_2 t) \end{aligned} \tag{5.2.14}$$

利用三角函数公式对式(5.2.14)进行变换，不难得到电流 i 中所含的频谱成分的通式为

$$\begin{cases} \omega = p\omega_1 \\ \omega_{p,\,q=1} = |\pm p\omega_1 \pm \omega_2| \end{cases} p = 0,\,1,\,2,\,\cdots \tag{5.2.15}$$

由上式可知，输出电流中消除了 p 为任意值、$q > 1$ 的众多无用组合频率分量，而 $p = 1$ 的组合频率分量 $\omega_{1,1} = |\pm\omega_1 \pm \omega_2|$ 是有用的和频、差频。设 $\omega_1 \gg \omega_2$，则无用组合频率分量均远离有用的频率分量，容易用滤波器滤除。如用于振幅调制，可令控制信号 $u_1 = U_{1m}\cos(\omega_1 t)$ 作为载波 u_C，输入的小信号 $u_2 = u_\Omega$ 为调制信号，以获得普通调幅波（详见 6.1 节）。

5.2.4 开关函数分析法

开关工作状态是线性时变工作状态的特例。

单二极管开关电路如图 5.2.1 所示。

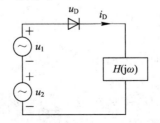

图 5.2.1 单二极管开关电路

　　输入信号 u_2 和控制信号 u_1 相加作用在二极管上。由于二极管具有非线性的频率变换作用，流过二极管的电流中会产生各种组合频率分量，用传输函数为 $H(j\omega)$ 的滤波器取出有用的频率分量，就可以完成某一频率的线性搬移功能。

　　若忽略输出电压的反作用，则二极管两端的电压为

$$u_D = u_1 + u_2$$

　　由于二极管工作在大信号状态，主要工作在截止区和导通区，所以我们将二极管的伏安特性用折线近似，如图 5.2.2(a)、(b)所示。

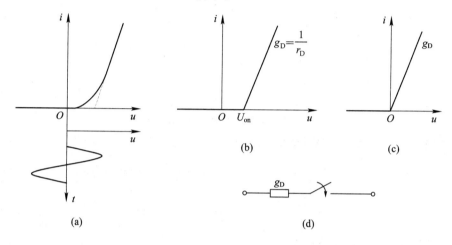

图 5.2.2　二极管伏安特性的折线近似和开关模型

　　图 5.2.2(b)为折线近似后的二极管伏安特性，由该特性可知，当二极管两端电压 u_D 大于等于导通电压 U_{on} 时，即 $u_D \geqslant U_{on}$ 时二极管导通，流过二极管的增量电流与二极管两端增量电压成正比，此段伏安特性为一段斜率为 g_D 的斜线，$g_D = \dfrac{1}{r_D}$ 为二极管导通时的动态电导，式中 r_D 为 g_D 的倒数，即二极管导通时的动态电阻；当 $u_D < U_{on}$ 时，二极管截止。这样二极管可等效为一个受控开关，控制电压就是其两端电压 u_D，二极管电流可表示为

$$i_D = \begin{cases} g_D u_D & u_D \geqslant U_{on} \\ 0 & u_D < U_{on} \end{cases} \tag{5.2.16}$$

　　二极管工作在大信号状态，这样可以认为二极管的通断主要由 u_1 控制，则式(5.2.16)可改为

$$i_D = \begin{cases} g_D u_D & u_1 \geqslant U_{on} \\ 0 & u_1 < U_{on} \end{cases} \tag{5.2.17}$$

　　由于 $u_1 \gg U_{on}$，因此可以认为 $U_{on} \approx 0$，二极管特性如图 5.2.2(c)所示。此时二极管可等效为图 5.2.2(d)所示的一个受控开关，其时变电导 $g_D(t)$ 可表示为

$$g_D(t) = g_D K_1(\omega_1 t) \tag{5.2.18}$$

式中 $K_1(\omega_1 t)$ 为单向开关函数，其表达式为

$$K_1(\omega_1 t) = \begin{cases} 1 & \cos(\omega_1 t) > 0 \\ 0 & \cos(\omega_1 t) \leqslant 0 \end{cases} \tag{5.2.19}$$

$K_1(\omega_1 t)$ 波形如图 5.2.3 所示。

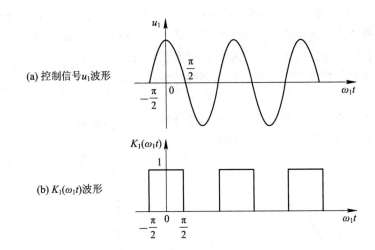

(a) 控制信号u_1波形

(b) $K_1(\omega_1 t)$波形

图 5.2.3　单向开关函数 $K_1(\omega_1 t)$ 波形

将单向开关函数 $K_1(\omega_1 t)$ 按傅里叶级数展开，表示为

$$K_1(\omega_1 t) = \frac{1}{2} + \frac{2}{\pi}\cos(\omega_1 t) - \frac{2}{3\pi}\cos(3\omega_1 t) + \frac{2}{5\pi}\cos(5\omega_1 t) + \cdots$$

$$= \frac{1}{2} + \sum_{n=1}^{\infty}(-1)^{n-1}\frac{2}{(2n-1)\pi}\left[\cos(2n-1)(\omega_1 t)\right] \qquad (5.2.20)$$

因此，流过二极管的电流表达式为

$$i_D = g_D(t)u_D = g_D K_1(\omega_1 t) \cdot u_D = g_D \cdot (u_1 + u_2)K_1(\omega_1 t)$$

将 $u_1 = U_{1m}\cos(\omega_1 t)$，$u_2 = U_{2m}\cos(\omega_2 t)$ 及 $K_1(\omega_1 t)$ 傅里叶级数展开式（式(5.2.20)）代入上式并展开，利用三角函数公式，不难得到电流 i 中所含的频谱成分，即

$$i_D = g_D \cdot (u_1 + u_2)K_1(\omega_1 t)$$

$$= g_D \cdot \left[U_{1m}\cos(\omega_1 t) + U_{2m}\cos(\omega_2 t)\right]\left[\frac{1}{2} + \frac{2}{\pi}\cos(\omega_1 t) - \frac{2}{3\pi}\cos(3\omega_1 t) + \cdots\right]$$

$$= \frac{1}{2}g_D\left[U_{1m}\cos(\omega_1 t) + U_{2m}\cos(\omega_2 t)\right] + \frac{2}{\pi}g_D U_{1m}\cos^2(\omega_1 t) +$$

$$\frac{2}{\pi}g_D U_{2m}\cos(\omega_1 t)\cos(\omega_2 t) - \frac{2}{3\pi}g_D U_{1m}\cos(3\omega_1 t)\cos(\omega_1 t) -$$

$$\frac{2}{3\pi}g_D U_{2m}\cos(3\omega_1 t)\cos(\omega_2 t) + \cdots$$

利用三角函数公式：

$$\cos\alpha \cdot \cos\beta = \frac{1}{2}\left[\cos(\alpha - \beta) + \cos(\alpha + \beta)\right], \quad \cos^2\alpha = \frac{1+\cos(2\alpha)}{2}$$

对 i_D 进行变换，整理得

$$i_D = \frac{g_D}{\pi}U_{1m} + \frac{g_D}{2}U_{1m}\cos(\omega_1 t) + \frac{g_D}{2}U_{2m}\cos(\omega_2 t) + \frac{g_D}{\pi}U_{2m}\cos\left[(\omega_1 + \omega_2)t\right] +$$

$$\frac{g_D}{\pi}U_{2m}\cos\left[(\omega_1 - \omega_2)t\right] + \frac{2g_D}{3\pi}U_{1m}\cos(2\omega_1 t) - \frac{g_D}{3\pi}U_{1m}\cos(4\omega_1 t) -$$

$$\frac{g_D}{3\pi}U_{2m}\cos\left[(3\omega_1 + \omega_2)t\right] - \frac{g_D}{3\pi}U_{2m}\cos\left[(3\omega_1 - \omega_2)t\right] + \cdots \qquad (5.2.21)$$

输出电流中含有的频率为

（1）0：直流。

（2）ω_1、ω_2：控制信号 u_1 和输入信号 u_2 的频率。

（3）$2n\omega_1$：控制信号 u_1 的偶次谐波的频率。

（4）$(2n+1)\omega_1 \pm \omega_2$：控制信号 u_1 频率 ω_1 的奇次谐波和输入信号 u_2 的频率 ω_2 的组合频率。

由此可见，无用组合频率分量进一步减少，不存在 ω_1 奇次谐波以及 ω_1 偶次谐波与 ω_2 的组合频率分量。

5.3　相乘器电路

5.3.1　二极管双平衡相乘器

1. 二极管平衡相乘器

二极管平衡相乘器电路如图 5.3.1(a)所示。该电路是由两个性能一致的二极管及中心抽头变压器 T_1、T_2 接成的平衡电路。输出变压器 T_2 接滤波器，滤除无用的频率分量。设变压器匝数 $N_1 = N_2$，略去负载 R_L 的反作用，该电路的等效电路如图 5.3.1(b)所示。

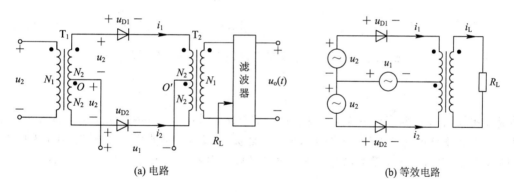

(a) 电路　　　　　　　　　　　　　　　　(b) 等效电路

图 5.3.1　二极管平衡相乘器电路

加在两个二极管上的控制电压 $u_1 = U_{1m}\cos(\omega_1 t)$ 是同相的，而两个二极管的输入电压均为 u_2（$u_2 = U_{2m}\cos(\omega_2 t)$），但大小相等，方向相反。电路中二极管在大信号 u_1 作用下工作在开关状态，即 $U_{1m} > 0.5$ V，$U_{1m} \gg U_{2m}$，二极管主要工作在截止区和线性区，二极管的伏安特性可用折线近似。若忽略输出电压的反作用，则加到两个二极管的端电压 u_{D1}、u_{D2} 分别为

$$\begin{cases} u_{D1} = u_1 + u_2 \\ u_{D2} = u_1 - u_2 \end{cases} \tag{5.3.1}$$

由于加在两个二极管上的控制电压是同相的，因此两者的导通、截止时间是相同的，时变电导也是相同的，所以可以得出流过两个二极管的电流 i_1、i_2 分别为

$$\begin{cases} i_1 = g_1(t)u_{D1} = g_D K_1(\omega_1 t)(u_1 + u_2) \\ i_2 = g_2(t)u_{D2} = g_D K_1(\omega_1 t)(u_1 - u_2) \end{cases} \tag{5.3.2}$$

电流 i_1、i_2 以相反方向流过 T_2 的初级线圈（我们可以规定，流入线圈同名端为正，流出线圈同名端为负），在 T_2 次级产生的电流分别为

$$\begin{cases} i_{L1}=\dfrac{N_1}{N_2}i_1=i_1 \\[2mm] i_{L2}=\dfrac{N_1}{N_2}i_2=i_2 \end{cases} \qquad\qquad (5.3.3)$$

由于 i_{L1}、i_{L2} 流过 T_2 的方向相反，所以次级总电流 i_L 为

$$i_L=i_{L1}-i_{L2}=i_1-i_2$$

将式(5.3.2)代入上式，得

$$i_L=2g_D K_1(\omega_1 t)u_2 \qquad\qquad (5.3.4)$$

将 $u_2=U_{2m}\cos(\omega_2 t)$、$K_1(\omega_1 t)$ 傅里叶级数展开式代入上式，并利用三角函数公式变换，不难得到电流 i_L 中所含的频谱成分，即

$$i_L=2g_D \cdot u_2 \cdot K_1(\omega_1 t)$$

$$=2g_D \cdot [U_{2m}\cos(\omega_2 t)]\left[\frac{1}{2}+\frac{2}{\pi}\cos(\omega_1 t)-\frac{2}{3\pi}\cos(3\omega_1 t)+\cdots\right]$$

$$=g_D[U_{2m}\cos(\omega_2 t)]+\frac{2}{\pi}g_D U_{2m}\{\cos[(\omega_1+\omega_2)t]+\cos[(\omega_1-\omega_2)t]\}-$$

$$\frac{2}{3\pi}g_D U_{2m}\{\cos[(3\omega_1+\omega_2)t]+\cos[(3\omega_1-\omega_2)t]\}+\cdots \qquad (5.3.5)$$

由式(5.3.5)可见输出电流 i_L 中包含的组合频率分量通式可以表示为

$$\omega_{p,q-1}=\begin{cases} \omega_2 \\ p\omega_1\pm\omega_2 \end{cases} \quad p=1,3,5,7,\cdots$$

即输出电流 i_L 中的频率只包含 ω_2、ω_2 与 ω_1 的奇次谐波的组合频率分量，如图 5.3.2 所示，无用组合频率分量比单二极管电路少很多，而且 ω_1 及其各次谐波均被抑制了，由于无用组合频率分量 ω_2 和 $3\omega_1\pm\omega_2$ 等高频分量离 $\omega_1\pm\omega_2$ 很远，故很容易用带通滤波器将其滤除。

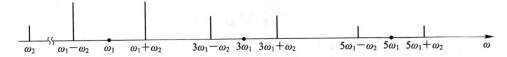

图 5.3.2　二极管平衡相乘器频谱图

注：当考虑负载 R_L 的反映电阻对二极管电流的影响时，可用 $g=1/(r_D+2R_L)$ 代替上面各式中的 g_D，对频谱结构的分析没有影响。

2. 二极管双平衡相乘器(二极管环形相乘器)

为了进一步减少无用组合频率分量，以便更加接近理想相乘功能，可以由两个二极管平衡相乘器电路组成二极管双平衡相乘器，即二极管环形相乘器，并工作在开关状态。电路的基本形式如图 5.3.3(a)所示。为了便于讨论，可将图 5.3.3(a)所示电路拆成两个单平衡电路，如图 5.3.3(b)、(c)所示。详细分析可参见例题 5.3.1。图 5.3.3(a)所示电路还可以改画成图 5.3.3(d)所示形式，四个二极管组成一个环路，各二极管的极性沿环路一致，故又称为二极管环形相乘器。

例题 5.3.1 图 5.3.3(a)所示电路中四个二极管特性相同，均认为是从原点出发、斜率为 g_D 的直线。已知 $u_1 = U_{1m}\cos(\omega_1 t)$，$u_2 = U_{2m}\cos(\omega_2 t)$。$u_2$ 为小信号，控制信号 u_1 的振幅 $U_{1m} \gg U_{2m}$，二极管工作在受 u_1 控制的开关状态。略去负载的反作用，设两变压器中匝数 $N_1 = N_2$。

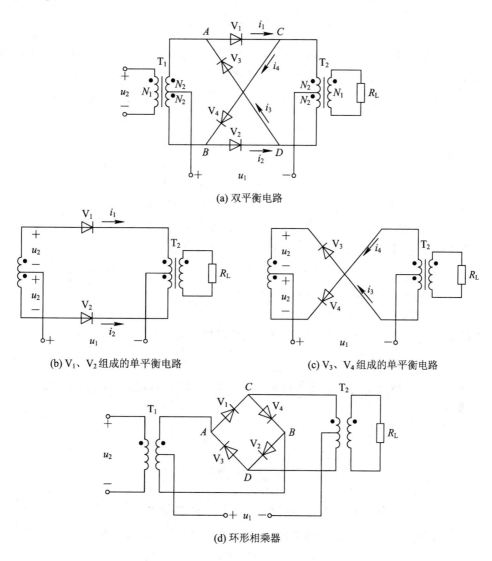

(a) 双平衡电路

(b) V_1、V_2 组成的单平衡电路

(c) V_3、V_4 组成的单平衡电路

(d) 环形相乘器

图 5.3.3 二极管双平衡相乘器电路

（1）试写出该电路输出电流 i 的表达式，分析 i 中的频谱成分，列出组合频率分量表达式。

（2）若图 5.3.3(a)中只有 V_1 极性接反，试重新写出电路输出电流 i 的表达式，分析 i 中的频谱成分，列出组合频率分量表达式。并说明此时电路是否还有相乘作用？电路性能受到什么影响？

（3）若图 5.3.3(a)中 V_1、V_2 极性均接反，若四个二极管极性均接反，请重新回答问题（2）中的问题。

提示：双向开关函数 $K_2(\omega_1 t)$ 的定义及傅里叶级数展开式为

$$K_2(\omega_1 t) = \begin{cases} 1 & \cos(\omega_1 t) > 0 \\ -1 & \cos(\omega_1 t) \leqslant 0 \end{cases} = K_1(\omega_1 t) - K_1(\omega_1 t - \pi)$$

$$= \frac{4}{\pi}\cos(\omega_1 t) - \frac{4}{3\pi}\cos(3\omega_1 t) + \frac{4}{5\pi}\cos(5\omega_1 t) - \cdots$$

$$= \sum_{n=1}^{\infty}(-1)^{n-1}\frac{4}{(2n-1)\pi}\left[\cos(2n-1)\omega_1 t\right] \quad n=1,2,3,\cdots \quad (5.3.6)$$

解 (1) 当控制信号 u_1 为正半周时，V_1、V_2 导通，V_3、V_4 截止；u_1 为负半周时，V_1、V_2 截止，V_3、V_4 导通。为了便于讨论，可以将图 5.3.3(a) 拆成两个单平衡电路，如图 5.3.3(b)、(c) 所示。略去负载的反作用，由图可写出各二极管中流过的电流分别为

$$i_1 = g_D(u_1 + u_2)K_1(\omega_1 t) \tag{1}$$

$$i_2 = g_D(u_1 - u_2)K_1(\omega_1 t) \tag{2}$$

$$i_3 = g_D(-u_1 - u_2)K_1(\omega_1 t - \pi) \tag{3}$$

$$i_4 = g_D(-u_1 + u_2)K_1(\omega_1 t - \pi) \tag{4}$$

注意，随着控制电压 u_1 的正负变化，两组二极管交替导通和截止。但 V_3、V_4 是在 u_1 负半周导通，开关动作比 V_1、V_2 滞后 $180°$ 相位，其开关函数可表示为 $K_1(\omega_1 t - \pi)$，如式 (3)、式 (4) 所示。所以，流过 T_2 的总输出电流 i 为

$$i = (i_1 - i_2) + (i_3 - i_4) = 2g_D u_2 K_1(\omega_1 t) - 2g_D u_2 K_1(\omega_1 t - \pi)$$

$$= 2g_D u_2 \left[K_1(\omega_1 t) - K_1(\omega_1 t - \pi) \right]$$

$$= 2g_D u_2 K_2(\omega_1 t) \tag{5}$$

将上式利用双向开关函数 $K_2(\omega_1 t)$ 的傅里叶级数可展开为

$$i = 2g_D u_2 K_2(\omega_1 t)$$

$$= 2g_D U_{2m}\cos(\omega_2 t)\sum_{n=1}^{\infty}(-1)^{n-1}\frac{4}{(2n-1)\pi}\left[\cos(2n-1)\omega_1 t\right]$$

$$= 2g_D U_{2m}\cos(\omega_2 t)\left[\frac{4}{\pi}\cos(\omega_1 t) - \frac{4}{3\pi}\cos3(\omega_1 t) + \cdots\right]$$

$$= \frac{4}{\pi}g_D U_{2m}\left[\cos(\omega_1 + \omega_2)t + \cos(\omega_1 - \omega_2)t\right] -$$

$$\frac{4}{3\pi}g_D U_{2m}\left[\cos(3\omega_1 + \omega_2)t + \cos(3\omega_1 - \omega_2)t\right] + \cdots \tag{6}$$

由式 (6) 可见，输出电流频率中只含有 ω_1 各奇次谐波与 ω_2 的组合频率分量，即

$$\omega_{p,q-1} = |p\omega_1 \pm \omega_2| \quad (p=1,3,5,7,\cdots) \tag{7}$$

(2) 若图中只有 V_1 极性接反，则当控制信号 u_1 为正半周时，V_2 导通，V_1、V_3、V_4 截止，从而写出 V_1 中流过的电流为

$$i_1 = g_D(-u_1 - u_2)K_1(\omega_1 t - \pi) \tag{8}$$

V_2、V_3、V_4 中流过的电流表达式不变，仍为式 (2)、式 (3)、式 (4) 所示，联立式 (8)、式 (2)、式 (3) 和式 (4) 可得流过 T_2 的总输出电流 i 为

$$i = (-i_1 - i_2) + (i_3 - i_4) = -i_2 - i_4$$

$$= g_D u_2 K_2(\omega_1 t) - g_D u_1 K_2(\omega_1 t) \tag{9}$$

式 (9) 中第一项的频谱成分与 V_1 极性未接反时式 (6) 相同，但振幅减半了，第二项可展开为

$$-g_{D}u_{1}K_{2}(\omega_{1}t)=-g_{D}U_{1m}\cos(\omega_{1}t)\sum_{n=1}^{\infty}(-1)^{n-1}\frac{4}{(2n-1)\pi}[\cos(2n-1)\omega_{1}t]$$

$$=-g_{D}U_{1m}\cos(\omega_{1}t)\left[\frac{4}{\pi}\cos(\omega_{1}t)-\frac{4}{3\pi}\cos3(\omega_{1}t)+\cdots\right]$$

$$=-\frac{2}{\pi}g_{D}U_{1m}[\cos(\omega_{1}+\omega_{1})t+\cos(\omega_{1}-\omega_{1})t]+$$

$$\frac{2}{3\pi}g_{D}U_{1m}[\cos(3\omega_{1}+\omega_{1})t+\cos(3\omega_{1}-\omega_{1})t]-\cdots \tag{10}$$

式(10)表示的频谱有 0 频(直流分量)、ω_{1} 的偶次谐波。可见此时总输出电流 i 的频谱为

$$\omega_{p,q-1}=\begin{cases}|p\omega_{1}\pm\omega_{2}| & p=1,3,5,\cdots\\ 2n\omega_{1} & n=0,1,2,3,\cdots\end{cases}$$

也就是说，V_{1} 极性接反，电路仍有相乘作用，但输出电流振幅减半，并且出现控制信号 u_{1} 的偶次谐波及直流成分，所以电路因失去双平衡使相乘功能变差了。

（3）若 V_{1}、V_{2} 极性均接反，当控制信号对 u_{1} 为正半周时，四个二极管截止，所以输出电流 $i=0$；当控制信号 u_{1} 为负半周时，四个二极管均导通，T_{1} 次级、T_{2} 初级在二极管双平衡相乘器中被短路，输出电流 $i=0$，电路无信号输出。

若四个二极管极性均接反，i_{1}、i_{2}、i_{3}、i_{4} 同时全部反向，所以电路性能没有变化，只是输出电流的方向改变。

3. 二极管环形混频器组件

二极管环形相乘器因具有电路简单、噪声低、动态范围大、组合频率分量少、工作频带宽等优点而被广泛应用于通信及各种电子设备中，依据其原理制成的二极管环形混频器组件产品已形成完整的系列。二极管环形混频器组件的外形和内部电路如图 5.3.4(a)、(b)所示。它有三个端口，分别以 L(本振)、R(输入信号)和 I(中频)表示，在其工作频率范围内，从任意两端口输入 u_{1} 和 u_{2}，就可以在第三个端口输出所需信号。

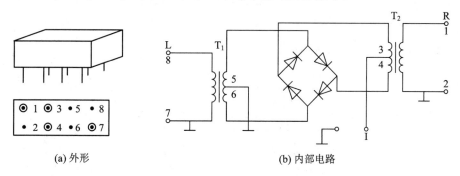

(a) 外形　　　　　　　　　　　　(b) 内部电路

图 5.3.4　二极管环形混频器组件

5.3.2　双差分对模拟相乘器

模拟相乘器是对两个以上互不相关的模拟信号实现相乘功能的非线性电路。通常它有两个输入端(X 端和 Y 端)及一个输出端，其图形符号如图 5.3.5(a)或(b)所示。表示相乘特性的方程为

$$u_{o}=A_{M}u_{X}(t)u_{Y}(t) \tag{5.3.7}$$

式中，A_M 为相乘器的乘积系数，单位为 $1/V$。

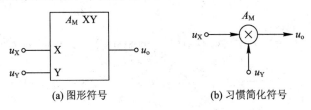

(a) 图形符号　　　　　　　(b) 习惯简化符号

图 5.3.5　模拟相乘器符号

式(5.3.7)表示一个理想相乘器，A_M 为常数，其输出电压与两个输入电压同一时刻瞬时值的乘积成正比，而且输入电压的波形、振幅、极性和频率可以是任意的。

根据相乘器对两个输入电压极性的要求，模拟相乘器分为三种：若两个输入端都只允许单极性电压输入，则相乘器工作在 Ⅰ、Ⅱ、Ⅲ 和 Ⅳ 象限中任意一个象限，称为"单象限相乘器"，如图 5.3.6 所示；若一个输入端只允许单极性电压输入，另一个输入端极性可正可负，相乘器可工作在四个象限中的两个象限，称为"二象限相乘器"；若两个输入端的电压均可正可负，则该相乘器称为"四象限相乘器"。

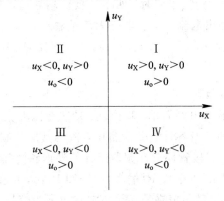

图 5.3.6　模拟相乘器的工作象限

1. 单差分对电路

单差分对电路如图 5.3.7 所示。

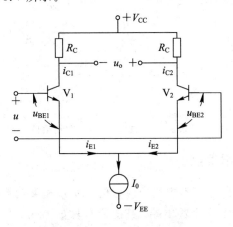

图 5.3.7　单差分对电路

PN 结理论表明，在小电流情况下，晶体管发射结的伏安特性可表示为

$$i_E = I_s(e^{(u_{BE}/U_T)} - 1) \approx I_s e^{(u_{BE}/U_T)} \tag{5.3.8}$$

式中，I_s 是反向饱和电流；U_T 是温度电压当量，在常温 $T = 300$ K 时，$U_T \approx 26$ mV。

当共射电流放大系数 $\beta \gg 1$ 时，$i_C \approx i_E$。图 5.3.7 中，晶体管 V_1、V_2 的集电极电流为

$$i_{C1} = I_s e^{(u_{BE1}/U_T)}, \quad i_{C2} = I_s e^{(u_{BE2}/U_T)}$$

所以

$$\frac{i_{C2}}{i_{C1}} = e^{-\frac{u_{BE1} - u_{BE2}}{U_T}} = e^{-(u/U_T)} \tag{5.3.9}$$

式中，$u = u_{BE1} - u_{BE2}$。恒流源电流 I_0 为

$$I_0 = i_{C1} + i_{C2} = i_{C1}(1 + e^{-u/U_T}) \tag{5.3.10}$$

从而得

$$i_{C1} = \frac{I_0}{(1 + e^{-u/U_T})} \tag{5.3.11a}$$

$$i_{C2} = i_{C1} e^{-u/U_T} = \frac{I_0}{(1 + e^{u/U_T})} \tag{5.3.11b}$$

差分对晶体管的电流差为

$$i_{C1} - i_{C2} = I_0 \left(\frac{1}{(1 + e^{-u/U_T})} - \frac{1}{(1 + e^{u/U_T})} \right)$$

$$= I_0 \tanh\left(\frac{u}{2U_T}\right) \tag{5.3.12}$$

式中，$\tanh(\cdot)$ 为双曲正切函数。其定义及幂级数展开式为

$$\tanh x = \frac{e^x - e^{-x}}{e^x + e^{-x}} = x - \frac{x^3}{3} + \frac{2}{15}x^5 - \cdots \qquad \left(-\frac{\pi}{2} < x < \frac{\pi}{2}\right)$$

当 $x \leqslant 0.5$ rad 时，可近似取 $\tanh x \approx x$。

2. 双差分对模拟相乘器

1）电路的结构

图 5.3.8 所示为双差分对模拟相乘器的电路，它是电压输入、电流输出的。由图 5.3.8 可知，相乘器的输出差值电流为

$$i = i_{13} - i_{24} = (i_1 + i_3) - (i_2 + i_4) = (i_1 - i_2) - (i_4 - i_3) \tag{5.3.13}$$

由式（5.3.12）可知

$$i_1 - i_2 = i_5 \tanh\left(\frac{u_1}{2U_T}\right)$$

$$i_4 - i_3 = i_6 \tanh\left(\frac{u_1}{2U_T}\right)$$

$$i_5 - i_6 = I_0 \tanh\left(\frac{u_2}{2U_T}\right)$$

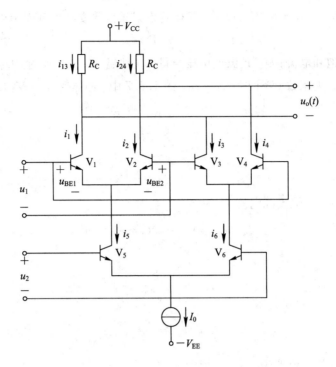

图 5.3.8　双差分对模拟相乘器的电路

故相乘器的输出差值电流 i 为

$$i = (i_5 - i_6)\tanh\left(\frac{u_1}{2U_T}\right)$$

$$= I_0\tanh\left(\frac{u_1}{2U_T}\right)\tanh\left(\frac{u_2}{2U_T}\right) \tag{5.3.14}$$

由此可得相乘器的输出电压 u_o 为

$$u_o = (V_{CC} - i_{24}R_C) - (V_{CC} - i_{13}R_C)$$

$$= (i_{13} - i_{24})R_C$$

$$= iR_C \tag{5.3.15}$$

将式(5.3.14)代入式(5.3.15),得

$$u_o = I_0 R_C \tanh\left(\frac{u_1}{2U_T}\right)\tanh\left(\frac{u_2}{2U_T}\right) \tag{5.3.16}$$

对式(5.3.16)讨论如下:

(1) 当 $|u_1| \leqslant U_T$、$|u_2| \leqslant U_T$ 时,双差分对模拟相乘器工作在小信号状态。由于

$\dfrac{u}{2U_T} \leqslant 0.5$,根据双曲正切函数特性有 $\tanh\dfrac{u}{2U_T} \approx \dfrac{u}{2U_T}$,所以式(5.3.16)可近似为

$$u_o = \frac{I_0 R_C}{4U_T^2}u_1 u_2 \tag{5.3.17}$$

上式说明,只有当 u_1、u_2 均为小信号且幅度均小于 26 mV 时,双差分对模拟相乘器方可实现理想的相乘功能。

（2）当 $|u_2| \leqslant U_T$、u_1 为任意值时，双差分对模拟相乘器工作在线性时变状态。此时式 (5.3.16) 可近似为

$$u_o \approx \frac{I_0 R_C}{2U_T} u_2 \tanh\left(\frac{u_1}{2U_T}\right) \tag{5.3.18}$$

当 $u_1 = U_{1m}\cos(\omega_1 t)$ 时，$\tanh\left(\dfrac{u_1}{2U_T}\right)$ 也为周期函数，式 (5.3.18) 可用傅里叶级数展开为 ω_1 奇次谐波分量之和，不难得到输出电压 u_o 的频谱只含 ω_2 与 ω_1 奇次谐波分量的组合频率分量。

（3）当 $|u_2| \leqslant U_T$、$U_{1m} \geqslant 10U_T = 260 \text{ mV}$ 时，双差分对模拟相乘器工作在开关状态。此时，双曲正切函数 $\tanh\left(\dfrac{u_1}{2U_T}\right) = \tanh\left[\dfrac{U_{1m}}{2U_T}\cos(\omega_1 t)\right]$ 趋于周期性方波，如图 5.3.9 所示，即

$$\tanh\left(\frac{u_1}{2U_T}\right) = \tanh\left[\frac{U_{1m}}{2U_T}\cos(\omega_1 t)\right] \approx K_2(\omega_1 t) \tag{5.3.19}$$

因此，式 (5.3.18) 可近似为

$$u_o \approx \frac{I_0 R_C}{2U_T} u_2 K_2(\omega_1 t) \tag{5.3.20}$$

双向开关函数 $K_2(\omega_1 t)$ 的傅里叶级数展开式见式 (5.3.6)。

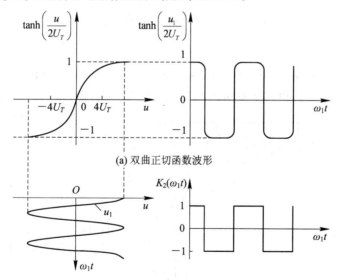

(a) 双曲正切函数波形

(b) 双向开关函数

图 5.3.9　大信号输入时双曲正切函数波形趋于双向开关函数

上述讨论说明，u_2 必须为小信号，这将使双差分对模拟相乘器的应用范围受到限制。在实际集成电路中，通常采用负反馈技术来扩展 u_2 的动态范围。

3. 典型的集成模拟相乘器

1）MC1496/1596

MC1496/1596 的内部电路如图 5.3.10 所示，其电路结构与图 5.3.8 基本类似。扩展 $u_2(u_Y)$ 的动态范围的负反馈电阻 R_Y 接在 2、3 端。

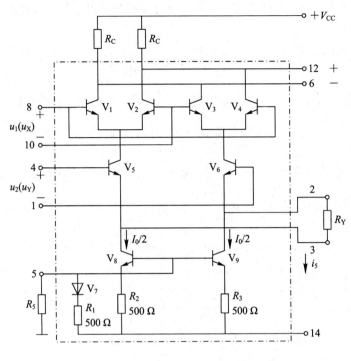

图 5.3.10　MC1496/1596 的内部电路

2）MC1595

　　MC1595 是一片通用集成模拟相乘器，是在 MC1496 的基础上增加了 $u_1(u_X)$ 动态范围的扩展电路，使之具有四象限相乘功能，其外接电路及引脚排列如图 5.3.11 所示。

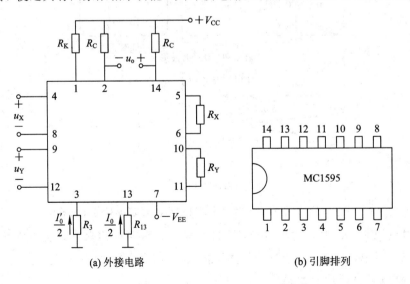

(a) 外接电路　　　　　　　　　　　　(b) 引脚排列

图 5.3.11　MC1595 集成模拟相乘器

3）AD834

　　AD834 是 ADI 公司生产的超高频四象限模拟相乘器，它具有高性能、低功耗、宽频带（BW＞500 MHz）等特点，图 5.3.12 为 AD834 的简化原理电路。由于器件内部含有负反馈电阻、偏置电路和输出放大器，所以只有两对输入端(7 脚 X_1、8 脚 X_2 接输入电压信号 u_X，1 脚 Y_1、2 脚 Y_2 接输入电压信号 u_Y)、一对输出端(5 脚 W_1、4 脚 W_2 接输出信号)和正、负电源端(6 脚正电源＋V_{CC}，3 脚负电源－V_{EE})，而没有其他外接端，故使用十分方便。

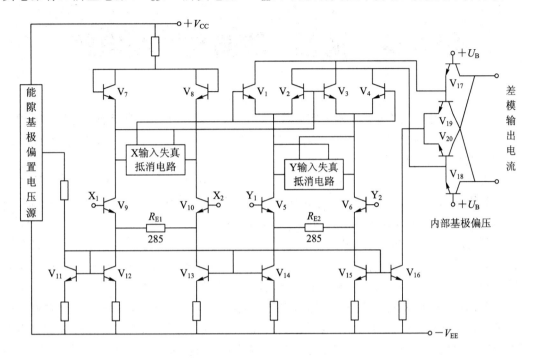

图 5.3.12 AD834 简化原理电路

练习题

5.1 已知非线性器件的伏安特性为 $i = a_1u + a_3u^3$，试问它能否产生相乘作用？为什么？

5.2 非线性器件的伏安特性用幂级数表示为 $i = a_0 + a_1u + a_2u^2 + a_3u^3$，式中 $u = u_1 + u_2 = U_{1m}\cos(\omega_1 t) + U_{2m}\cos(\omega_2 t)$，试具体分析电流 i 中所含的频谱成分。

5.3 什么是非线性器件的线性时变工作状态和开关工作状态？它们各有何特点？

5.4 试比较非线性器件的一般工作状态、线性时变工作状态和开关工作状态下以及二极管平衡电路中输出电流 i 中所含的频谱成分，体会无用组合频率分量是怎样一步一步减少的。

5.5 试说明双差分对模拟相乘器的组成特点及工作于小信号和开关工作状态时的特点。

第6章 调幅、解调与混频电路

调制、解调与混频从频域上看，实质是对信号的频谱进行搬移或变换，这些信号处理方式是现代通信系统的基础。调制、解调与混频电路是现代通信设备中重要的组成部分，也在其他电子设备中得到了广泛的应用。

在本书第1章绪论中已经简略说明，所谓调制就是用待传输的低频信号去控制高频载波的某个参数（振幅、频率或相位），使之按照低频信号的变化规律而变化，分别称为振幅调制（简称调幅，Amplitude Modulation，AM）、频率调制（简称调频，Frequency Modulation，FM）和相位调制（简称调相，Phase Modulation，PM）。其中调频和调相统称角度调制（简称调角）。解调是调制的逆过程，是从高频已调信号中还原出原调制信号的过程。混频是把已调信号的载波频率变成另一个载波频率的过程，而其调制类型和调制参数保持不变。

实现调制、解调和混频的电路，都是用来对输入信号进行频谱变换的电路。频谱变换电路可分为频谱线性搬移电路和频谱非线性变换电路。振幅调制及其解调电路和混频电路属于频谱线性搬移电路，它们的作用是将输入信号频谱沿频率轴进行不失真的搬移，本章对这类电路将予以详细讨论。角度调制及其解调电路属于频谱非线性变换电路，它们的作用是将输入信号频谱进行特定的非线性变换，对此我们将在第7章中讨论。

6.1 调幅的基本原理

本节对调幅的数学表达和作用原理进行分析，以便找出实现频谱线性搬移的一般方法。调幅有普通调幅（Amplitude Modulation，AM）、抑制载波的双边带调幅（Double Sideband Modulation，DSB）和单边带调幅（Single Sideband Modulation，SSB）等。其中普通调幅信号是基本的，其他调幅信号都是由它演变而来的。

调幅电路有两个输入端和一个输出端，如图 6.1.1 所示。输入端有两个输入信号：一个是输入的低频基带信号 $u_\Omega(t)$（如音频信号），称为调制信号，它含有所需传输的信息，单频调制时，调制信号可写为

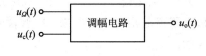

图 6.1.1 调幅电路示意图

$$u_\Omega(t) = U_{\Omega m}\cos(\Omega t) = U_{\Omega m}\cos(2\pi Ft) \tag{6.1.1}$$

其中，$\Omega = 2\pi F$ 为调制信号角频率，F 为调制信号频率；另一个是输入的高频等幅信号 $u_c(t)$，称为载波信号，即

$$u_c(t) = U_{cm}\cos(\omega_c t) = U_{cm}\cos(2\pi f_c t) \tag{6.1.2}$$

其中，$\omega_c = 2\pi f_c$ 为载波角频率，f_c 为载波频率（载频）。通常，$F \ll f_c$。

调幅电路的输出信号 $u_o(t)$ 即为已调信号。

6.1.1　普通调幅信号

1. 普通调幅信号的数学表达式

根据调幅的定义，调幅信号的振幅变化与调制信号成正比，调幅信号的振幅可写为

$$U_m(t) = U_{cm} + k_a u_\Omega(t) \tag{6.1.3}$$

式中，k_a 是由调制电路决定的比例常数。因此，调幅信号的数学表达式可以写为

$$u_{AM}(t) = U_m(t)\cos(\omega_c t) = [U_{cm} + k_a u_\Omega(t)]\cos(\omega_c t) \tag{6.1.4}$$

单频调制时，将式(6.1.1)代入式(6.1.4)，可得

$$\begin{aligned}u_{AM}(t) &= [U_{cm} + k_a U_{\Omega m}\cos(\Omega t)]\cos(\omega_c t)\\ &= U_{cm}[1 + m_a\cos(\Omega t)]\cos(\omega_c t)\end{aligned} \tag{6.1.5}$$

式中

$$m_a = \frac{k_a U_{\Omega m}}{U_{cm}} \tag{6.1.6}$$

m_a 称为调幅指数或调幅度，表示载波振幅受调制信号控制的程度。

2. 普通调幅信号的波形

由式(6.1.5)可以得到调幅信号的波形，如图 6.1.2(c)所示。通过观察图 6.1.2(a)、(b)、(c)不难发现：

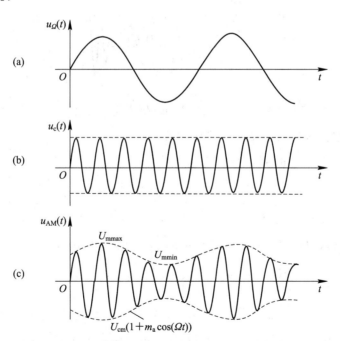

图 6.1.2　单频调制时普通调幅信号的波形

（1）已调信号(见图 6.1.2(c))波形中，虚线所表示的包络线形状与调制信号完全相同。这是因为普通调幅信号的包络反映振幅变化的规律，该包络可由式(6.1.5)中的 $U_{cm}(1 + m_a\cos(\Omega t))$ 来表示。

（2）普通调幅使载波信号的振幅发生了变化，但频率、相位保持不变。从图中可以看出，已调信号波形的疏密程度与载波信号的疏密程度是一样的。

（3）由图 6.1.2(c)可见，调幅信号的最大振幅和最小振幅分别为

$$\begin{cases} U_{mmax} = U_{cm}(1+m_a) \\ U_{mmin} = U_{cm}(1-m_a) \end{cases} \tag{6.1.7}$$

当 $m_a = 1$ 时，最小振幅等于零。由式(6.1.7)可知，m_a 可根据最大振幅和最小振幅由下式求得，即

$$m_a = \frac{U_{mmax} - U_{mmin}}{U_{mmax} + U_{mmin}} \tag{6.1.8}$$

如果 $m_a > 1$，则出现过调幅现象。在 $\Omega t = \pi$ 附近，$u_{AM}(t)$ 变为负值，其包络的形状已经不能反映调制信号 $u_\Omega(t)$ 的变化而出现失真，称为过调幅失真，如图 6.1.3(a)所示。在实际调幅电路中，由于过调幅引起电路中晶体管截止，示波器上看到的过调幅波形如图 6.1.3(b)所示。为避免失真，要求 $m_a \leqslant 1$。

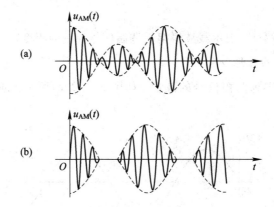

图 6.1.3 过调幅波形

3. 普通调幅信号的频谱结构和频谱宽度

将式(6.1.5)应用三角函数公式：

$$\cos\alpha \cdot \cos\beta = \frac{1}{2}[\cos(\alpha+\beta) + \cos(\alpha-\beta)]$$

展开，得

$$\begin{aligned} u_{AM}(t) &= U_{cm}\cos(\omega_c t) + m_a U_{cm}\cos(\Omega t)\cos(\omega_c t) \\ &= U_{cm}\cos(\omega_c t) + \frac{1}{2}m_a U_{cm}\cos(\omega_c + \Omega)t + \\ &\quad \frac{1}{2}m_a U_{cm}\cos(\omega_c - \Omega)t \end{aligned} \tag{6.1.9}$$

上式表明，单频调制的普通调幅信号可分解成 3 个不同频率的正弦波的叠加：角频率为 ω_c 的载波分量、角频率为 $\omega_c + \Omega$ 的上边频分量、角频率为 $\omega_c - \Omega$ 的下边频分量。载波分量的振幅为 U_{cm}，而两个边频分量的振幅为 $\frac{1}{2}m_a U_{cm}$。单频调制时普通调幅信号的频谱如图 6.1.4 所示。

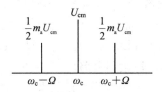

图 6.1.4　单频调制时普通调幅信号的频谱

由图 6.1.4 可得,调幅信号的频谱宽度 $\mathrm{BW}_{\mathrm{AM}}$ 为调制信号频谱宽度的两倍,即

$$\mathrm{BW}_{\mathrm{AM}} = 2F \tag{6.1.10}$$

4. 非余弦的周期信号调制

假设调制信号为非余弦的周期信号,其傅里叶级数展开式为

$$u_{\Omega}(t) = \sum_{n=1}^{n_{\max}} U_{\Omega \mathrm{m}n} \cos(n\Omega t) \tag{6.1.11}$$

则输出调幅信号为

$$
\begin{aligned}
u_{\mathrm{AM}}(t) &= [U_{\mathrm{cm}} + k_{\mathrm{a}} u_{\Omega}(t)]\cos(\omega_{\mathrm{c}}t) \\
&= \left[U_{\mathrm{cm}} + k_{\mathrm{a}} \sum_{n=1}^{n_{\max}} U_{\Omega \mathrm{m}n} \cos(n\Omega t)\right]\cos(\omega_{\mathrm{c}}t) \\
&= U_{\mathrm{cm}}\cos(\omega_{\mathrm{c}}t) + \frac{k_{\mathrm{a}}}{2} \sum_{n=1}^{n_{\max}} U_{\Omega \mathrm{m}n}[\cos(\omega_{\mathrm{c}}+n\Omega)t + \cos(\omega_{\mathrm{c}}-n\Omega)t] \\
&= U_{\mathrm{cm}}\cos(\omega_{\mathrm{c}}t) + \frac{1}{2}m_{\mathrm{a}1}U_{\mathrm{cm}}[\cos(\omega_{\mathrm{c}}+\Omega)t + \cos(\omega_{\mathrm{c}}-\Omega)t] + \\
&\quad \frac{1}{2}m_{\mathrm{a}2}U_{\mathrm{cm}}[\cos(\omega_{\mathrm{c}}+2\Omega)t + \cos(\omega_{\mathrm{c}}-2\Omega)t] + \cdots
\end{aligned}
\tag{6.1.12}
$$

式中, $m_{\mathrm{a}1} = \dfrac{k_{\mathrm{a}}U_{\Omega \mathrm{m}1}}{U_{\mathrm{cm}}}$, $m_{\mathrm{a}2} = \dfrac{k_{\mathrm{a}}U_{\Omega \mathrm{m}2}}{U_{\mathrm{cm}}}$, $\cdots$ 。由于非余弦的周期信号的各个低频分量的振幅不相等,因而各调幅指数也不相等。据式(6.1.12)可画出非余弦的周期信号调制时普通调幅信号的波形与频谱图,如图 6.1.5 所示。

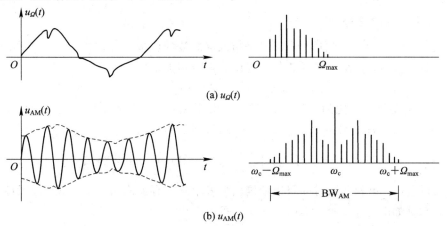

图 6.1.5　非余弦的周期信号调制

由图可以看到，$u_{AM}(t)$ 的频谱结构中，除载波分量外，还有一系列上、下边频分量，其角频率为 $(\omega_c \pm \Omega), (\omega_c \pm 2\Omega), \cdots, (\omega_c \pm n_{max}\Omega)$，我们称之为上、下边带。这些上、下边带分量将调制信号频谱不失真地搬移到载频 ω_c 两边，仅下边带频谱与调制信号频谱成倒置关系。所以，调幅电路属于频谱线性搬移电路。

由图 6.1.5 不难看出，调幅信号的频谱宽度为调制信号频谱宽度的两倍，即

$$\mathrm{BW}_{AM} = 2F_{max} \tag{6.1.13}$$

5. 调幅信号的功率

将式(6.1.9)所表示的调幅信号加到电阻 R_L 的两端，则可得到载波功率和每个边频功率分别为

$$P_c = \frac{1}{2} \frac{U_{cm}^2}{R_L} \tag{6.1.14}$$

$$P_{SB1} = P_{SB2} = \frac{1}{2}\left(\frac{m_a}{2}U_{cm}\right)^2 \frac{1}{R_L} = \frac{m_a^2}{4}P_0 \tag{6.1.15}$$

因此，调制信号的一个周期内，调幅信号输出的平均总功率为

$$P_{AM} = P_c + P_{SB1} + P_{SB2} = \left(1 + \frac{m_a^2}{2}\right)P_0 \tag{6.1.16}$$

式(6.1.14)和式(6.1.15)表明调幅信号的边频功率随 m_a 增加而增加。当 $m_a = 1$ 时，边频功率最大，由式(6.1.15)和式(6.1.16)知，这时上、下边频功率之和只有载波功率的一半，即等于调幅信号输出的平均总功率的 $\frac{1}{3}$。实际 m_a 在 $0.1 \sim 1$ 之间，其平均值约为 0.3，携带信息的边频所占整个调幅信号的功率还要更小。所以，从功率利用的角度来看，普通调幅是很不经济的。但由于这种调制方式设备简单，其解调电路更简单，便于信号接收，使用户的接收设备价廉，所以目前主要应用在中、短波无线电广播系统中。

为了提高功率的利用率，可以仅传输携带信息的边带而将载波抑制掉，这就是抑制载波的双边带与单边带调幅。

6.1.2 抑制载波的双边带和单边带调幅信号

1. 双边带调幅信号

抑制载波的双边带调幅信号(DSB)是指没有载波的调幅信号，由式(6.1.9)可知，若要得到这种调幅信号，只需要将载波信号与调制信号相乘即可，即

$$u_{DSB}(t) = k_a u_c(t) u_\Omega(t) \tag{6.1.17}$$

k_a 是由调制电路决定的比例系数。单频调制时，将式(6.1.1)代入上式，得

$$u_{DSB}(t) = k_a U_{cm}\cos(\omega_c t) \cdot U_{\Omega m}\cos(\Omega t)$$

$$= \frac{1}{2}k_a U_{\Omega m}U_{cm}[\cos(\omega_c + \Omega)t + \cos(\omega_c - \Omega)t] \tag{6.1.18}$$

由上式可以看出，单频调制时的双边带调幅信号中只含有上边频和下边频，而无载频分量，其波形和频谱如图 6.1.6 所示。由图 6.1.6 可以看出：

(1) 包络不再反映原调制信号的形状。

(2) 在 $u_\Omega(t) = 0$ 处，双边带调幅信号的波形发生了 $180°$ 的相位突变。

（3）由双边带调幅信号的频谱可见，双边带调幅的作用也是将调制信号的频谱不失真地搬移到载波两边，因此双边带调幅电路也是频谱线性搬移电路。

由图 6.1.6 可知，双边带调幅信号的频谱宽度为

$$\text{BW}_{\text{DSB}} = 2F \tag{6.1.19}$$

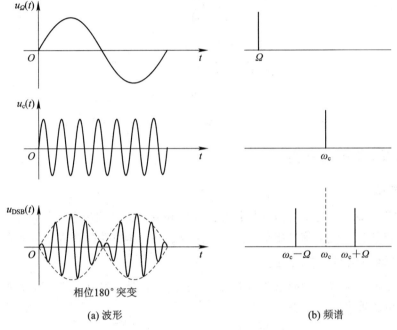

(a) 波形　　　　　　　　　　　　(b) 频谱

图 6.1.6　双边带调幅信号的波形和频谱

2. 单边带调幅信号

双边带调幅信号上、下边带都含有调制信号的全部信息，我们也可以只发射一个边带（上边带或下边带），这就是抑制载波的单边带调幅（SSB）。单边带调制已成为频道特别拥挤的短波无线电通信中最主要的一种调制方式。由式(6.1.18)可得单频调制时，单边带调幅信号的表达式为

$$\begin{cases} u_{\text{SSBH}}(t) = \dfrac{1}{2} k_{\text{a}} U_{\Omega\text{m}} U_{\text{cm}} \cos(\omega_{\text{c}} + \Omega)t & \text{上边频} \\[3mm] u_{\text{SSBL}}(t) = \dfrac{1}{2} k_{\text{a}} U_{\Omega\text{m}} U_{\text{cm}} \cos(\omega_{\text{c}} - \Omega)t & \text{下边频} \end{cases} \tag{6.1.20}$$

单边带调幅信号的波形及频谱如图 6.1.7 所示。

单边带调制不仅具有节省发射功率的优点，而且还可将已调信号的频谱宽度压缩一半，即

$$\text{BW}_{\text{SSB}} = F \tag{6.1.21}$$

一般信号调制时，单边带调幅信号的时域表达式推导比较困难，需借助希尔伯特（Hilbert）变换来表述，本书对此不再赘述。

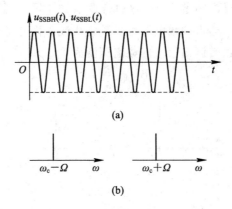

(a)

(b)

图 6.1.7　单频调制时单边带调幅信号的波形及频谱

6.1.3　调幅电路组成模型

1. 相乘器

调幅的关键在于实现调制信号与载波信号的相乘，所以调幅电路的基础是相乘器。相乘器是一种能够完成两个信号相乘功能的电路或器件，其种类和具体电路参见第 5 章。

2. 普通调幅电路组成模型

图 6.1.8 所示为普通调幅电路组成模型，它由相加器和相乘器组成，设相加器增益系数为 A，则电路输出的电压表达式为

$$
\begin{aligned}
u_{AM}(t) &= A\big[u_c(t) + A_M u_c(t) u_\Omega(t)\big] \\
&= U_{cm} A(1 + A_M U_{\Omega m}\cos(\Omega t))\cos(\omega_c t) \\
&= U_m(1 + m_a\cos(\Omega t))\cos(\omega_c t)
\end{aligned}
\tag{6.1.22}
$$

式中，$U_m = A U_{cm}$ 是未经调制输出的载波电压振幅；$m_a = A_M U_{\Omega m}$ 是调幅信号的调幅度。

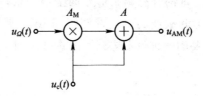

图 6.1.8　普通调幅电路组成模型

3. 双边带调幅电路组成模型

双边带调幅电路组成模型如图 6.1.9 所示，只需要将调制信号与载波信号直接相乘，便可获得双边带调幅信号。

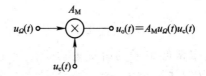

图 6.1.9　双边带调幅电路组成模型

4. 单边带调幅电路组成模型

单边带调幅信号产生的方法有滤波法和相移法两种。

1）滤波法

滤波法获得单边带调幅信号的电路模型如图 6.1.10 所示。先由相乘器得到双边带调幅信号，再用高频带通滤波器从双边带调幅信号中取出一个边带信号而滤除另一个边带信号。这种方法从原理上讲很简单，但对带通滤波器要求却很高，实际上不易做到。因为双边带调幅信号中，上、下边带衔接处的频率间隔 Δf 很窄，等于调制信号最低频率的两倍（$2F_{\min}$），比如对于常见 300～3400 Hz 的语音信号，$2F_{\min}$ 约为 600 Hz。这就要求带通滤波器在载波频率 f_c 处具有非常陡峭的滤波特性。这样的带通滤波器很难制作，并且 f_c 越高，相对带宽 $\Delta f/f_c$ 越小，制作越困难。实际中可以采用逐级滤波法降低实现单边带调幅信号的难度。

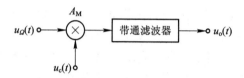

图 6.1.10　滤波法获得单边带调幅信号的电路模型

2）相移法

相移法获得单边带调幅信号的电路模型如图 6.1.11 所示，该方法省去了带通滤波器。图中假设 90°移相器的传输系数为 1。

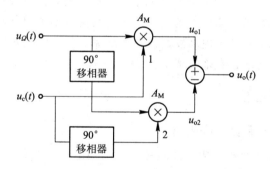

图 6.1.11　相移法获得单边带调幅信号的电路模型

设图中调制信号 $u_\Omega(t)$ 与载波信号 $u_c(t)$ 的表达式如式(6.1.1)和式(6.1.2)所示，则相乘器 1 与相乘器 2 的输出电压分别为

$$u_{o1}(t) = A_M U_{\Omega m} \cos(\Omega t) \cdot U_{cm} \cos(\omega_c t)$$

$$= \frac{1}{2} A_M U_{\Omega m} U_{cm} [\cos(\omega_c + \Omega)t + \cos(\omega_c - \Omega)t] \tag{6.1.23}$$

$$u_{o2}(t) = A_M U_{\Omega m} \cos\left(\Omega t - \frac{\pi}{2}\right) \cdot U_{cm} \cos\left(\omega_c t - \frac{\pi}{2}\right)$$

$$= A_M U_{\Omega m} U_{cm} \sin(\Omega t) \cdot \sin(\omega_c t)$$

$$= \frac{1}{2} A_M U_{\Omega m} U_{cm} [\cos(\omega_c - \Omega)t - \cos(\omega_c + \Omega)t] \tag{6.1.24}$$

将 $u_{o1}(t)$ 与 $u_{o2}(t)$ 相加，则得

$$u_{o1}(t) + u_{o2}(t) = A_M U_{\Omega m} U_{cm} \cos(\omega_c - \Omega)t$$

此时，上边带被抵消，两个下边带叠加后输出。

将 $u_{o1}(t)$ 与 $u_{o2}(t)$ 相减，则得

$$u_{o1}(t) - u_{o2}(t) = A_M U_{\Omega m} U_{cm} \cos(\omega_c + \Omega)t$$

此时，下边带被抵消，两个上边带叠加后输出。

相移法的困难在于，当调制信号 $u_\Omega(t)$ 是个频带信号时，要对 $u_\Omega(t)$ 中各个频率分量都能准确地移相 90° 是比较复杂的。实际中可将滤波法与相移法结合使用，形成相移滤波法单边带调幅电路。

6.2 调 幅 电 路

上一节分别介绍了普通调幅、双边带调幅和单边带调幅的电路模型，本节将继续对实际应用中的一些具体调幅电路进行讨论。调幅电路按输出功率的高低，可分为高电平调幅电路和低电平调幅电路。对调幅电路的主要要求是调制效率高、调制线性范围大、失真小等。

低电平调幅是将振幅调制和功率放大分开，调制在低电平级实现，再经线性功率放大器的放大，达到一定的功率后再发送出去。目前这种调制方式应用比较普遍，普通调幅、双边带调幅和单边带调幅信号都可以用低电平调幅电路获得。低电平调幅电路广泛采用二极管双平衡相乘器和双差分对模拟相乘器，其中，在几百兆赫兹工作频段以内双差分对模拟相乘器使用得更为广泛。

高电平调幅是将谐振功率放大器与调制电路合在一起，在较大功率电平的基础上进行调制，这种调制方式主要用于产生普通调幅信号。其优点是电路结构简单，已调信号可直接达到发射功率的要求，有利于提高发送设备的效率。许多广播发送设备都采用这种调幅方式。常用的高电平调制电路有基极调幅、集电极调幅等。

6.2.1 低电平调幅电路

1. 双差分对模拟相乘器调幅电路

采用双差分对模拟相乘器可构成性能优良的调幅电路，图 6.2.1 示出了采用 MC1496 构成的双边带调幅电路。该电路采用正、负双电源供电（$+V_{CC} = +12$ V，$-V_{EE} = -8$ V）。正电源通过电阻 R_8、R_9 分压，以便提供相乘器内部 $V_1 \sim V_4$ 晶体管的基极偏压；负电源通过 R_P、R_1、R_2 及 R_3、R_4 分压，以便提供相乘器内部 V_5、V_6 晶体管的基极偏压，R_P 称为载波调零电位器，调节 R_P 可使电路对称，减小载波信号输出。R_C 为输出端的负载电阻，接于 2、3 端的电阻 R_Y 用来扩大调制信号 u_Ω 的线性动态范围。

根据图 6.2.1 中负电源值及 R_5 的阻值，可得 $I_0/2 \approx 1$ mA，这样不难得到模拟相乘器各管脚的直流电位分别为

$$U_1 = U_4 \approx 0 \text{ V}, \ U_2 = U_3 \approx -0.7 \text{ V}, \ U_8 = U_{10} \approx 6 \text{ V}$$

$$U_6 = U_{12} = V_{CC} - \frac{R_C I_0}{2} = 8.1 \text{ V}, \ U_5 = -\frac{R_5 I_0}{2} = -6.8 \text{ V}$$

实际应用中，为了保证模拟相乘器 MC1496 正常工作，各引脚的直流电位应满足下列要求：

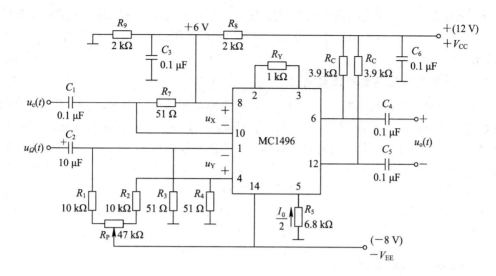

图 6.2.1 MC1496 模拟相乘器调幅电路

(1) $U_1 = U_4$，$U_8 = U_{10}$，$U_6 = U_{12}$；

(2) $U_6 - U_8 \geqslant 2$ V，$U_8 - U_4 \geqslant 2.7$ V，$U_4 - U_5 \geqslant 2.7$ V。

载波信号 $u_c(t) = U_{cm}\cos(\omega_c t)$ 通过电容 C_1、C_3 及 R_7 加到相乘器的输入端 8、10 脚，低频信号 $u_\Omega(t)$ 通过 C_2、R_3、R_4 加到相乘器的输入端 1、4 脚，输出信号可由 C_4 和 C_5 单端输出或双端输出。

输入失调电压调节：令 $u_\Omega(t) = 0$，即将 $u_\Omega(t)$ 输入端对地短路，只有载波 $u_c(t)$ 输入时，调节 R_P 使相乘器输出电压为零。但实际上模拟相乘器不可能完全对称，所以调节 R_P 输出电压一般不为零，故只需使输出载波信号为最小（一般为毫伏级）。若输出载波电压过大，则说明该器件性能不好。

低频调制信号 $u_\Omega(t)$ 的幅度不能过大，其最大值主要由 $I_0/2$ 与 R_Y 的乘积所限定，即

$$-\left(\frac{1}{4} I_0 R_Y + U_T\right) \leqslant u_\Omega(t) \leqslant \left(\frac{1}{4} I_0 R_Y + U_T\right) \tag{6.2.1}$$

式中，U_T 为温度电压当量，在常温 $T = 300$ K 时，$U_T \approx 26$ mV。若 $u_\Omega(t)$ 的幅度过大，输出调幅信号波形就会产生严重的失真。

工程上，载波信号常采用大信号输入，即 $U_{cm} \geqslant 260$ mA，这时双差分对晶体管在 $u_c(t)$ 的作用下工作在开关状态，调幅电路输出电压由式(5.3.20)可得

$$u_o = \frac{2R_C}{R_Y} u_\Omega(t) K_2(\omega_c t) \tag{6.2.2}$$

式中，$K_2(\omega_c t)$ 为受 $u_c(t)$ 控制的双向开关函数。

由式(6.2.2)可见，双差分对模拟相乘器工作在开关状态实现双边带调幅时，输出频谱比较纯净，只有 $(p\omega_c \pm \Omega)$（p 为奇数）的组合频率分量，只要用滤波器滤除高次谐波分量，便可得到抑制载波的双边带调幅信号（DSB 信号），而且调制失真很小。同时，这时输出幅度不受 U_{cm} 大小的影响。

如果调节图 6.2.1 中 R_P 使载波输出电压不为零，即可产生普通调幅信号（AM 信号）输出。因为调节 R_P 使载波输出不为零，实际上是使 1、4 两端直流电位不相等，这就相当

于在 u_Y 端输入了一个固定的直流电压 U_Q，使双差分对电路不对称，载波不能相互抵消而产生了输出，从而实现了普通调幅。为了调节 R_P 使 1、4 两端直流电位变化明显，可将 R_1、R_2 改用 750 Ω 的电阻。

2. 二极管双平衡相乘器调幅电路

采用二极管双平衡相乘器构成的双边带调幅电路如图 5.3.4 所示，二极管环形混频器组件的三个端口，若一个端口输入低频调制信号 $u_\Omega(t)$，另一个输入高频载波信号 $u_c(t)$，那么从第三个端口就可以得到双边带调幅信号。考虑混频组件变压器的低频特性较差，所以调制信号 $u_\Omega(t)$ 一般都加到两变压器的中心抽头上，即加到 I 端口，载波信号加到 L 端口，双边带调幅信号由 R 端口输出。另外，要求载波信号振幅足够大，使二极管工作在开关状态，同时使 $U_{\Omega m} \ll U_{cm}$。这时调幅电路输出电流的表达式可由例 5.3.1 的式(6)求得，此时式中 $u_1 = u_c(t)$、$\omega_1 = \omega_c$、$u_2 = u_\Omega(t)$、$\omega_2 = \Omega$。

6.2.2 高电平调幅电路

高电平调幅电路是在高电平级进行调制的，利用高频丙类谐振功率放大器的调制特性，将调制电路与高频丙类谐振功率放大器合二为一，在进行调制的同时实现了信号的功率放大。

1. 基极调幅电路

当高频丙类谐振功率放大器工作在欠压状态时，可以实现基极调幅。图 6.2.2 为基极调幅电路。

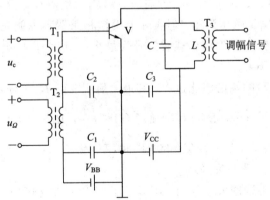

图 6.2.2　基极调幅电路

图 6.2.2 中载波信号经 T_1 耦合至晶体管基极，调制信号经变压器 T_2 耦合到基极。C_1 为低频耦合电容，用来为调制信号提供通路；C_2 为高频耦合电容，用来为载波信号提供通路，对低频信号相当于开路。基极电源 V_{BB} 保证晶体管工作在丙类状态。如果调制信号 $u_\Omega(t) = U_{\Omega m}\cos(\Omega t)$，则发射结两端的等效电源电压 $V_{BB}(t) = V_{BB} + U_{\Omega m}\cos(\Omega t)$。$V_{BB}(t)$ 随调制信号 $u_\Omega(t)$ 所变化时，输出电压的振幅跟随着变化，实现了调幅。集电极连接的 LC 选频网络的中心频率为载频，经变压器 T_3 耦合至输出端。C_3 为高频耦合电容，一是为输出高频信号提供通路；二是防止交流电流流过直流电压源 V_{cc}。

由于放大器在调制信号变化范围内始终工作在欠压状态，所以基极调幅电路的效率比较低。

2. 集电极调幅电路

当高频丙类功率放大器工作在过压状态时，可以实现集电极调幅。图 6.2.3 为集电极调幅电路。

图 6.2.3 中，T_1、T_2、T_3 为耦合变压器，LC 是中心频率为载频的选频网络。C_1 为高频旁路电容，用来为载波提供通路。调制信号 u_Ω 和直流电源 V_{CC} 叠加，等效为高频丙类功率放大器的集电极电源 $V_{CC}(t)$，$V_{CC}(t)=V_{CC}+U_{\Omega m}\cos(\Omega t)$。当高频丙类功率放大器工作在过压状态时，输出电压随着调制信号 u_Ω 的变化而变化，实现调幅。集电极调幅由于功率放大器工作在过压状态，所以能量转换效率比较高，适用于较大功率的调幅发送设备。

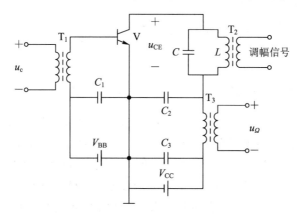

图 6.2.3　集电极调幅电路

高电平调幅也具有一定的缺点和局限性，首先它只能产生普通调幅信号，其次它的调制线性度较差，信号有失真。

6.3　振幅检波电路

6.3.1　调幅信号的解调

解调是调制的逆过程，从高频调幅信号中取出原调制信号的过程称为振幅解调，也称振幅检波，简称检波，实现检波功能的单元电路称为检波器。振幅检波方式可分为两大类，即包络检波和同步检波。输出电压直接反映高频调幅信号包络变化规律的检波电路称为包络检波电路。包络检波电路简单，但只适用于普通调幅信号的检波。同步检波需要输入与被解调的调幅信号的载波同频同相的同步信号(也称作恢复载波)，可以分为乘积型和叠加型两类，主要用于解调双边带和单边带调幅信号，当然也能用于普通调幅信号的解调，但因它比包络检波复杂，故很少采用它解调普通调幅信号。

振幅检波电路的输入信号是高频调幅信号，而输出是低频调制信号。从频谱关系上看，振幅检波电路在频域上的作用是将高频调幅信号的频谱不失真地由载频附近搬回到原来的零频附近，故振幅检波电路也是一种频谱线性搬移电路，如图 6.3.1 所示。

对振幅检波电路的主要要求是检波效率高，失真小，并具有较高的输入电阻。下面先对常用的二极管包络检波电路进行讨论，然后介绍常用的同步检波电路。

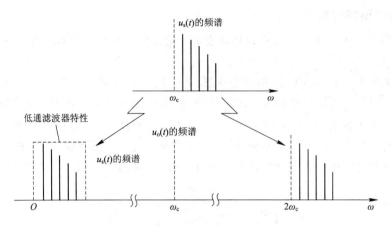

图 6.3.1　振幅检波电路的频谱搬移过程

6.3.2　二极管包络检波电路

由于普通调幅信号中含有载频分量，且调幅信号的包络与调制信号成正比，因此，可以直接利用非线性器件的频率变换作用来进行解调，称为包络检波。这种检波电路十分简单，性能优越，因而在解调普通调幅信号时，使用很广泛。根据电路及工作状态的不同，包络检波又分为峰值包络检波和平均值包络检波。峰值包络检波电路常见的是二极管峰值包络检波电路。二极管峰值包络检波电路有二极管串联型峰值包络检波电路和二极管并联型峰值包络检波电路，分别如图 6.3.2(a)、(b)所示，一般要求输入信号的幅度在 0.5 V 以上，通常为 1 V 左右，所以二极管处于大信号工作状态，故又称为大信号检波器。下面以二极管串联型峰值包络检波电路为例进行详细讲解，最后对其他形式的包络检波电路进行简略介绍。

1.　电路与工作原理

二极管串联型峰值包络检波电路如图 6.3.2(a)所示，它由二极管 V 和 RC 低通滤波器串联组成。图中输入电压 $u_s(t)$ 为普通调幅信号，二极管 V 一般选用锗材料制成，导通电压约为 0.1~0.2 V。

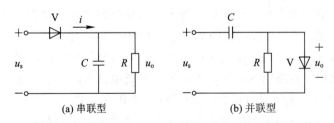

(a) 串联型　　　　　　　　　　(b) 并联型

图 6.3.2　二极管峰值包络检波电路

为了简化讨论，设二极管 V 的特性是自原点出发的折线。V 导通时折线的斜率为 $g_D = \dfrac{1}{r_D}$，其中 r_D 是二极管的导通电阻，V 截止时相当于开路。

如图 6.3.3(a)所示，设 $t=0$ 时，电容 C 上的电压 $u_C=0$。$u_s(t)$ 为正半周时，V 导通，$u_s(t)$ 通过二极管 V 给电容 C 充电。由于二极管的导通电阻 r_D 很小，充电时间常数 $\tau_充 \approx$

$r_D C$ 很小，使得充电过程很快，电容 C 上的电压 $u_C(t)$ 迅速上升。当 $u_C(t)$ 上升到 A 点时，V 两端电压 $u_D(t)=u_s(t)-u_C(t)=0$，V 截止，电容 C 通过负载 R 放电。在选取元件时，应使 $R \gg r_D$，所以放电时间常数 $\tau_放=RC \gg \tau_充=r_D C$，相对充电而言，电容放电极其缓慢，$u_C(t)$ 慢慢下降。当 $u_C(t)$ 下降至 B 点时，V 两端电压 $u_D(t)=u_s(t)-u_C(t)>0$，V 第二次导通，电容 C 第二次充电，$u_C(t)$ 迅速上升到接近 $u_s(t)$ 峰值的 C 点，V 再次截止，电容再次放电。以上过程不断重复，就得到了如图 6.3.3(a) 所示的电容电压波形 $u_C(t)$。因为 $u_o(t)=u_C(t)$，所以输出电压 $u_o(t)$ 的波形与输入高频电压 $u_s(t)$ 的峰值包络很接近，峰值包络检波由此得名。

虽然输出电压 $u_o(t)$ 顶部带有一些小的锯齿波纹，但只要 RC 足够大，输入高频电压频率足够高，这些锯齿波纹就可以忽略，即认为 $u_o(t)$ 为平滑的输出电压，如图 6.3.3(b) 所示。输出电压 $u_o(t)$ 经隔直电容后，取出交流分量，即可得到与低频调制信号很接近的检波输出。

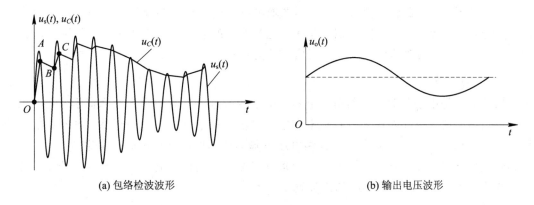

(a) 包络检波波形　　　　　　　　　　　　(b) 输出电压波形

图 6.3.3　二极管串联型峰值包络检波电路的波形

2. 主要性能

1) 检波效率 η_d

设检波电路输入调幅波电压为

$$u_s(t)=U_{sm}[1+m_a\cos(\Omega t)]\cos(\omega_c t)$$

由于包络检波电路输出电压与输入高频电压振幅（包络）成正比，所以检波器输出电压 u_o 可以写为

$$u_o=\eta_d U_{sm}[1+m_a\cos(\Omega t)]=\eta_d U_{sm}+\eta_d U_{sm}m_a\cos(\Omega t) \tag{6.3.1}$$

式中，η_d 称为检波电路的电压传输系数，又称检波效率，其值小于 1 且近似等于 1，实际电路中 η_d 在 80% 左右。

式(6.3.1) 中，$\eta_d U_{sm}$ 为检波器输出电压中的直流成分，记作 $U_o=\eta_d U_{sm}$，$\eta_d U_{sm}m_a\cos(\Omega t)$ 即为解调输出的原调制信号电压。

2) 输入电阻 R_i

对于高频输入信号源来说，检波电路相当于一个负载，此负载就是检波电路的输入电阻 R_i，它定义为输入高频载波电压的振幅 U_{sm} 与二极管电流中基波分量振幅 I_{1m} 之比，即

$$R_i=\frac{U_{sm}}{I_{1m}} \tag{6.3.2}$$

在信号的传输过程中能量是守恒的。检波电路从输入信号源获得的高频能量中，有一部分消耗在二极管的正向导通电阻上，其余部分转换为平均功率输出。由于二极管导通时间很短，消耗的功率可以忽略不计，当电压传输系数约为 1 时，$U_o \approx U_{sm}$，有

$$\frac{U_{sm}^2}{2R_i} \approx \frac{U_o^2}{R} \qquad (6.3.3)$$

可得

$$R_i \approx \frac{R}{2} \qquad (6.3.4)$$

为了减小检波电路对输入回路的负载效应，应增大输入电阻 R_i。因此负载电阻 R 也应增大，但负载电阻的增大受到检波电路的非线性失真的限制。

3. 检波器的失真

理想情况下，二极管峰值包络检波器的输出波形应与普通调幅信号的包络形状完全相同，但实际上二者之间会有些差别，也就是说检波器的输出信号有些失真。特别是电路参数选择不当时，二极管峰值包络检波器典型的失真有惰性失真和负峰切割失真。

1）惰性失真

惰性失真是由于负载电阻与负载电容所确定的电容放电时间常数太大而引起的。二极管峰值包络检波器依靠对电容进行充电和电容对电阻放电来检出包络形状。电容对电阻的放电是在二极管截止期间进行的，其端电压下降的速度取决于放电时间常数 $\tau_{放} = RC$。当电容端电压下降速度过慢时，检出的波形将不能跟踪包络的变化，如图 6.3.4 所示，这种失真叫惰性失真，又称为对角线切割失真。

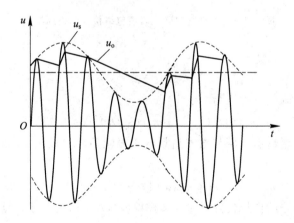

图 6.3.4　惰性失真波形

由图 6.3.4 不难看出，调制信号角频率 Ω 越高，调幅系数 m_a 越大，包络下降速度越快，惰性失真就越严重。要减小这种失真，必须减小 RC 的数值，使电容的放电速度加快。经数学分析可知，RC 的数值须满足下式：

$$RC \leqslant \frac{\sqrt{1-m_a^2}}{m_a \Omega} \qquad (6.3.5)$$

在多频调制时，作为工程估算，式(6.3.5)中的 m_a 应取最大调幅系数，Ω 应取最高调制角频率，因为在这种情况下最容易产生惰性失真。

2）负峰切割失真

检波器的输出信号含有直流成分，因此在和下级放大器相连时，一般采用图 6.3.5 所示的阻容耦合电路来避免对下级放大器静态工作点的影响。图中 C_L 为隔直流通交流的耦合电容，取 $5\sim30~\mu\mathrm{F}$。C_L 对低频调制信号相当于短路，R_L 为下级放大器的等效电阻。因此，检波器的直流负载电阻为 R，交流负载电阻为 $R/\!/R_L$。当检波器稳定工作时，C_L 上有一个近似恒定的直流电压 U_o，当检波效率近似为 1 时，$U_o\approx U_{sm}$。由于 C_L 比较大，在低频信号的一个周期内其端电压基本不变。这个端电压经电阻 R、R_L 分压，在 R 上会产生一个固定的直流电压 U_R：

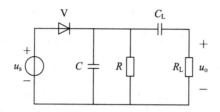

图 6.3.5　二极管串联型峰值包络检波器的实际电路

$$U_R=\frac{R}{R+R_L}U_o\approx\frac{R}{R+R_L}U_{sm} \tag{6.3.6}$$

对于二极管来说，U_R 是一个反偏电压，当输入调幅信号的电压小于 U_R 时，会使二极管截止，输出电压的底部会被切割。我们把这种失真称为底部切割失真，又叫负峰切割失真，如图 6.3.6 所示。

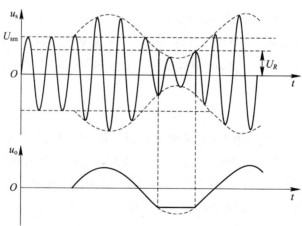

图 6.3.6　二极管串联型峰值包络检波器的负峰切割失真

所以，为了避免产生负峰切割失真，调幅信号的电压最小幅度 $U_{sm}(1-m_a)$ 必须大于或等于 U_R，即

$$U_{sm}(1-m_a)\geqslant\frac{R}{R+R_L}U_{sm} \tag{6.3.7}$$

由上式可得到不产生负峰切割失真的条件为

$$m_a\leqslant\frac{R_L}{R+R_L}=\frac{R/\!/R_L}{R} \tag{6.3.8}$$

上式表明，交、直流负载电阻越接近，不产生负峰切割失真所允许的 m_a 越接近于 1。反之，当 m_a 一定时，要求不出现负峰切割失真，就必须限制交、直流负载电阻的差别。或者说，当 m_a 一定时，R_L 越大、R 越小，负峰切割失真就越不容易产生。

为了不产生负峰切割失真，常用的方法是在 R 和 R_L 之间插入高输入阻抗的射极跟随器，如图 6.3.7(a) 所示；或者将检波电容 C、检波电阻 R 分解为两部分，以便减小交、直流负载的差别，如图 6.3.7(b) 所示。

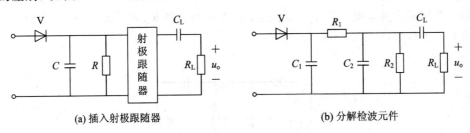

(a) 插入射极跟随器　　　　　　　　　　(b) 分解检波元件

图 6.3.7　二极管串联型峰值包络检波器的改进电路

在图 6.3.7(b) 所示电路中，为了减小交、直流负载的差别，将检波电阻 R 分成两部分：R_1 和 R_2，R_L 通过隔直电容 C_L 并接在 R_2 两端。当 $R=R_1+R_2$ 维持一定时，R_1 越大，交、直流负载电阻值的差别就越小，产生负峰切割失真的可能性也越小，但这时输出的低频电压也越小，即电压传输系数减小。为了兼顾失真和电压传输系数，实用电路中常取 $R_1=(0.1\sim0.2)R_2$。此外，电路中 R_2 上还并联了电容 C_2，这是为了进一步滤除高频分量，提高检波器的高频滤波能力。

4. 二极管峰值包络检波器的元件选择

二极管峰值包络检波器元件的选择原则是：既要满足给定的非线性失真指标，又要提供尽可能大的检波效率和输入电阻。其关键除了正确选用二极管外，最主要的是合理选择 R 和 C。

1）二极管的选择

为了提高检波效率，应选用正向导通电阻 r_D 小、反向电阻大并且极间电容 C_D 小（或最高工作频率高）、导通电压低的二极管，如选用点接触式锗二极管（如国产 2AP1～2AP30 等）。

此外，还可以根据需要给二极管外加正向偏置电压，以克服二极管截止电压的影响。一般使二极管的静态工作电流在 $20\sim50\ \mu\text{A}$ 左右。

2）R 和 C 的选择

从提高检波效率和减少锯齿纹波的角度考虑，RC 应尽可能大，工程上通常取

$$RC \geqslant \frac{5\sim10}{\omega_c}$$

但为了避免产生惰性失真，RC 又不宜过大，即

$$RC \leqslant \frac{\sqrt{1-m_{a\max}^2}}{m_{a\max}\Omega_{\max}}$$

因此，可供选取的放电时间常数 RC 的取值范围为

$$\frac{5\sim10}{\omega_c}\leqslant RC\leqslant\frac{\sqrt{1-m_{amax}^2}}{m_{amax}\Omega_{max}} \tag{6.3.9}$$

RC 的取值确定后，再具体分配 R 和 C 的值。一般先确定 R 的值。从提高输入电阻 R_i 的角度考虑，R 应尽可能大，由式(6.3.4)可知，要求 $R>2R_i$。但为了避免产生负峰切割失真，R 又应尽可能小，由式(6.3.8)可知，要求 $R\leqslant\dfrac{1-m_{amax}}{m_{amax}}R_L$。因此，$R$ 的取值范围为

$$2R_i\leqslant R\leqslant\frac{1-m_{amax}}{m_{amax}}R_L \tag{6.3.10}$$

并且尽量取 R 为上述取值范围的上限值。当 R 确定后，根据式(6.3.9)可定出 C 的值。

5. 包络检波电路的其他形式

1）二极管并联型峰值包络检波电路

如果检波电路输入端的高频信号源不是纯交流的，而是叠加在某个直流电压基础上的交直流混合信号源，则检波不能采用前面讨论的二极管串联型峰值包络检波电路，这时可以采用二极管并联型峰值包络检波电路，如图 6.3.2(b)所示。因为二极管与负载 R 并联，故称为二极管并联型峰值包络检波电路，该检波电路在测量仪表中应用较多。

与二极管串联型峰值包络检波电路不同的是，二极管并联型峰值包络检波电路输出电压 u_o 中不仅含有直流和低频电压，还含有输入高频电压。因此，输出端还需加接低通滤波器，以便将高频成分滤除，具体电路如图 6.3.8 所示，图中虚线右边 R_1、C_1 组成低通滤波器电路。

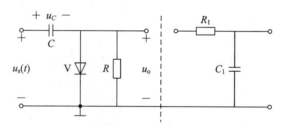

图 6.3.8　接低通滤波器的二极管并联型峰值包络检波电路

二极管并联型峰值包络检波电路与二极管串联型峰值包络检波电路的工作原理相似。二极管两端电压 $u_D(t)$ 就是检波电路的输出电压 $u_o(t)$，而 $u_D(t)=u_s(t)-u_C(t)$。当 $u_D>0$ 时，V 导通，$u_s(t)$ 给 C 快速充电，充电时间常数 $r_D C$ 很小，这时输出电压为近似恒定的零点几伏；当 $u_D\leqslant0$ 时，V 截止，$u_C(t)$ 和 $u_s(t)$ 合起来给 R 缓慢放电，放电时间常数 RC 很大。所以输出电压 $u_o(t)=u_D(t)$ 是单方向的脉冲电压，如图 6.3.9(b)所示。这个单方向（负方向）的脉冲电压的平均值（直流成分）就是解调的低频调制信号的电压，如图 6.3.9(b)虚线所示。

与二极管串联型峰值包络检波电路相比，由于二极管并联型峰值包络检波电路中 R 通过 C 直接与输入信号源并联，因而 R 必然消耗输入高频信号的功率。根据能量守恒原理，可以求得二极管并联型峰值包络检波电路的输入电阻为

$$R_i\approx\frac{1}{3}R \tag{6.3.11}$$

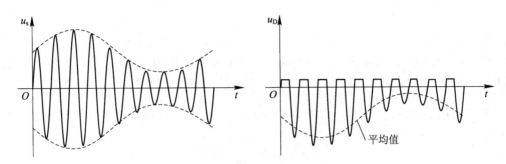

图 6.3.9　二极管并联型峰值包络检波电路的波形

2) 三极管平均值包络检波电路

平均值包络检波电路是将调幅波经半波整流后，得到单方向变化的脉冲调幅波，然后提取其平均值来完成检波。三极管平均值包络检波电路如图 6.3.10(a)所示，三极管 V 的静态工作点由 V_{BB} 决定，设置在导通与截止的交界点上，当 $u_s(t)=0$ 时，V 处于截止状态。

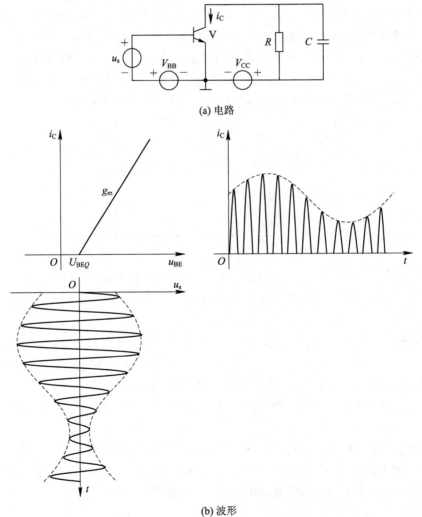

(a) 电路

(b) 波形

图 6.3.10　三极管平均值包络检波电路

将三极管转移特性曲线用折线表示，设 $u_s(t)$ 为单频调制普通调幅信号，则集电极电流 $i_C(t)$ 为半周的余弦脉冲序列，如图 6.3.10(b) 所示。

设 $u_s(t) = U_{sm}[1 + m_a\cos(\Omega t)]\cos(\omega_c t)$，$g_m$ 为三极管的转移电导，$K_1(\omega_c t)$ 是受载波控制的单向开关函数，由式 (5.2.20) 则有

$$i_C(t) = g_m u_s(t) K_1(\omega_c t)$$

$$= g_m U_{sm}[1 + m_a\cos(\Omega t)]\cos(\omega_c t) \cdot \left[\frac{1}{2} + \frac{2}{\pi}\cos(\omega_1 t) - \frac{2}{3\pi}\cos(3\omega_1 t) + \frac{2}{5\pi}\cos(5\omega_1 t) + \cdots\right]$$

其中平均电流分量为

$$I_{Cav} = \frac{1}{\pi} g_m U_{sm}[1 + m_a\cos(\Omega t)]$$

如果 R 和 C 组成的低通滤波器具有理想滤波特性，能够完全滤除 ω_c 及 ω_c 的各次谐波分量，则输出电压 $u_o(t)$ 为

$$u_o(t) = u_{av}(t) = -I_{Cav}R = -\frac{g_m R}{\pi} U_{sm}[1 + m_a\cos(\Omega t)] \tag{6.3.12}$$

由式 (6.3.12) 可见，输出电压正比于平均电流分量，而平均电流分量又正比于输入调幅波包络变化，故输出电压不失真地反映了输入调幅波的包络变化。因为该电路的输出电压是从输入信号半波波形中的平均值而得到的，故称为平均值包络检波电路。

6.3.3　同步检波电路

包络检波只能解调包络随调制信号规律变化的普通调幅信号，不能解调双边带调幅和单边带调幅信号。同步检波主要用于双边带调幅和单边带调幅信号的解调，又称相干检波，检波时需要同时加入与载波信号同频、同相的同步信号(恢复载波)。同步检波电路有两种，一种为乘积型同步检波电路，另一种为叠加型同步检波电路。

1. 乘积型同步检波电路

乘积型同步检波电路原理图如图 6.3.11 所示。

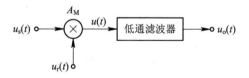

图 6.3.11　乘积型同步检波电路原理图

设输入信号 $u_s(t)$ 为双边带调幅信号，即

$$u_s(t) = U_{sm}\cos(\Omega t) \cdot \cos(\omega_c t)$$

同步信号为

$$u_r(t) = U_{rm}\cos(\omega_c t)$$

则相乘器输出电压为

$$u(t) = A_M u_s(t) u_r(t) = A_M U_{sm} U_{rm}\cos(\Omega t) \cdot \cos^2(\omega_c t)$$

$$= A_M U_{sm} U_{rm}\cos(\Omega t) \cdot \frac{1 + \cos(2\omega_c t)}{2}$$

$$= \frac{1}{2} A_M U_{sm} U_{rm}\cos(\Omega t) + \frac{1}{2} A_M U_{sm} U_{rm}\cos(\Omega t) \cdot \cos(2\omega_c t)$$

式中，右边第一项是所需的解调输出电压，而第二项为高频分量，可被低通滤波器滤除。所以，低通滤波器输出电压为

$$u_o(t) = \frac{1}{2} A_M U_{sm} U_{rm} \cos(\Omega t) = U_{om} \cos(\Omega t)$$

可见，图 6.3.11 所示电路可对双边带调幅信号进行解调。

设输入信号 $u_s(t)$ 为单边带调幅信号（上边带），即

$$u_s(t) = U_{sm} \cos(\omega_c + \Omega)t$$

同步信号仍然为

$$u_r(t) = U_{rm} \cos(\omega_c t)$$

则相乘器输出电压为

$$
\begin{aligned}
u(t) &= A_M u_s(t) u_r(t) \\
&= A_M U_{sm} \cos(\omega_c + \Omega)t \cdot U_{rm} \cos(\omega_c t) \\
&= \frac{1}{2} A_M U_{sm} U_{rm} \cos(\Omega t) + \frac{1}{2} A_M U_{sm} U_{rm} \cos(2\omega_c + \Omega)t
\end{aligned}
$$

低通滤波器的输出电压为

$$u_o(t) = \frac{1}{2} A_M U_{sm} U_{rm} \cos(\Omega t) = U_{om} \cos(\Omega t)$$

可见，图 6.3.11 所示电路也可对单边带调幅信号进行解调。

根据图 6.3.11 所示的原理电路，在通信及电子设备中广泛采用二极管环形相乘器和双差分对模拟相乘器构成同步检波电路。二极管环形相乘器既可用作调幅（见 6.2.1 小节），也可用作解调，但两者信号的接法刚好相反。同样地，考虑混频组件变压器低频特性较差，常把输入高频同步信号 $u_r(t)$ 和高频调幅信号 $u_s(t)$ 分别从变压器 T_1 和 T_2 接入（见图 5.3.4），将含有低频分量的相乘输出信号从 T_1、T_2 的中心抽头处取出，再经低通滤波器即可检出原调制信号。若同步信号振幅比较大，则使二极管工作在开关状态，就可减小检波失真。

图 6.3.12 所示为采用 MC1596 双差分对模拟相乘器组成的同步检波电路。图中，电源采用 12 V 单电源供电，所以 5 端通过 10 kΩ 电阻接到电源正极。高频调幅信号 $u_s(t)$ 通过

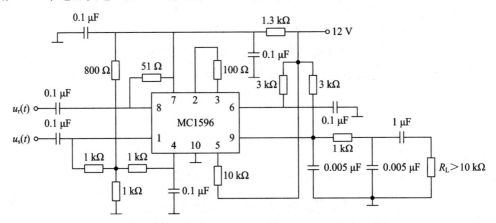

图 6.3.12　MC1596 乘积型同步检波电路

$0.1\ \mu$F 耦合电容加到 1 端，其振幅可以很小，即使在几毫伏以下也能获得不失真的解调。同步信号 $u_r(t)$ 通过 $0.1\ \mu$F 耦合电容加到 8 端，电平大小（$50\sim500$ mV 之间）只要求能使双差分对晶体管工作在开关状态即可。输出端 9 经低通滤波器（由两个 $0.005\ \mu$F 电容和一个 1 kΩ 电阻组成）和一个 $1\ \mu$F 耦合电容取出所需解调信号。

2. 叠加型同步检波电路

叠加型同步检波电路原理图如图 6.3.13 所示。它将需解调的调幅信号与同步信号先进行叠加，然后用包络检波电路进行解调。

设输入信号 $u_s(t)$ 为双边带调幅信号，即

$$u_s(t)=U_{sm}\cos(\Omega t)\cdot\cos(\omega_c t)$$

同步信号为

$$u_r(t)=U_{rm}\cos(\omega_c t)$$

则它们相叠加后的信号为

$$u_i(t)=u_r(t)+u_s(t)=U_{rm}\cos(\omega_c t)+U_{sm}\cos(\Omega t)\cdot\cos(\omega_c t)$$

$$=U_{rm}\left[1+\frac{U_{sm}}{U_{rm}}\cos(\Omega t)\right]\cdot\cos(\omega_c t) \tag{6.3.13}$$

式（6.3.13）说明，当 $U_{rm}>U_{sm}$ 时，$m_a=\dfrac{U_{sm}}{U_{rm}}<1$，叠加后的信号为不失真的普通调幅信号，通过包络检波电路即可解调出所需的调制信号。令包络检波电路的检波效率为 η_d，则检波输出电压为

$$u_o=\eta_d U_{rm}\left[1+\frac{U_{sm}}{U_{rm}}\cos(\Omega t)\right]$$

$$=\eta_d U_{rm}+\eta_d U_{sm}\cos(\Omega t)=U_0+u_\Omega(t) \tag{6.3.14}$$

式中，$U_0=\eta_d U_{rm}$ 为解调输出的直流分量，$u_\Omega(t)=\eta_d U_{sm}\cos(\Omega t)$ 为解调输出的低频调制信号。

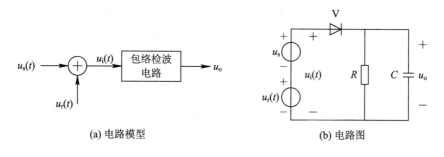

(a) 电路模型　　　　　　　　　　　(b) 电路图

图 6.3.13　叠加型同步检波电路原理图

设输入信号 $u_s(t)$ 为单边带调幅信号（上边带），即

$$u_s(t)=U_{sm}\cos[(\omega_c+\Omega)t]$$

同步信号仍然为

$$u_r(t)=U_{rm}\cos(\omega_c t)$$

则叠加后的信号为

$$u_i(t)=u_r(t)+u_s(t)=U_{rm}\cos(\omega_c t)+U_{sm}\cos[(\omega_c+\Omega)t]$$

$$=U_{rm}\left[1+\frac{U_{sm}}{U_{rm}}\cos(\Omega t)\right]\cos(\omega_c t)-U_{sm}\sin(\Omega t)\sin(\omega_c t)$$

$$=U_m\cos(\omega_c t+\varphi) \tag{6.3.15}$$

式中

$$U_m=\sqrt{[U_{rm}+U_{sm}\cos(\Omega t)]^2+[U_{sm}\sin(\Omega t)]^2} \tag{6.3.16}$$

$$\varphi=-\arctan\left[\frac{U_{sm}\sin(\Omega t)}{U_{rm}+U_{sm}\cos(\Omega t)}\right] \tag{6.3.17}$$

当 $U_{rm}\gg U_{sm}$ 时，式(6.3.16)和式(6.3.17)可近似为

$$U_m=U_{rm}\sqrt{\left[1+\frac{U_{sm}}{U_{rm}}\cos(\Omega t)\right]^2+\left[\frac{U_{sm}}{U_{rm}}\sin(\Omega t)\right]^2}$$

$$\approx U_{rm}\sqrt{1+\frac{2U_{sm}}{U_{rm}}\cos(\Omega t)}$$

$$\approx U_{rm}\left[1+\frac{U_{sm}}{U_{rm}}\cos(\Omega t)\right] \tag{6.3.18}$$

$$\varphi\approx 0 \tag{6.3.19}$$

由式(6.3.16)和式(6.3.17)可见，两个不同频率的高频信号电压叠加后的合成电压是振幅及相位都随时间变化的调幅调相信号，当两者幅度相差较大时，近似为普通调幅信号，可以由包络检波电路进行解调。叠加后的电压振幅按两者频差规律变化的现象称为差拍现象，有时把这种检波称为差拍检波。

3. 同步检波电路同步信号的产生

同步信号(恢复载波)与发送端载波信号必须严格保持同频同相，否则就会引起解调失真。当相位相同而频率不等时，将产生明显的解调失真。当频率相等而相位不同时，检波输出将产生相位失真。因此，产生一个与载波同频同相的同步信号是极为重要的。针对不同的调幅信号类型，产生同步信号的方法分别如下：

(1) 对于普通调幅信号，因为其包含载频，所以通过限幅放大器即可得到同步信号。

(2) 对于双边带调幅信号，同步信号可以直接从输入的双边带调幅信号中提取，即将双边带调幅信号取平方：

$$u_s^2=(U_{sm}\cos\Omega t)^2\cos^2(\omega_c t)=[U_{sm}\cos(\Omega t)]^2\frac{1+\cos(2\omega_c t)}{2} \tag{6.3.20}$$

再将式(6.3.20)经过限幅以后，从中取出角频率为 $2\omega_c$ 的分量，经二分频器分频、限幅放大器放大，就可以将它变换成角频率为 ω_c 的同步信号。

(3) 对于单边带调幅信号，同步信号无法从接收信号中提取出来。为了产生同步信号，往往在发送端发送单边带调幅信号的同时，附带发送一个导频信号。所谓导频信号，是指功率远低于边带信号功率的载波信号。这时接收端有两种方法产生同步信号。一种是将导频信号放大后当作同步信号；另一种方法是用导频信号去控制接收端的载波振荡器，使之输出的同步信号与发送端载波信号同步。

如果发送端不发送导频信号，也可以在发送端和接收端都采用频率稳定度很高的石英晶体振荡器或频率合成器，以使两者的频率稳定不变。但是，要使两者严格同步是不可能

的,只能使同步信号与发送端载波信号的频率在误差容许范围之内。

6.4 混 频 电 路

6.4.1 混频的基本原理

1. 混频的概念

混频是指将已调信号的载频变换成另一载频(称为中频),变换后新载频已调信号(称为中频信号)的调制类型(调幅、调频等)和调制参数(如调制频率、调制系数等)均不改变。实现混频的装置称为混频器。混频器是超外差式接收机的重要组成部分,也广泛应用于通信及其他电子设备(如频率合成器等)中。混频器的输入、输出波形如图 6.4.1 所示。它有两个输入信号,一个是输入已调信号 $u_s(t)$,其频率为载频 f_c;另一个是本振信号 $u_L(t)$,其频率为本振频率 f_L。本振信号是由本地振荡器产生的高频等幅正弦信号。混频器的输出为中频 f_I 的中频信号 $u_I(t)$。图 6.4.1 所示输入已调信号 $u_s(t)$ 为普通调幅信号,输出中频信号 $u_I(t)$ 仍为包络保持不变的普通调幅信号,但载频 f_c 变换为中频 f_I 了。

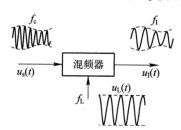

图 6.4.1 混频器的输入、输出波形

混频器输出的中频频率可取输入信号频率 f_c 与本振频率 f_L 的和频或差频,即

$$f_I = |\pm f_c \pm f_L|$$

即

$$\begin{cases} f_I = f_c + f_L \\ f_I = f_c - f_L & f_c > f_L \\ f_I = f_L - f_c & f_c < f_L \end{cases} \tag{6.4.1}$$

其中,$f_I > f_c$ 的混频称为"上混频",$f_I < f_c$ 的混频称为"下混频"。一般民用接收设备如收音机、电视机等采用"下混频";在通信设备中,为了避免某些干扰,有时采用"上混频"。调幅广播收音机一般采用中频 $f_I = f_L - f_c$,它的中频规定为 465 kHz,属于"下混频"。它的接收信号的载频 f_c 的范围为 535~1605 kHz,当接收不同电台信号时,本振信号频率 $f_L = f_c + f_I$ 就应随不同电台信号载频 f_c 变化而变化。比如收听载频 $f_c = 1000$ kHz 的电台时,本振信号频率 f_L 应为 1465 kHz;而在收听载频 $f_c = 840$ kHz 的电台时,本振信号频率 f_L 就应变为 1305 kHz。本振信号频率 f_L 总比电台信号载频 f_c 高一个中频 465 kHz,这是通过同轴旋转的双连电容器实现的,详见 6.4.2 节。调频(FM)广播收音机中频规定为 10.7 MHz,相应接收电台信号的载频 f_c 范围为 88~108 MHz,也属于"下混频"。

从频谱变换的角度来看，混频的作用就是将已调信号的频谱不失真地从载频 f_c 搬移到中频 f_I 的位置上，因此，混频电路是一种典型的频谱线性搬移电路。可以用相乘器和带通滤波器来实现这种搬移，也可以利用器件或电路非线性特性中的乘积项来完成频谱搬移。实际应用中的混频器分为乘积型和叠加型两类，其电路模型如图 6.4.2(a)、(b)所示。图 6.4.3 示出了乘积型混频器频谱搬移前后的各信号的频谱图。

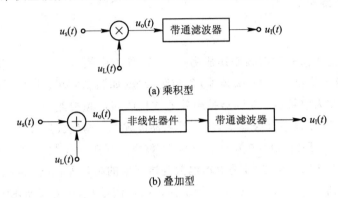

(a) 乘积型

(b) 叠加型

图 6.4.2　混频器电路模型

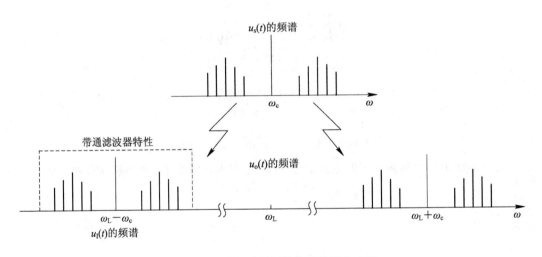

图 6.4.3　乘积型混频器的频谱搬移过程

原则上，凡是具有相乘功能的器件都可用来构成混频电路。目前高质量的通信设备中广泛采用二极管环形混频器和双差分对模拟相乘器，而在早期通信设备中几乎都采用单管晶体管混频器。近年来随着半导体器件制造工艺的发展，性能优越的超高频三极管能够大批量生产，从而使电路简单、变频增益高的晶体管混频器又重新出现在现代通信电路中。

2. 混频器的主要性能指标

混频器的性能指标主要有：混频增益、噪声系数、失真与干扰、选择性等。

1）混频增益

混频增益分为电压增益和功率增益，电压增益定义为输出中频电压 U_I 与输入高频信号电压 U_s 之比；功率增益定义为输出中频信号的功率 P_I 与输入高频信号功率 P_s 之比，即

$$\begin{cases} A_{uc} = \dfrac{U_{\mathrm{I}}}{U_{\mathrm{s}}} \\[2mm] A_{Pc} = \dfrac{P_{\mathrm{I}}}{P_{\mathrm{s}}} \end{cases} \tag{6.4.2}$$

用分贝数表示，即

$$\begin{cases} A_{uc} = 20\lg \dfrac{U_{\mathrm{I}}}{U_{\mathrm{s}}} \\[2mm] A_{Pc} = 10\lg \dfrac{P_{\mathrm{I}}}{P_{\mathrm{s}}} \end{cases} \tag{6.4.3}$$

一般要求混频增益较大，这样有利于接收设备灵敏度的提高。

对于二极管环形混频电路，因混频增益小于 1，故用混频损耗 L_{c} 来表示，L_{c} 定义式为

$$L_{\mathrm{c}} = 10\lg \dfrac{P_{\mathrm{s}}}{P_{\mathrm{I}}} \tag{6.4.4}$$

2）噪声系数

混频器的噪声系数 N_{F} 是指输入高频信号的信噪比与输出中频信号的信噪比之比，即为

$$N_{\mathrm{F}} = 10\lg \dfrac{(P_{\mathrm{s}}/P_{\mathrm{n}})_{\mathrm{i}}}{(P_{\mathrm{I}}/P_{\mathrm{n}})_{\mathrm{o}}} \tag{6.4.5}$$

混频器的噪声系数与混频器所用的器件及器件的工作点有关。由于混频器处于接收设备的前端，它的噪声电平高低对整机有较大的影响，因此要选用低噪声器件和适当选择器件工作点，以降低混频器的噪声。混频器动态范围的下限电平就是由噪声系数确定的最小输入功率电平。

3）失真与干扰

混频器的失真是指输出中频信号的频谱结构相对于输入高频信号的频谱结构产生的变化，人们希望这种变化越小越好。

由于混频依靠器件或电路的非线性特性来完成，因此在混频过程中除了中频分量外，还有许多无用的频率分量，即会产生各种非线性干扰，如组合频率、交叉调制、互相调制等干扰。这些干扰将会严重地影响通信质量，因此要求混频器对此应能有效抑制。

4）选择性

混频器的选择性是指中频输出带通滤波器的选择性，要求它应具有较理想的幅频特性，即矩形系数尽量接近于 1。

6.4.2　混频电路

1. 二极管环形混频器

二极管环形混频器的电路原理见 5.3.1 小节，本节仅介绍二极管环形相乘器作为混频器的使用方法。图 6.4.4 所示是采用图 5.3.4 所示二极管环形混频器组件构成的混频电路，图中 R 端所接 u_{s}、R_{s1} 为输入信号源，L 端所接 u_{L}、R_{s2} 为本振信号源，I 端所接 R_{L} 为中频信号的负载。为了保证二极管工作在开关状态，本振信号 u_{L} 的功率必须足够大，而输入

信号 u_s 功率必须远小于本振信号的功率。实际二极管环形混频器组件各端口的匹配阻抗均为 50 Ω，应用时各端口都必须接入滤波匹配网络，分别实现混频器与输入信号源、本振信号源、输出负载之间的阻抗匹配。

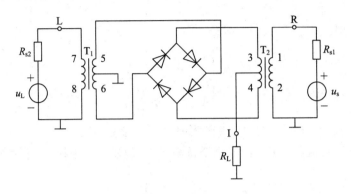

图 6.4.4 二极管环形混频电路

二极管环形混频器长期以来都是高性能通信设备中应用最广泛的一种混频器，虽然目前双差分对模拟相乘器产品性能不断改善和提高，使用也越来越广泛，但在微波波段仍广泛使用二极管环形混频器组件。二极管环形混频器的主要优点是工作频带宽，可达到几千兆赫兹，噪声系数低，混频失真小，动态范围大等，但其主要缺点是没有混频增益，不便于集成化。

2. 双差分对混频器

双差分对模拟相乘器混频器主要优点是混频增益大，输出信号频谱纯净，混频干扰小，对本振信号的电压的大小无严格的限制，端口之间隔离度高。其主要缺点是噪声系数较大。

图 6.4.5 所示是用 MC1596 双差分对模拟相乘器构成的混频电路。图中，本振信号的电压 u_L 由 8 端输入，输入信号电压 u_s 由 1 端输入。7 端交流电位为零，6 端和 9 端分别通过 100 μH 的电感与电源正极 $+V_{CC}$ 相接。混频后的中频($f_I = 9$ MHz)电压由 6 端经 π 形带

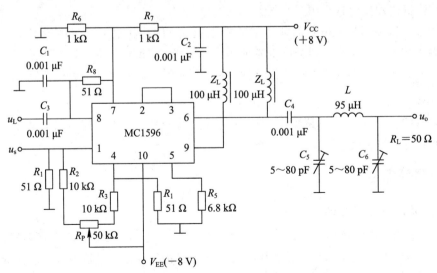

图 6.4.5 MC1596 构成的混频电路

通滤波器输出。为了减小输出信号波形失真，1 端与 4 端间接有调平衡的电路，使用时应仔细调整。

3. 晶体管混频电路

图 6.4.6 所示为晶体管混频电路原理图。输入信号 u_s 和本振信号 u_L 都由基极输入，输出回路调谐在中频 $f_I = f_L - f_c$ 上。由图可见，$u_{BE} = V_{BB} + u_L + u_s$。一般情况下 u_L 为大信号，u_s 为小信号，即 $u_{Lm} \gg u_{sm}$，晶体管工作在线性时变工作状态。

晶体管混频电路是利用晶体管转移特性的非线性特性实现混频的。在图 6.4.6 中，直流偏置 V_{BB} 与本振信号电压 u_L 相叠加，即 $V_{BB}(t) = V_{BB} + u_L$，作为晶体管的等效偏置电压，使晶体管的工作点按 u_L 的变化规律随时间而变化，因此将 $V_{BB}(t)$ 称为时变基极偏置电压。输入 u_s 时晶体管即工作在线性时变状态，其集电极电流 i_C 中将产生 f_L 和 f_c 的和差频率分量及其他组合频率分量，经过谐振回路便可取出中频 $f_I = f_L - f_c$ 的信号。当晶体管转移特性为一平方律曲线时，其混频的失真和无用组合频率分量输出都很小。

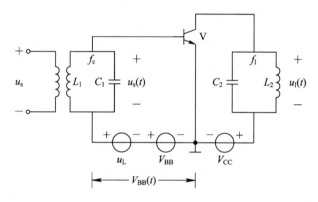

图 6.4.6　晶体管混频电路原理图

图 6.4.7 所示为中波调幅广播收音机中常用的混频电路，此电路混频和本振都由一个晶体管 V 完成，故又称为变频电路，中频 $f_I = f_L - f_c = 465$ kHz。下面分别简要介绍电路各部分的组成或作用。

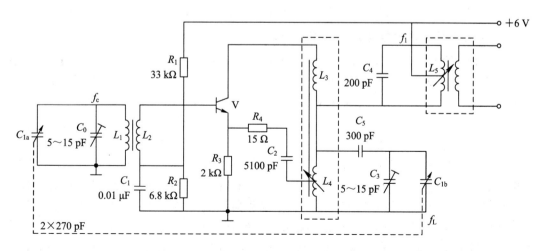

图 6.4.7　中波调幅广播收音机中常用的混频电路

（1）输入回路：图中天线线圈 L_1、C_0、C_{1a} 组成输入回路，从磁性天线接收到的无线电波中选出所需的频率信号，再经 L_1、L_2 的互感耦合加到晶体管的基极。

（2）本地振荡电路：本地振荡电路由晶体管 V、L_4、C_5、C_3、C_{1b} 组成的振荡回路和反馈线圈 L_3 等构成。由于输出中频回路 C_4、L_5 对本振频率 f_L 严重失谐，可认为电路短路；基极旁路电容 C_1 容抗很小，加上 L_2 电感量甚小，对本振频率所呈现的感抗也可忽略，因此，对于本地振荡而言，电路构成变压器反馈振荡电路。

（3）混频电路：本振信号电压 u_L 通过 C_2 加到晶体管发射极，而信号 u_s 由基极输入，所以图 6.4.7 所示电路称为发射极注入、基极输入式变频电路。反馈线圈 L_3 的电感量很小，对中频近于短路，因此，变频电路的负载仍然可以看作由中频回路所组成，L_5、C_4 调谐在中频 f_I 上。对于信号频率来说，本地振荡回路的阻抗很小，而且发射极是部分地接在线圈 L_4 上，所以发射极对输入高频信号来说相当于接地。电阻 R_4 对信号具有负反馈作用，从而能提高输入回路的选择性，并有抑制交叉调制干扰的作用。

（4）双连电容的作用：在变频电路中，希望在所接收的波段内对每个频率都能满足 $f_I = f_L - f_c = 465\ \text{kHz}$，为此，电路中采用双连电容 C_{1a}、C_{1b} 作为输入回路的统一调谐电容，同时增加了垫衬电容 C_5 和补偿电容 C_3、C_0。经过仔细调整这些补偿元件，就可以在整个接收波段内使本振频率基本上跟踪输入信号频率，即保证可变电容在任何位置上都能达到 $f_L \approx f_I + f_c$。

6.4.3 混频干扰

混频必须采用非线性器件，因此混频器输出信号中，除了有中频分量外，还有许多无用的组合频率分量，这些无用的组合频率分量会对系统产生干扰，所以说混频器件的非线性是混频器产生各种干扰信号的根源。输入信号频率和本振信号频率的各次谐波之间、干扰信号与本振信号之间以及干扰信号之间经非线性器件相互作用会产生很多的组合频率分量。在接收设备中，当其中某些频率等于或接近于中频时，就能够顺利地通过中频放大器，经解调后在输出端引起串音、哨声和各种干扰，影响有用信号的正常接收。为了尽量减少器件的非线性引起的混频干扰和失真，应尽量选用具有平方律特性的器件和具有理想相乘功能的电路。下面以接收设备混频器为例讨论一些常见的混频干扰。

1. 输入信号与本振信号产生的组合频率干扰——干扰哨声

混频器在输入信号电压和本振信号电压共同作用下产生了许多组合频率分量，以晶体管混频器为例，当输入信号 $u_s(t)$ 和本振信号 $u_L(t)$ 同时作用于晶体管发射极时，集电极电流 $i_C(t)$ 中含有各种频率分量，这些频率分量可以用以下通式表示为

$$f_{p,q} = |\pm p f_L \pm q f_c| \tag{6.4.6}$$

式中 p 和 q 为零或任意正整数。

在这些组合频率分量中，只有 $p = q = 1$ 时对应的频率 $f_I = f_L \pm f_c$ 分量是我们所需要的中频信号（$f_L + f_c$ 称为高中频，$f_L - f_c$ 称为低中频，实际应用中二者取其一，通常取低中频），其余都是无用的组合频率分量。由于混频器输出端接有谐振频率为 f_I、通频带为 BW 的谐振回路（带通滤波器），当某些无用的频率分量落在谐振回路通频带以内时，就会对有用信号形成干扰，其中最典型的干扰是"干扰哨声"。干扰哨声是当干扰信号的频率为 $f_I \pm F$ 时（F 为可听音频率），则有用中频信号和干扰信号同时进入中频放大器放大，经

过中频放大器后进入检波器，检波器是非线性电路，f_I 和 $f_I \pm F$ 在检波器差拍检波，检波器将输出一个固定频率为 F 的信号，这个信号在接收设备输出端产生像吹哨子一样的哨叫声，故称为干扰哨声（或哨声干扰）。经过分析，考虑到 $f_I \gg F$，可以得到可能产生干扰哨声的输入信号频率表达式为

$$f_c \approx \frac{p \pm 1}{q - p} f_I \tag{6.4.7}$$

当 f_c 和 f_I 一定时，有许多组 p 和 q 值可以满足式(6.4.7)，也就是说有许多组合频率分量将产生干扰哨声。但实际上，当 p 和 q 取值较大时，对应的组合频率分量的幅度已很小了，所产生的干扰哨声对有用信号没有明显的影响；只有 p 和 q 取值较小的组合频率分量才会产生明显的干扰哨声。我们把 $p + q$ 称为干扰的阶数，阶数越小，干扰越严重。

因为干扰哨声是输入信号本身与本振信号的各次谐波的组合频率分量造成的，所以与外来干扰无关。

例如，调幅收音机中频频率为 $f_I = 465$ kHz，如果某广播电台发射频率为 $f_c = 931$ kHz，则 $f_L = 931 + 465 = 1396$ kHz，$p = 1$ 和 $q = 2$ 的组合频率为 $2f_c - f_L = 466$ kHz，它与频率为 465 kHz 的中频信号通过检波器时，将产生 1 kHz 的差拍信号，接收设备输出端就会出现明显的 1 kHz 音频哨叫声。

产生最强干扰哨声的输入信号频率为 $p = 0$ 和 $q = 1$ 的频率，即 $f_c = f_I$。因此，在接收设备中一般将中频 f_I 设置在接收频段以外，如调幅中波广播接收设备接收频段为 535～1605 kHz，中频 f_I 取 465 kHz。

产生干扰哨声强度次之的是 $p = 1$ 和 $q = 2$ 的输入信号，如上例。因此，当中频 f_I 确定后，广播电台的发射频率应尽量避开那些可能产生高强度干扰哨声的频率。

对于具有理想相乘特性的混频器，则不可能产生干扰哨声。

2. 外来干扰与本振产生的组合频率干扰——寄生通道干扰

如果混频器之前的输入回路和高频放大器（若接收设备有高频放大器）的选择性不够好，除有用信号进入混频器外，干扰信号也会进入混频器。外来的干扰信号频率 f_M 进入混频器后，与本振信号通过混频器的某个寄生通道变换为中频（假中频），也会出现干扰或哨声，这种干扰称为寄生通道干扰，也称为组合副波道干扰。

设由于混频器前端电路选择性不够好，进入混频器输入端的干扰信号电压的频率为 f_M，干扰信号电压会与本振信号电压产生混频作用。当满足

$$|\pm p f_L \pm q f_M| = f_I \tag{6.4.8}$$

时，则干扰信号电压通过通道就能将其频率由 f_M 变换为 f_I，而且，它可以顺利地通过中频放大器，这时就会在混频器的输出端有中频信号干扰电压输出。对应于频率变换为

$$f_L - f_c = f_I$$

的通道称为"主通道"，对应于频率变换为

$$|\pm p f_L \pm q f_M| = f_I$$

的通道称为"寄生通道"或"副波道"。由式(6.4.8)可得形成寄生通道干扰的输入干扰信号的频率为

$$f_M = \frac{1}{q}(p f_L \pm f_I) = \frac{1}{q}[p f_c + (p \pm 1) f_I] \tag{6.4.9}$$

在寄生通道干扰中，最严重的是"中频干扰"和"镜像干扰"。

1) 中频干扰

当 $p=0$，$q=1$ 时，由式(6.4.9)可以得到寄生通道的 $f_M=f_I$，即当干扰信号频率等于或接近于中频时，这种干扰信号能够通过混频器及后面的各级中频放大器，而且它比有用信号有更强的传输能力，会形成强干扰，这种干扰叫作中频干扰，属于一阶干扰。

抑制中频干扰的方法是提高混频器前端电路的选择性，或者在前端输入回路中采用中频陷波电路或高通滤波器，并合理选择中频数值等。

2) 镜像干扰

当 $p=1$，$q=1$ 时，由式(6.4.9)及 $f_I=f_L-f_c$，可以得到 $f_M=f_c+2f_I=f_K$，这时，f_M 和 f_c 分别位于 f_L 的两侧，f_M 称为镜像频率，记为 f_K。当干扰信号频率等于镜像频率时，产生的干扰称为镜像干扰，它是二阶干扰，如图 6.4.8 所示。

对于这种干扰，它所通过的寄生通道具有与有用通道相同的 $p=q=1$ 值，因而具有与有用通道相同的变换能力。

抑制镜像干扰的方法是提高混频器前端电路的信号选择性，或者提高中频频率，使镜像频率与信号频率相差很大，起到抑制镜像干扰作用。

减小其他寄生通道干扰的方法是提高混频器和前端电路的选择性以及减小混频器特性的三次方以上各项。

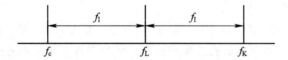

图 6.4.8 镜像干扰的频率关系

例题 6.4.1 有一中频 $f_I=f_L-f_c=465\ \text{kHz}$ 的调幅超外差收音机，试分析下列混频干扰的性质。

(1) 当接收频率 $f_c=550\ \text{kHz}$ 的电台时，听到频率为 1480 kHz 电台的干扰声；

(2) 当接收频率 $f_c=1400\ \text{kHz}$ 的电台时，听到频率为 700 kHz 电台的干扰声；

(3) 当收听频率 $f_c=1396\ \text{kHz}$ 的电台时，听到干扰哨声。

解 (1) 根据镜像干扰公式，$f_K=f_L+f_I=f_c+2f_I$，$f_c=550\ \text{kHz}$，$f_I=465\ \text{kHz}$，由于

$$550+2\times465=1480\ \text{kHz}$$

所以 1480 kHz 是 550 kHz 的镜像频率，此时的干扰是镜像干扰。

(2) 当 $p=1$，$q=2$ 时，由式(6.4.9)得

$$f_M=\frac{1}{2}[1400+(1-1)\times465]=700\ \text{kHz}$$

所以这是 $p=1$，$q=2$ 的寄生通道干扰。

(3) 由于 $465\times3=1395\ \text{kHz}$，即 $f_c=1396\ \text{kHz}\approx3f_I$，由式(6.4.7)知，当 $p=2$，$q=3$ 时，$f_c=1396\ \text{kHz}\approx\dfrac{2+1}{3-2}f_I\approx f_I$，这是 $p=2$，$q=3$ 的信号与本振信号产生的组合频率干扰，即哨声干扰，且它们会产生 $1396-1395=1\ \text{kHz}$ 的干扰哨声。

3. 交叉调制和互相调制干扰

1) 交叉调制干扰

交叉调制干扰简称交调干扰，又称为交叉调制失真。交叉调制干扰的形成与本振信号无关，它是当接收设备前端电路的选择性不够好时，有用信号和干扰信号同时加在混频器上形成的干扰。其现象为：当接收有用信号时，可同时听到干扰信号的声音；当有用信号减弱时，干扰信号也减弱；有用信号消失，干扰信号也消失。交叉调制干扰的含义是一个已调的强干扰信号和有用信号同时作用于混频器，经过非线性作用，将干扰的调制信号转移到有用信号的载波上，然后再与本振信号混频，得到中频信号，形成干扰。

抑制交调干扰的主要措施有：提高前端电路的选择性，减小加到混频器上的干扰信号；采用抗干扰能力较强的平衡混频器或模拟相乘器混频电路；选择合适的元器件并使其工作于合适的工作状态，使不需要的非线性项（如四阶项）尽可能小。

2) 互相调制干扰

互相调制干扰简称互调干扰，又称为互相调制失真。互调干扰是两个或更多个干扰信号同时加到混频器输入端，经过非线性作用，产生近似于中频的组合频率分量，并和有用信号一起进入中频放大器的通频带之内形成的干扰，表现为干扰信号同时存在、同时消失。

假设两个干扰信号的频率分别为 f_{n1}、f_{n2}，对于高放级来说，如果满足

$$f_s = |\pm p f_{n1} \pm q f_{n2}| \tag{6.4.10}$$

或者，对于混频级来说，满足

$$f_I = |\pm m f_L \pm p f_{n1} \pm q f_{n2}| \tag{6.4.11}$$

时，就产生了互相调制干扰。

例如，接收设备调整在接收 1200 kHz 信号的状态，此时本振信号频率 $f_L = 1200 + 465 = 1665$ kHz，另有频率分别为 1190 kHz 和 1180 kHz 的两个干扰信号也加到混频器的输入端，经过混频可获得的组合频率为

$$[1665 - (2 \times 1190 - 1180)] \text{ kHz} = (1665 - 1200) \text{ kHz} = 465 \text{ kHz}$$

此频率恰为中频频率，因此它可经中频放大器而形成干扰。

抑制互调干扰的方法与前述抑制交调干扰的方法相同，这里不再赘述。

4. 包络失真和阻塞干扰

由于混频器的非线性，输出中频信号的包络与输入高频信号的包络不成正比，称为包络失真，包络失真主要由器件特性的四次方项产生。

阻塞干扰是指强干扰信号与有用信号同时进入混频器时，强干扰使三极管进入饱和区与截止区，引起中频有用信号被切削，导致有用信号幅度变小，严重的时候甚至导致接收设备无法接收到有用信号。这种现象称为强干扰阻塞。当然，有用信号幅度过大时也会出现这种现象，称为强信号阻塞。

练习题

6.1　已知非线性器件的伏安特性为 $i = a_1 u + a_3 u^3$，试问能够用它的非线性特性直接

实现振幅调制、解调或混频功能吗？为什么？

6.2 在图 5.3.1 所示二极管平衡相乘器电路中，若以载波 u_c 为控制信号 u_1（大信号），调制信号 u_Ω 为输入信号 u_2（小信号），将得到何种调幅信号？将控制信号 u_1（大信号），输入信号 u_2（小信号）对换，还能得到 DSB 信号吗？

6.3 频率变换电路分为哪几类？各有何特点？

6.4 频谱线性搬移电路有哪些？试对它们的电路作用、组成模型及基本原理进行比较，分析它们有哪些共同点和不同点。

6.5 电路模型如图 P6.1 所示，按表 P6.1 所示电路功能选择参考信号 u_X、输入信号 u_Y 和滤波器类型，说明它们的特点。若滤波器具有理想特性，写出 $u_o(t)$ 的表达式。

表 P6.1　频谱搬移电路的工作特点

电路功能	参考信号 u_X	输入信号 u_Y	滤波器类型	$u_o(t)$ 表达式
振幅调制				
振幅检波				
混频				

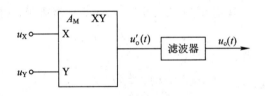

图 P6.1

6.6 试分别画出下列电压表达式的波形和频谱图，并说明它们各为何种信号（令 $\omega_c = 9\ \Omega$）。

(1) $u_1 = [1 + \cos(\Omega t)]\cos(\omega_c t)$ V；

(2) $u_2 = \cos(\Omega t) \cdot \cos(\omega_c t)$ V；

(3) $u_3 = \cos(\omega_c + \Omega)t$ V；

(4) $u_4 = [\cos(\Omega t) + \cos(\omega_c t)]$ V。

6.7 已知调幅信号表达式 $u_{AM}(t) = [1 + \cos(2\pi \times 100t)]\cos(2\pi \times 10^5 t)$ V，试画出它的波形和频谱图，求出频带宽度 BW。

6.8 已知调制信号 $u_\Omega(t) = 2\cos(2\pi \times 500t)$ V，载波信号 $u_c(t) = 4\cos(2\pi \times 10^5 t)$ V，令比例常数 $k_a = 1$，试写出调幅信号表达式，求出调幅系数及频带宽度，画出调幅信号的波形和频谱图。

6.9 二极管构成的电路如图 P6.2 所示，图中两个二极管 V_1、V_2 特性一致，已知大信号 $u_1 = U_{1m}\cos(\omega_1 t)$，两个二极管工作在开关工作状态，小信号 $u_2 = U_{2m}\cos(\omega_2 t)$，$U_{1m} \gg U_{2m}$，试写出流过负载 R_L 中的电流 i 的表达式并分析其频谱成分，要求具体列出电流 i 所含的频率成分的通式，并说明电路是否具有相乘功能。

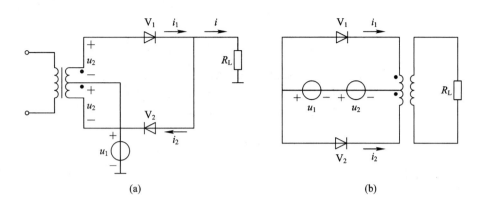

图 P6.2

6.10　二极管环形相乘器接线如图 P6.3 所示，L 端口接大信号 $u_1 = U_{1m}\cos(\omega_1 t)$，4 只二极管工作在开关状态，R 端口接小信号 $u_2 = U_{2m}\cos(\omega_2 t)$，且 $U_{1m} \gg U_{2m}$，试写出流过负载 R_L 中的电流 i 的表达式。

6.11　图 P6.4 所示的差分电路中，已知 $u_1(t) = 360\cos(2\pi \times 10^6 t)$ mV，$u_2(t) = 10\cos(2\pi \times 10^3 t)$ mV，$V_{CC} = V_{EE} = 10$ V，$R_E = 10$ kΩ，晶体管的 β 很大，$U_{BE(on)}$ 可忽略，试用开关函数求 $i_C = i_{C1} - i_{C2}$ 的关系式。

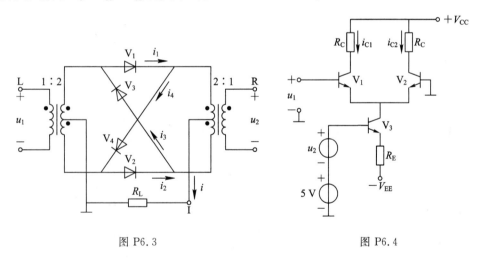

图 P6.3　　　　　　　　　　　图 P6.4

6.12　二极管包络检波电路如图 6.3.2(a)所示，已知输入已调波的载频 $f_c = 465$ kHz，调制信号频率 $F = 5$ kHz，调幅系数 $m_a = 0.3$，负载电阻 $R = 5$ kΩ，试决定滤波电容 C 的大小，并求出检波器的输入电阻 R_i。

6.13　二极管包络检波电路如图 P6.5 所示，已知

$$u_s(t) = [2\cos(2\pi \times 465 \times 10^3 t) + 0.3\cos(2\pi \times 469 \times 10^3 t) + 0.3\cos(2\pi \times 461 \times 10^3 t)] \text{ V}$$

（1）试问该电路会不会产生惰性失真和负峰切割失真？

（2）若已知检波效率 $\eta_d \approx 1$，按对应关系画出 A、B、C 点的电压波形，并标出电压的大小。

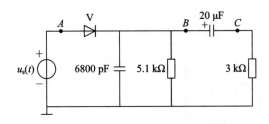

图 P6.5

6.14 某超外差式广播收音机，其中频 $f_1 = f_L - f_c = 465\ \text{kHz}$，试分析下列两种现象属于何种干扰：

（1）当接收 $f_c = 560\ \text{kHz}$ 的电台信号时，还能听到频率为 1490 kHz 的强电台信号；

（2）当接收 $f_c = 1460\ \text{kHz}$ 的电台信号时，还能听到频率为 730 kHz 的强电台信号。

第 7 章 角度调制与解调电路

本章将讲述角度调制与解调电路。用调制信号控制高频振荡(载波)频率或相位,使之分别随调制信号的变化规律而变化,这样得到的已调信号就叫作调频信号或者调相信号,统称"调角信号"。调频或调相都表现为载波的总相角发生了改变。

上一章所讲述的振幅调制与解调电路和混频电路,属于频谱线性搬移电路,它们的作用是将输入信号频谱沿频率轴进行不失真的搬移。而本章所讲述的角度调制与解调电路,属于频谱非线性变换电路,已调高频信号的频谱结构不再是将低频调制信号频谱进行线性搬移的结果,所以,本章的角度调制与解调电路与上一章的频谱线性搬移电路有所不同。

与振幅调制相比,角度调制具有抗干扰能力强和载波功率利用系数较高等优点,但也存在占据频带宽、频带利用不经济等缺点。调频主要用于调频广播、广播电视、通信及遥测遥控等;调相主要用于数字通信系统中的移相键控。

7.1 调角信号的基本特性

7.1.1 调角信号的时域特性

我们首先讨论调角信号中瞬时角频率 $\omega(t)$ 与瞬时相角 $\varphi(t)$ 的关系,然后研究调角信号的数学表达式和波形。

设载波信号电压为

$$u_c(t) = U_{cm}\cos(\omega_c t + \phi_0) = U_{cm}\cos\varphi(t) \tag{7.1.1}$$

在未受调制时,载波的 ω_c 和 ϕ_0 均为常数,它们与总相角 $\varphi(t)$ 的关系为

$$\varphi(t) = \omega_c t + \phi_0,$$

$$\omega_c = \frac{\varphi(t) - \phi_0}{t}$$

在进行角度调制后,已调信号的频率和相角都是随时间变化的,因而任一时刻 t 的频率 $\omega(t)$ 和相角 $\varphi(t)$ 的关系是

$$\omega(t) = \frac{\mathrm{d}\varphi(t)}{\mathrm{d}t} \tag{7.1.2}$$

$$\varphi(t) = \int_0^t \omega(t)\mathrm{d}t + \phi_0 \tag{7.1.3}$$

这是角度调制中的两个基本关系式。

1. 调频(FM)信号的数学表达式

根据定义,调频信号的瞬时角频率 $\omega(t)$ 与调制信号 $u_\Omega(t)$ 呈线性关系,即

$$\omega(t) = \omega_c + k_f u_\Omega(t) = \omega_c + \Delta\omega(t) \tag{7.1.4}$$

式中,k_f 为由调频电路决定的比例常数,单位为 $\mathrm{rad/(s \cdot V)}$。$\Delta\omega(t) = k_f u_\Omega(t)$ 称为瞬时角频率偏移(简称"瞬时角频偏")。将式(7.1.4)代入式(7.1.3),可得调频信号波总相角为

$$\varphi(t) = \omega_c t + k_f \int_0^t u_\Omega(t)\mathrm{d}t + \phi_0$$
$$= \omega_c t + \Delta\varphi(t) + \phi_0 \tag{7.1.5}$$

式中,$\Delta\varphi(t) = k_f \int_0^t u_\Omega(t)\mathrm{d}t$,称为附加相位。调频信号的表达式为

$$u_{FM}(t) = U_{cm}\cos\varphi(t)$$
$$= U_{cm}\cos\left[\omega_c t + k_f \int_0^t u_\Omega(t)\mathrm{d}t + \phi_0\right] \tag{7.1.6}$$

设调制信号为单频信号,即

$$u_\Omega(t) = U_{\Omega m}\cos(\Omega t)$$

则有

$$\omega(t) = \omega_c + k_f u_\Omega(t)$$
$$= \omega_c + k_f U_{\Omega m}\cos(\Omega t)$$
$$= \omega_c + \Delta\omega_m\cos(\Omega t) \tag{7.1.7}$$

式中 $\Delta\omega_m = k_f |u_\Omega(t)|_{max} = k_f U_{\Omega m}$,称为最大角频率偏移(简称"最大角频偏"),是 $\Delta\omega(t)$ 的最大值。可见,$\Delta\omega_m\left(\Delta f_m = \dfrac{\Delta\omega_m}{2\pi}\right)$ 与 $U_{\Omega m}$ 成正比。利用式(7.1.3)或式(7.1.5),可得调频信号的瞬时相位:

$$\varphi(t) = \int_0^t \omega(t)\mathrm{d}t + \phi_0$$
$$= \int_0^t (\omega_c + k_f U_{\Omega m}\cos(\Omega t))\mathrm{d}t + \phi_0$$
$$= \omega_c t + \frac{k_f U_{\Omega m}}{\Omega}\sin(\Omega t) + \phi_0$$
$$= \omega_c t + m_f\sin(\Omega t) + \phi_0 \tag{7.1.8}$$

由上式可见,附加相位为 $\Delta\varphi(t) = m_f\sin(\Omega t)$。式(7.1.8)中,

$$m_f = \frac{k_f U_{\Omega m}}{\Omega} = \frac{\Delta\omega_m}{\Omega} = \frac{\Delta f_m}{F} \tag{7.1.9}$$

m_f 称为"调频指数",m_f 是调频时在载波的相位上附加的最大相位偏移,它反映了调制的深度。由式(7.1.9)可知,m_f 与 $U_{\Omega m}$ 成正比,与 Ω 成反比。m_f 的值可以大于1,我国调频广播规定 $m_f = 5$。

由式(7.1.8)可得调频信号的数学表达式:

$$u_{FM}(t) = U_{cm}\cos\varphi(t) = U_{cm}\cos(\omega_c t + m_f\sin(\Omega t) + \phi_0) \tag{7.1.10}$$

调制信号 $u_\Omega(t) = U_{\Omega m}\cos(\Omega t)$、瞬时角频率 $\omega(t) = \omega_c + k_f u_\Omega(t)$、附加相位 $\Delta\varphi(t) = m_f\sin(\Omega t)$ 和调频信号 $u_{FM}(t)$(取式(7.1.10)中初位相 $\phi_0 = 0$)的波形如图7.1.1所示。

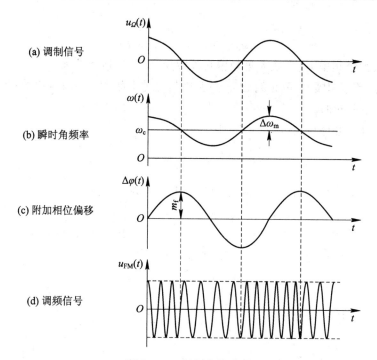

(a) 调制信号

(b) 瞬时角频率

(c) 附加相位偏移

(d) 调频信号

图 7.1.1　调频信号波形

2. 调相(PM)信号的数学表达式

根据调相的定义,调相信号的瞬时相位 $\varphi_p(t)$ 随调制信号 $u_\Omega(t)$ 呈线性关系,应为

$$\varphi_p(t)=\omega_c t+\phi_0+k_p u_\Omega(t)=\omega_c t+\phi_0+\Delta\varphi_p(t) \tag{7.1.11}$$

式中,附加相位(相移)$\Delta\varphi_p(t)=k_p u_\Omega(t)$,与调制信号 $u_\Omega(t)$ 成正比;k_p 为调相电路确定的比例常数,单位为 rad/V,反映调制信号对附加相位的控制能力。

由式(7.1.11)可得调相信号的数学表达式为

$$u_{PM}(t)=U_{cm}\cos\varphi_p(t)=U_{cm}\cos[\omega_c t+\phi_0+k_p u_\Omega(t)] \tag{7.1.12}$$

将式(7.1.11)对时间求导可得调相信号的瞬时角频率 $\omega(t)$ 为

$$\omega(t)=\frac{d\varphi_p(t)}{dt}=\omega_c+k_p\frac{du_\Omega(t)}{dt} \tag{7.1.13}$$

单频调制时,设 $u_\Omega(t)=U_{\Omega m}\cos(\Omega t)$,则调相信号的瞬时相位为

$$\varphi_p(t)=\omega_c t+\phi_0+k_p u_\Omega(t)=\omega_c t+\phi_0+k_p U_{\Omega m}\cos(\Omega t)$$
$$=\omega_c t+\phi_0+m_p\cos(\Omega t)=\omega_c t+\phi_0+\Delta\varphi_p(t) \tag{7.1.14}$$

式中

$$m_p=\Delta\varphi_m=k_p U_{\Omega m} \tag{7.1.15}$$

称为"调相指数",它表示调相信号的最大附加相位(即最大相位偏移 $\Delta\varphi_m$),式(7.1.15)说明 m_p 与 $U_{\Omega m}$ 成正比。对式(7.1.14)求导,得

$$\omega(t)=\frac{d\varphi_p(t)}{dt}=\frac{d}{dt}[\omega_c t+\phi_0+m_p\cos(\Omega t)]$$
$$=\omega_c-m_p\Omega\sin(\Omega t)=\omega_c-\Delta\omega_m\sin(\Omega t)$$
$$=\omega_c+\Delta\omega_p(t) \tag{7.1.16}$$

式中

$$\Delta\omega_m = m_p\Omega = k_pU_{\Omega m}\Omega \tag{7.1.17}$$

$\Delta\omega_m$ 为最大角频率偏移（最大角频偏），它表示瞬时角频率偏离载波频率的最大值。式 (7.1.17)表明，调相中最大角频偏 $\Delta\omega_m$ 与调制信号的振幅 $U_{\Omega m}$、角频率 Ω 均成正比，这个 规律与调频是不一样的。

由式(7.1.17)可得与式(7.1.9)相似的表达式

$$m_p = \frac{\Delta\omega_m}{\Omega} = \frac{\Delta f_m}{F} = k_pU_{\Omega m} \tag{7.1.18}$$

由式(7.1.14)易得单频调制时调相信号的数学表达式为

$$u_{PM}(t) = U_{cm}\cos[\omega_c t + \phi_0 + m_p\cos(\Omega t)] \tag{7.1.19}$$

单频调制信号 $u_\Omega(t)$、附加相位 $\Delta\varphi_p(t) = m_p\cos(\Omega t)$、瞬时角频率 $\omega(t)$、调相信号 $u_{PM}(t)$（取式(7.1.19)中初位相 $\phi_0 = 0$）的波形如图 7.1.2 所示。

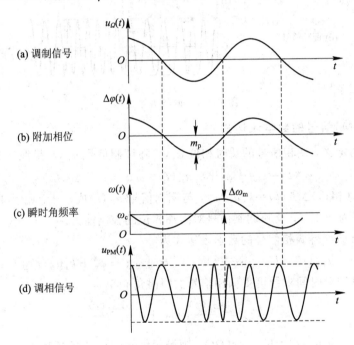

图 7.1.2　调相信号波形

3. 调频信号与调相信号的比较

通过以上分析可知，调频信号与调相信号的频率和相位虽然随调制信号变化的规律不 一样，但由于频率与相位是微积分关系，故调频信号与调相信号二者是有密切联系的。二 者的相同之处是：瞬时频率和瞬时相位都同时随时间发生变化，但载波振幅都保持不变。 另外，由式(7.1.6)、式(7.1.7)和式(7.1.12)、式(7.1.13)可以看出，一个调频信号可以看 成用 $\int_0^t u_\Omega(t)dt$ 进行调相的调相信号，而一个调相信号则可看成用 $\dfrac{du_\Omega(t)}{dt}$ 进行调频的调频 信号，这说明了调频和调相可以相互转换。将调制信号 $u_\Omega(t)$ 先进行积分处理，然后再对载 波进行调相，那么所得到的已调信号将是以 $u_\Omega(t)$ 为调制信号的调频信号，这也是间接调频的原理；类似地，若先将 $u_{\Omega}(t)$ 进行微分处理，再对载波进行调频，则可以得到以 $u_{\Omega}(t)$ 为调制信号的调相信号。调频信号与调相信号的不同之处在于：

（1）调频信号的调频指数 m_{f} 与调制频率成反比，最大角频偏 $\Delta\omega_{\mathrm{m}}$（或最大频偏 Δf_{m}）与调制频率无关（取决于调制信号的振幅）；而调相信号的最大角频偏 $\Delta\omega_{\mathrm{m}}$（或最大频偏 Δf_{m}）与调制频率成正比，调相指数 m_{p} 与调制频率无关（取决于调制信号的振幅）。以上关系如图 7.1.3 所示。

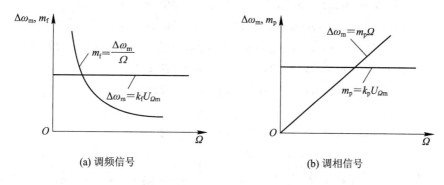

(a) 调频信号　　　　　　　　　　　(b) 调相信号

图 7.1.3　$U_{\Omega\mathrm{m}}$ 一定，$\Delta\omega_{\mathrm{m}}$ 和 $m_{\mathrm{f}}(m_{\mathrm{p}})$ 随 Ω 变化的曲线

（2）调频信号的最大角频偏 $\Delta\omega_{\mathrm{m}}<\omega_{\mathrm{c}}$，由于载频 ω_{c} 很高，故 $\Delta\omega_{\mathrm{m}}$ 可以很大，即调制范围很大。相位以 2π 为周期，调相信号的最大相偏（调相指数）$m_{\mathrm{p}}<\pi$，故调制范围很小。

7.1.2　调角信号的频谱和带宽

1. 调角信号的频谱

分析调角信号的频谱，需要对调角信号进行傅里叶变换，如果调制信号 $u_{\Omega}(t)$ 比较复杂，则进行傅里叶变换是相当困难的。为了使分析简洁，现以单一频率信号作为调制信号进行介绍。在单频调制时，调频信号与调相信号均为等幅疏密波，因而它们的频谱结构是类似的。进行频谱分析时，可将调制指数 m_{f} 或 m_{p} 用 m 代替，从而把调角信号表达式写成

$$u(t)=U_{\mathrm{m}}\cos[\omega_{\mathrm{c}}t+m\sin(\Omega t)] \tag{7.1.20}$$

利用三角函数公式

$$\cos(\alpha+\beta)=\cos\alpha\cos\beta-\sin\alpha\sin\beta$$

可将式（7.1.20）改写为

$$u(t)=U_{\mathrm{m}}\cos[m\sin(\Omega t)]\cos(\omega_{\mathrm{c}}t)-U_{\mathrm{m}}\sin[m\sin(\Omega t)]\sin(\omega_{\mathrm{c}}t) \tag{7.1.21}$$

在贝塞尔函数理论中已证明，可以把 $\cos[m\sin(\Omega t)]$ 和 $\sin[m\sin(\Omega t)]$ 展开成级数，即

$$\cos[m\sin(\Omega t)]=\mathrm{J}_0(m)+2\sum_{n=1}^{\infty}\mathrm{J}_{2n}(m)\cos(2n\Omega t)$$

$$\sin[m\sin(\Omega t)]=2\sum_{n=0}^{\infty}\mathrm{J}_{2n+1}(m)\sin[(2n+1)\Omega t]$$

式中 $\mathrm{J}_n(m)$ 称为以 m 为宗数的 n 阶第一类贝塞尔函数，它随 m 变化的曲线如图 7.1.4 所示。其数值可以由图 7.1.4 或查表 7.1.1 得知。将上面级数代入式（7.1.21），并借助三角函数公式：

$$\cos\alpha \cdot \cos\beta = \frac{1}{2}\left[\cos(\alpha+\beta)+\cos(\alpha-\beta)\right]$$

$$\sin\alpha \cdot \sin\beta = -\frac{1}{2}\left[\cos(\alpha+\beta)-\cos(\alpha-\beta)\right]$$

继续展开，可得到单频调制时调角信号的频谱展开式：

$$\begin{aligned}
u(t) = & U_m\left[J_0(m)\cos(\omega_c t)-2J_1(m)\sin(\Omega t)\sin(\omega_c t)+\right.\\
& 2J_2(m)\cos(2\Omega t)\cos(\omega_c t)-2J_3(m)\sin(3\Omega t)\sin(\omega_c t)+\\
& \left.2J_4(m)\cos(4\Omega t)\cos(\omega_c t)-2J_5(m)\sin(5\Omega t)\sin(\omega_c t)+\cdots\right]\\
= & U_m J_0(m)\cos(\omega_c t)+U_m J_1(m)\{\cos[(\omega_c+\Omega)t]-\cos[(\omega_c-\Omega)t]\}+\\
& U_m J_2(m)\{\cos[(\omega_c+2\Omega)t]+\cos[(\omega_c-2\Omega)t]\}+\\
& U_m J_3(m)\{\cos[(\omega_c+3\Omega)t]-\cos[(\omega_c-3\Omega)t]\}+\\
& U_m J_4(m)\{\cos[(\omega_c+4\Omega)t]+\cos[(\omega_c-4\Omega)t]\}+\\
& U_m J_5(m)\{\cos[(\omega_c+5\Omega)t]-\cos[(\omega_c-5\Omega)t]\}+\cdots
\end{aligned} \tag{7.1.22}$$

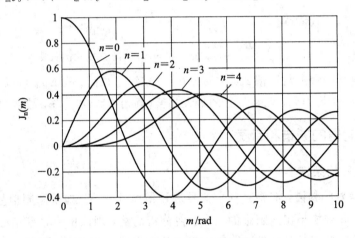

图 7.1.4　第一类贝塞尔函数曲线

从调角信号的频谱展开式，即式(7.1.22)可以看出，单频调制时调角信号的频谱具有如下特点：

（1）频谱由载频 ω_c 和无穷多组上、下边频分量组成，这些频率分量满足 $\omega_c\pm n\Omega$，振幅为 $U_m J_n(m)(n=0,1,2,\cdots)$，载频分量和各边频分量的振幅均随贝塞尔函数 $J_n(m)$ 而变化。当 n 为偶数时，两边频分量振幅相同，相位相同；当 n 为奇数时，两边频分量振幅相同，相位相反。

（2）对于某些 m 值，载波或某边频分量振幅为零。

（3）边频的振幅随调制指数 m 变化，m 越大，具有较大振幅的边频分量就越多。

表 7.1.1　n 阶第一类贝塞尔函数值

n	$J_n(0.5)$	$J_n(1)$	$J_n(2)$	$J_n(3)$	$J_n(4)$	$J_n(5)$	$J_n(6)$	$J_n(7)$
0	0.939	0.765	0.224	-0.261	-0.397	-0.178	0.151	0.300
1	0.242	0.440	0.577	0.339	-0.066	-0.328	-0.277	-0.005

n	$J_n(0.5)$	$J_n(1)$	$J_n(2)$	$J_n(3)$	$J_n(4)$	$J_n(5)$	$J_n(6)$	$J_n(7)$
2	0.030	0.115	0.353	0.486	0.364	0.047	−0.243	−0.301
3	0.003	0.020	0.129	0.309	0.430	0.365	0.115	−0.168
4		0.003	0.034	0.132	0.281	0.391	0.358	0.158
5			0.007	0.043	0.132	0.261	0.362	0.348
6			0.001	0.011	0.049	0.131	0.246	0.339
7				0.003	0.015	0.053	0.130	0.234
8					0.004	0.018	0.057	0.120
9						0.006	0.021	0.056
10						0.002	0.007	0.024
11								0.008

综上可见，角度调制与振幅调制是截然不同的，振幅调制边频数目与调制指数 m_a 无关，而且单频调制只产生两个边频带（AM，DSB）或一个边频带（SSB），所以振幅调制电路称为频谱线性搬移电路，而角度调制电路称为非线性频谱变换电路。

为了便于直观地理解角度调制中频谱的变换，图 7.1.5 给出了在相同的载波和相同的调制信号作用下，m 分别为 0.5、2.4 和 5 时的调角信号频谱图。

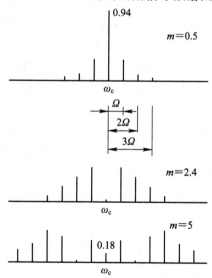

图 7.1.5　m 分别为 0.5、2.4 和 5 时的调角信号频谱图

此外，对于多频调制的调频信号来说，调频信号的总频谱不仅包含调制信号中每个频率分量单独调制时所得频谱的组合，而且包含新增的许多频率分量。

2. 调角信号的功率

由式(7.1.22)可得调角信号在负载电阻 R_L 上的平均功率为

$$P_{AV} = \frac{U_m^2}{2R_L} \left[J_0^2(m) + 2J_1^2(m) + 2J_2^2(m) + 2J_3^2(m) + \cdots \right] \tag{7.1.23}$$

根据贝塞尔函数的性质，有

$$J_0^2(m) + 2J_1^2(m) + 2J_2^2(m) + 2J_3^2(m) + \cdots = 1$$

所以

$$P_{AV} = \frac{U_m^2}{2R_L} = P_c \tag{7.1.24}$$

上式表明，调角信号的平均功率 P_{AV} 等于未调制时的载波功率 P_c，其值与调制指数 m 无关。也就是说，改变 m 仅仅可以引起载波分量和各边频分量之间功率的重新分配，不会引起总功率的改变。

3. 调角信号的频带宽度

由上面的分析可知，调角信号有无穷多对边频，因此从理论上讲调角信号占用的频带为无限宽。但是实际上，当 m 一定时，随着 n 的增加，$J_n(m)$ 的数值虽有起伏，它的趋势却是减小的。特别是当 $n > m+1$ 时，边频分量的振幅已很小，且其值随着 n 的增加而迅速下降。因此，在传输和放大过程中，即使舍去这些边频分量，也不会使调角信号产生明显的失真，所以调角信号实际所占的有效频带宽度是有限的。

当 $n > m+1$ 时，$J_n(m)$ 的数值都小于 0.1，也就是说，$n > m+1$ 的边频分量的振幅均小于未调载波振幅的 10%。如果将这些小于未调载波振幅 10% 的边频分量忽略不计，则调角信号的有效频带宽度 BW 可由卡森(Carson)公式近似求出，即

$$BW = 2(m+1)F \tag{7.1.25}$$

式中 F 为调制信号的频率。根据式(7.1.9)及式(7.1.18)，式(7.1.25)又可写为

$$BW = 2(\Delta f_m + F) \tag{7.1.26}$$

角度调制根据调制指数 m 的不同取值，又可分为窄带调角和宽带调角。窄带调角 $m \ll 1$（工程上规定 $m < 0.25$ rad）时，此时的带宽 $BW \approx 2F$，相当于普通调幅信号的频带宽度；宽带调角 $m \gg 1$，$BW \approx 2mF$。

当调制信号为多频信号时，调角信号的频谱分析就十分烦琐。实践表明，多频信号调制时，大多数调频信号占有的有效频谱带宽仍可用单频调制时的公式表示，仅需将其中的 F 用调制信号中的最高调制频率 F_{max} 取代即可。

例题 7.1.1 在调频广播系统中，国家标准规定 $F_{max} = 15$ kHz，$F_{min} = 50$ Hz，$\Delta f_m = 75$ kHz，试计算频带宽度。

解 根据 $m = \dfrac{\Delta f_m}{F}$，当 $F = 50$ Hz 时，所对应的调频指数为 $m_{f1} = 1500$，频带宽度 $BW \approx 2mF = 2 \times 1500 \times 50 = 150$ kHz。

当 $F = 15$ kHz 时，所对应的调频指数为 $m_{f2} = 5$，频带宽度 $BW = 2(m+1)F = 2 \times 6 \times 15 = 180$ kHz。

实际选取的频带宽度为 200 kHz。

由例题 7.1.1 可见，对调频信号来说，虽然调制信号的频率 F 的范围较大，但是调频信号的频带宽度基本不变，说明频带可以充分利用，这正是调频的一个重要特点。

例题 7.1.2　设音频调制信号的最低频率 $F_{min}=20$ Hz，最高频率 $F_{max}=15$ kHz。若最大频偏 $\Delta f_m=45$ kHz，求相应调频信号及调相信号的调制指数和有效带宽。

解　(1) 对于调频信号，根据 $m_f=\dfrac{\Delta f_m}{F}$，则有

$$m_{f\,min}=\frac{\Delta f_m}{F_{max}}=\frac{45\times10^3}{15\times10^3}=3\ \text{rad}$$

$$m_{f\,max}=\frac{\Delta f_m}{F_{min}}=\frac{45\times10^3}{20}=2250\ \text{rad}$$

当 Δf_m 一定时，调频信号的带宽 BW 与 F 几乎无关，因此有

$$BW=2(m_f+1)F=2\times(3+1)\times15\times10^3\ \text{Hz}=120\ \text{kHz}$$

(2) 对于调相信号，调相指数 m_p 与调制信号的频率 F 无关，所以，$m_p=3$ rad。

因为调相信号的最大频偏与调制信号频率成正比，所以，为了保证所有调制信号频率对应的最大频偏不超过 45 kHz，应保证最高调制信号频率时的最大频偏，因此调相信号的带宽

$$BW=2(m_p+1)F=2\times(3+1)\times15\times10^3\ \text{Hz}=120\ \text{kHz}$$

可见，对于最高调制频率，调相信号的带宽为 120 kHz。若对于最低调制频率来说，带宽为 $BW=2\times(3+1)\times20=160$ Hz，与最高调制频率时所占的带宽相差很大。所以说调相信号的频带宽度没有被充分利用，这是调相的缺点，也是调相在模拟通信系统中不能直接应用的原因。但调相在数字系统中得到了广泛的应用。

7.2　频率调制电路

7.2.1　概述

1. 直接调频和间接调频

频率调制就是使载波频率随调制信号呈线性规律变化，实现调频的方法很多，通常可分为直接调频和间接调频两大类。

所谓直接调频，就是利用调频信号的瞬时频率按照调制信号规律变化的特点，采用调制信号直接控制振荡器的振荡频率，使振荡器的输出频率能够不失真地反映调制信号的变化规律。采取这种方法时，被控的振荡器可以是产生正弦波的 LC 振荡器或晶体振荡器，也可以是产生非正弦波的振荡器。前者产生调频正弦波，后者产生调频非正弦波，如调频方波或调频三角波等，调频非正弦波可通过滤波等方法变换为调频正弦波。

在直接调频电路中，如果被控振荡器是 LC 振荡器，则调制信号 $u_\Omega(t)$ 控制振荡回路中 L 和 C 的参数。典型的直接调频电路采用变容二极管，由 $u_\Omega(t)$ 控制变容二极管的结电容的变化，从而改变振荡频率。如果被控振荡器是方波或三角波发生器，则由 $u_\Omega(t)$ 控制 R 和 C 充放电速度来改变振荡频率。

直接调频电路的优点是结构简单，容易获得较大的频偏，实现宽带调频。其缺点是主振荡器的频率是可变的，因而中心频率稳定度不高。

间接调频是根据 7.1.1 节所介绍的调频信号与调相信号之间的关系，先将调制信号用

积分电路进行积分，再用积分后的值进行调相，便得到所需的调频信号。其组成框图如图7.2.1所示，图中

$$u_o(t) = U_m \cos[\omega_c t + k_p u'_\Omega(t)]$$

$$= U_m \cos\left[\omega_c t + k_p k \frac{U_{\Omega m}}{\Omega} \sin(\Omega t)\right]$$

$$= U_m \cos[\omega_c t + m_f \sin(\Omega t)] \tag{7.2.1}$$

式中，$m_f = k_f U_{\Omega m}/\Omega$，$k_f = k_p k$。式(7.2.1)与调频信号表达式(式(7.1.10))完全相同，说明通过积分、调相电路可间接获得调频信号。

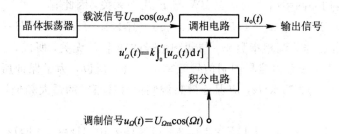

图 7.2.1 间接调频电路组成框图

间接调频电路的优点是：实现方法灵活，由于调制不在振荡器中进行，中心频率稳定度可以做到很高，通常用在质量要求较高的通信系统中。其缺点是不易获得大的频偏，需要采取其他措施来扩大频偏。

2. 调频电路的主要性能指标

调频电路的主要性能指标有中心频率及其稳定度、最大频偏、调制灵敏度和非线性失真等。

1）中心频率及其稳定度

调频信号的中心频率就是未调制时的载波频率 f_c，调频信号的频率则在 f_c 的基础上按照与调制信号成正比的规律变化。只有保持中心频率的高稳定度，才能保证接收设备正常接收信号。中心频率的稳定性是接收电路能够正常接收而且不会造成邻近信道互相干扰的重要保证，也是保证接收设备正常接收所必须满足的一项重要性能指标。否则，调频信号的有效频率分量就会落到接收设备通频带以外，造成信号失真，并干扰邻近信道的信号。

2）最大频偏

最大频偏 Δf_m 是指在调制信号作用下所能达到的最大频率偏移，它是根据对调频指数的要求来确定的。通常 $u_\Omega(t)$ 一定时，Δf_m 越大，通信系统的信噪比越好，一般要求 Δf_m 在整个波段内保持不变。

3）调频灵敏度

调频信号的频率偏移 $\Delta f(=f-f_c)$ 随调制信号 $u_\Omega(t)$ 变化的规律称为调频特性，它是调频电路的基本特性，如图 7.2.2 所示。调频特性原点处的斜率称为调频灵敏度，用 S_F 表示，即

$$S_F = \frac{d(\Delta f)}{d u_\Omega}\bigg|_{u_\Omega = 0} \tag{7.2.2}$$

其单位为 Hz/V。调频灵敏度是单位调制信号所产生的振荡频率偏移，它反映了调制信号对频率偏移的控制能力。由式(7.1.7)可知，$S_F = \dfrac{k_f}{2\pi}$。

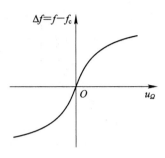

图 7.2.2　调频特性

4) 非线性失真

由图 7.2.2 可知，只有当调频特性为直线时，频率偏移 Δf 才能随调制信号 $u_\Omega(t)$ 线性变化，实际的调频特性通常是非线性的(略呈 S 型)，因此会产生非线性失真。为了实现较为理想的调制，在一定的调制信号范围内，应尽量提高调制线性度。

7.2.2　变容二极管直接调频电路

由第 4 章可知，LC 正弦波振荡器的振荡频率为

$$f_0 = \frac{1}{2\pi\sqrt{LC}} \tag{7.2.3}$$

振荡频率取决于振荡器选频回路中电容 C 与电感 L 的乘积。当其数值为固定值时，振荡频率是唯一确定的。而调频信号的频率是在载频基础上叠加调制信号的信息，如果在振荡回路中，引入一个可变电抗器件，它的电容 C 或电感 L 受调制信号控制，就能实现调频。这就是直接调频的基本原理。

可变电抗器件的种类很多。例如，驻极体话筒或电容式话筒可以直接将声波的强弱变化转换为电容量的变化。将它们接入振荡回路中，就可直接产生瞬时频率按讲话声音强弱而变化的调频信号。目前应用最广泛的可变电抗器件是下面将要介绍的变容二极管，它具有工作频率高、固有损耗小和使用方便等优点。变容二极管直接调频电路是常用的典型的直接调频电路。

1. 变容二极管

变容二极管是一种特殊的二极管，取其结电容 C_j 随外加电压变化而制成。变容二极管两端对外呈现的电容 C_j 与加在二极管两端的反向电压 u 的关系是

$$C_j = \frac{C_{j0}}{\left(1 - \dfrac{u}{U_B}\right)^\gamma} \tag{7.2.4}$$

式中，U_B 为 PN 结的内建电位差，硅材料的二极管约为 $0.6 \sim 0.7$ V；C_{j0} 为 $u=0$ 时的结电容；γ 为变容指数，它取决于 PN 结的工艺结构，从缓变结到超突变结，取值范围为 $\dfrac{1}{3} \sim 6$。

调频电路一般选用超突变结变容二极管。

变容二极管的图形符号以及 C_j - u 的关系曲线如图 7.2.3 所示。C_j - u 的关系称为压控电容特性。

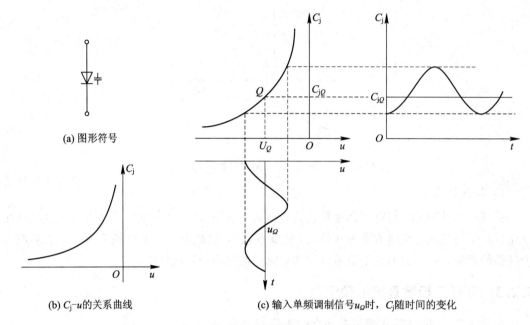

(a) 图形符号

(b) C_j-u的关系曲线

(c) 输入单频调制信号u_Ω时，C_j随时间的变化

图 7.2.3　变容二极管的图形符号以及 C_j - u 的关系曲线

2. 电路组成与工作原理

变容二极管直接调频电路如图 7.2.4(a)所示，这是一个电感三端式 LC 振荡器，变容二极管的结电容 C_j 作为谐振回路总电容接在三极管的 B 和 C 之间。这种将 C_j 作为谐振回路总电容使用的直接调频电路称为变容二极管全部接入式直接调频电路或大频偏直接调频电路。振荡器的简化交流通路如图 7.2.4(b)所示，变容二极管的结电容 C_j 与 L 共同构成振荡器的振荡回路。其振荡频率近似为

$$f = \frac{1}{2\pi\sqrt{LC_j}} \tag{7.2.5}$$

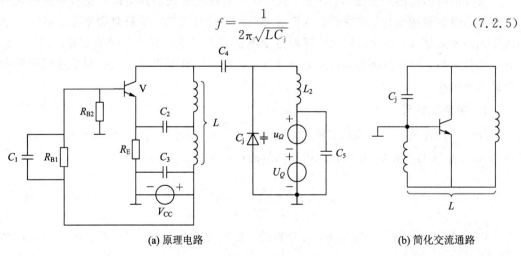

(a) 原理电路

(b) 简化交流通路

图 7.2.4　变容二极管直接调频电路

构成变容二极管直接调频电路的关键是如何将变容二极管及其控制电路接入 LC 正弦波振荡器的谐振回路中。谐振回路基本电路如图 7.2.5(a) 所示，U_Q 为变容二极管的静态偏置电压，它给变容二极管提供反向偏压，以保证变容二极管在调制电压 $u_\Omega(t)$ 作用时，始终工作于反偏状态（这要求 $|u_\Omega(t)|<U_Q$），这样可以获得较好的压控电容特性。$u_\Omega(t)$ 和 U_Q 相叠加后通过线圈 L_1 加到变容二极管的两端。为了既能将控制电压 $u_\Omega(t)$ 和 U_Q 有效地加到变容二极管两端，又能避免振荡回路与调制信号源之间的相互影响，图中加入了辅助元件 L_1、C_2 和 C_1。其中，L_1 为高频扼流圈，它对高频信号呈开路、对调制信号呈短路；C_2 为高频旁路电容，它对高频信号呈短路、对调制信号呈开路；C_1 为隔直耦合电容，它对高频信号呈短路，对调制信号呈开路，并用来防止直流电压 U_Q 通过 L 而发生短路。这样，对高频振荡信号而言，振荡回路的等效电路（高频通路）如图 7.2.5(b) 所示，它由电感 L 和变容二极管结电容 C_j 组成，不受控制电路的影响。对直流和调制信号而言，图 7.2.5(a) 的等效电路（直流和调制信号通路）如图 7.2.5(c) 所示，$u_\Omega(t)$ 和 U_Q 有效地加到了变容二极管上，不受振荡回路的影响。

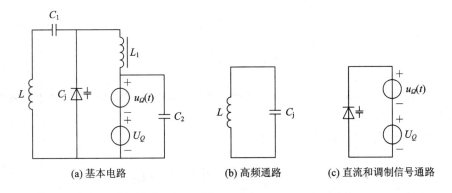

(a) 基本电路　　　　(b) 高频通路　　　　(c) 直流和调制信号通路

图 7.2.5　变容二极管及其控制电路接入谐振回路

当可忽略变容二极管两端的高频振荡电压时，加在变容二极管两端的电压为

$$u=-[U_Q+u_\Omega(t)] \tag{7.2.6}$$

由于变容二极管具有图 7.2.3(b) 所示的压控电容特性，所以当 $u_\Omega(t)$ 变化时，变容二极管的结电容 C_j 随之变化。设调制信号为单频信号 $u_\Omega(t)=U_{\Omega m}\cos(\Omega t)$，图解可得 C_j 的变化，如图 7.2.3(c) 所示，这样振荡频率也随调制信号 $u_\Omega(t)$ 而变化，适当调节变容二极管的特性和电路参数，可以使振荡频率的变化与调制信号近似呈线性关系，从而实现调频。

3. 电路性能分析

当调制信号 $u_\Omega(t)=0$ 时，变容二极管在静态偏压 U_Q 作用下呈现的电容为

$$C_{jQ}=\frac{C_{j0}}{\left(1+\dfrac{U_Q}{U_B}\right)^\gamma} \tag{7.2.7}$$

当调制信号 $u_\Omega(t)$ 作用时，将式(7.2.6)、式(7.2.7)代入式(7.2.4)中，可得变容二极管结电容随调制信号电压变化的规律为

$$C_{\mathrm{j}} = \frac{C_{\mathrm{j}0}}{\left(1 - \dfrac{u}{U_{\mathrm{B}}}\right)^{\gamma}} = \frac{C_{\mathrm{j}0}}{\left\{1 - \dfrac{-[U_{Q} + u_{\Omega}(t)]}{U_{\mathrm{B}}}\right\}^{\gamma}}$$

$$= \frac{C_{\mathrm{j}0}}{\left(1 + \dfrac{U_{Q}}{U_{\mathrm{B}}}\right)^{\gamma}\left[1 + \dfrac{u_{\Omega}(t)}{U_{\mathrm{B}} + U_{Q}}\right]^{\gamma}} = C_{\mathrm{j}Q}\frac{1}{(1+x)^{\gamma}} \tag{7.2.8}$$

式中

$$x = \frac{u_{\Omega}(t)}{U_{Q} + U_{\mathrm{B}}} \tag{7.2.9}$$

称为归一化的调制信号,其值恒小于 1。

进一步将式(7.2.8)代入式(7.2.5),得到振荡频率随归一化调制信号 x 变化的规律为

$$f = \frac{1}{2\pi\sqrt{LC_{\mathrm{j}}}} = \frac{1}{2\pi\sqrt{LC_{\mathrm{j}Q}\dfrac{1}{(1+x)^{\gamma}}}} = \frac{1}{2\pi\sqrt{LC_{\mathrm{j}Q}}}(1+x)^{\frac{\gamma}{2}}$$

$$= f_{\mathrm{c}}(1+x)^{\frac{\gamma}{2}} \tag{7.2.10}$$

式中

$$f_{\mathrm{c}} = \frac{1}{2\pi\sqrt{LC_{\mathrm{j}Q}}} \tag{7.2.11}$$

表示未受调制时,即 $u_{\Omega}(t) = 0$ 时的振荡频率,也就是调频信号的载波频率(中心频率),其值由静态偏压 U_{Q} 控制。

由式(7.2.10)可见,当 $\gamma = 2$ 时,有

$$f(t) = f_{\mathrm{c}}(1+x) = f_{\mathrm{c}}\left[1 + \frac{u_{\Omega}(t)}{U_{Q} + U_{\mathrm{B}}}\right] \tag{7.2.12}$$

此时,振荡频率 $f(t)$ 与调制信号 $u_{\Omega}(t)$ 呈线性关系,从而实现了理想的线性调频。

单频调制时,将 $u_{\Omega}(t) = U_{\Omega\mathrm{m}}\cos(\Omega t)$ 代入式(7.2.9),得

$$x = \frac{U_{\Omega\mathrm{m}}}{U_{Q} + U_{\mathrm{B}}}\cos(\Omega t) = m_{\mathrm{c}}\cos(\Omega t) \tag{7.2.13}$$

式中,$m_{\mathrm{c}} = \dfrac{U_{\Omega\mathrm{m}}}{U_{Q} + U_{\mathrm{B}}}$,称为电容调制度,由于 $U_{Q} > U_{\Omega\mathrm{m}}$,所以 $m_{\mathrm{c}} < 1$。将式(7.2.13)代入式(7.2.12),得

$$f(t) = f_{\mathrm{c}}(1+x) = f_{\mathrm{c}}(1 + m_{\mathrm{c}}\cos(\Omega t)) \tag{7.2.14}$$

可知,此时最大频偏 $\Delta f_{\mathrm{m}} = m_{\mathrm{c}}f_{\mathrm{c}}$。

一般情况下,$\gamma \neq 2$,这时可利用数学公式:

$$(1+x)^{\alpha} = 1 + \alpha x + \frac{\alpha(\alpha-1)}{2!}x^2 + \cdots + \frac{\alpha(\alpha-1)(\alpha-2)\cdots(\alpha-n+1)}{n!} + \cdots, \quad |x| < 1$$

将式(7.2.10)在 $x = 0$ 处展开成麦克劳林级数。若设 m_{c} 足够小,可以忽略麦克劳林级数展开式中 x 的三次方及其以上各次方项,则

$$f(t) = f_{\mathrm{c}}(1+x)^{\frac{\gamma}{2}} \approx f_{\mathrm{c}}\left[1 + \frac{\gamma}{2}x + \frac{\dfrac{\gamma}{2}\left(\dfrac{\gamma}{2}-1\right)}{2!}x^2\right]$$

将式(7.2.13)代入上式，则得

$$f(t) \approx f_c + \frac{\gamma}{8}\left(\frac{\gamma}{2}-1\right)m_c^2 \cdot f_c + \frac{\gamma}{2}m_c f_c \cdot \cos(\Omega t) +$$

$$\frac{\gamma}{8}\left(\frac{\gamma}{2}-1\right)m_c^2 f_c \cdot \cos(2\Omega t) \qquad (7.2.15)$$

式(7.2.15)中，第 1 项 f_c 是未调制的载波频率，即调频信号的中心频率，其值由式 (7.2.11)确定；第 3 项 $\frac{\gamma}{2}m_c f_c \cdot \cos(\Omega t)$，为线性调频项，由此项可求得最大频偏为

$$\Delta f_m \approx \frac{\gamma}{2}m_c f_c \qquad (7.2.16)$$

因此，选择 γ 值大的变容二极管、增大电容调制度 m_c、提高载波频率 f_c 均可提高最大频偏 Δf_m。此外，由式(7.2.16)还可求得调频灵敏度为

$$S_F = \frac{\Delta f_m}{U_{\Omega m}} \approx \frac{\gamma}{2}\frac{m_c f_c}{U_{\Omega m}} = \frac{\gamma}{2}\frac{f_c}{U_Q + U_B} \approx \frac{\gamma}{2}\frac{f_c}{U_Q} \qquad (7.2.17)$$

式(7.2.15)中第 4 项 $\frac{\gamma}{8}\left(\frac{\gamma}{2}-1\right)m_c^2 f_c \cdot \cos(2\Omega t)$，为二次谐波失真分量，其最大频偏为

$$\Delta f_{m2} \approx \frac{\gamma}{8}\left(\frac{\gamma}{2}-1\right)m_c^2 f_c \qquad (7.2.18)$$

由式(7.2.18)可见，当 m_c 增大时，可使二次谐波分量增大，所以 m_c 不能选得太大。相应的调频信号的二次谐波失真系数为

$$k_{f2} = \left|\frac{\Delta f_{m2}}{\Delta f_m}\right| \approx \left|\frac{m_c}{4}\left(\frac{\gamma}{2}-1\right)\right| \qquad (7.2.19)$$

式(7.2.15)中第 2 项 $\frac{\gamma}{8}\left(\frac{\gamma}{2}-1\right)m_c^2 \cdot f_c$，为中心频率偏离 f_c 的数值，称为载频漂移，记为 Δf_c，即

$$\Delta f_c = \frac{\gamma}{8}\left(\frac{\gamma}{2}-1\right)m_c^2 \cdot f_c \qquad (7.2.20)$$

相应的中心频率的相对偏离值为

$$\frac{\Delta f_c}{f_c} = \frac{\gamma}{8}\left(\frac{\gamma}{2}-1\right)m_c^2 \qquad (7.2.21)$$

由上述各式可知，当变容二极管确定后(即 γ 确定后)，调制信号电压 $U_{\Omega m}$ 越大，则 m_c 越大，Δf_m 越大，非线性失真系数和中心角频率相对偏离值也越大。也就是说，调频信号能够达到的最大频偏受非线性失真和中心频率相对偏离值的限制。

4. 变容二极管部分接入式直接调频电路

为了减小 $\gamma \neq 2$ 所引起的非线性失真，以及减小因温度、偏置电压、高频振荡电压等对 C_{jQ} 的影响所造成的调频信号中心频率的不稳定，在实际应用中，常采用变容二极管部分接入振荡回路的直接调频电路(又称为小频偏直接调频电路)。图 7.2.6 所示的为 C_j 部分接入时振荡回路的局部电路和等效电路，图中变容二极管串联电容 C_2、并联电容 C_1 后接入振荡回路，因而降低了 C_{jQ} 对振荡频率的影响，提高了中心频率的稳定度；同时，适当调节

C_1、C_2 可使调制特性接近于线性。但采用变容二极管部分接入振荡回路而构成的直接调频电路，其调制灵敏度和最大频偏都要降低。

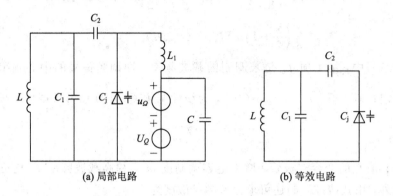

(a) 局部电路　　　　　　　　　(b) 等效电路

图 7.2.6　变容二极管部分接入振荡回路

5. 石英晶体振荡器直接调频电路

上面讲述的 LC 振荡器组成的变容二极管直接调频电路，中心频率的稳定度较差，在中心频率稳定要求较高的场合，可以采用晶体振荡器来组成变容管直接调频电路。但是由于 C_j 变化时振荡频率只能在石英晶体的串联谐振频率 f_s 和并联谐振频率 f_p 之间变化，而 f_s 和 f_p 很接近，所以石英晶体振荡器直接调频电路产生的频偏很小，一般相对频偏 $\Delta f_m/f_c$ 只能达到 $10^{-3} \sim 10^{-4}(0.01\%)$ 数量级。

1）调频原理

变容二极管可与石英晶体串联或并联，常用的是串联。在石英晶体振荡器电路中，晶体支路上串联变容二极管，可以扩大石英晶体的感性区域。电路的简化交流通路如图 7.2.7(a) 所示，石英晶体作为电感元件与变容二极管串联。图 7.2.7(b)、(c) 示出了变容二极管与石英晶体串联支路的等效电路及其谐振特性。图 7.2.7(c) 中 f_s、f_p 分别为未接入变容二极管时石英晶体本身参数 L、C、C_0 确定的串联和并联谐振频率。其中

$$f_s = \frac{1}{2\pi\sqrt{LC}} \tag{7.2.22}$$

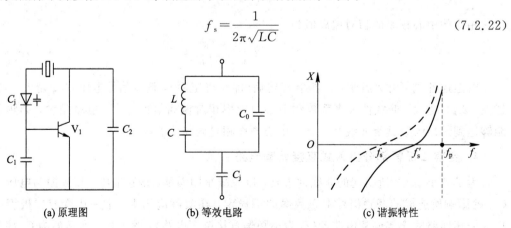

(a) 原理图　　　　　　　(b) 等效电路　　　　　　　(c) 谐振特性

图 7.2.7　晶体振荡器直接调频电路原理

由于 $C \ll C_0$，$C_j \ll C_1$，$C_j \ll C_2$，故串联变容二极管后的谐振频率约为

$$f_s' = \frac{1}{2\pi\sqrt{L\,\dfrac{CC_j}{C+C_j}}} \tag{7.2.23}$$

显然 $f_p > f_s' > f_s$，当 C_j 受控于调制信号 u_Ω 时，f_s' 将随 u_Ω 在 f_s、f_p 之间变化，实现调频。

石英晶体振荡器直接调频电路的优点是中心频率稳定度高，但由于振荡回路引入了变容二极管，其中心频率稳定度相对于不调频的石英晶体振荡器有所降低，一般频率稳定度 $(\Delta f_c/f_c) \leqslant 10^{-5}$。

2）实际电路

图 7.2.8 示出了无线话筒中发射机的 100 MHz 石英晶体振荡器直接调频电路。语音信号经驻极体电容微音器 MIC 变换为电信号，通过晶体管 V_1 放大后作为调制信号加至变容二极管上，变容二极管与石英晶体串接后直接调频。晶体管 V_2 集电极上的谐振回路调谐在振荡频率的三次谐波上，来完成对振荡信号的三次倍频功能。

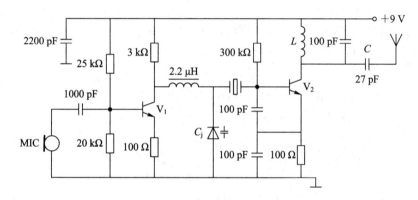

图 7.2.8　无线话筒中发射机的 100 MHz 石英晶体振荡器直接调频电路

7.2.3　间接调频电路

1. 调相的实现方法

若先对调制信号 $u_\Omega(t)$ 进行积分，再去调相，结果得到的是调频信号，这就是间接调频。实现间接调频的关键是要有性能优越的调相电路。实现调相的方法很多，主要可归纳为矢量合成法、可变相移法和可变时延法。

1）矢量合成法调相

单频调制时，调相信号可表示为

$$\begin{aligned} u_{PM}(t) &= U_m\cos[\omega_c t + m_p\cos(\Omega t)] \\ &= U_m\cos(\omega_c t)\cos[m_p\cos(\Omega t)] - U_m\sin(\omega_c t)\sin[m_p\cos(\Omega t)] \end{aligned} \tag{7.2.24}$$

当 $m_p < (\pi/12)$，即 $m_p < 15°$，调相为窄带调相时，有

$$\cos[m_p\cos(\Omega t)] \approx 1, \quad \sin[m_p\cos(\Omega t)] \approx m_p\cos(\Omega t)$$

于是，式(7.2.24)便简化为

$$u_{PM}(t) \approx U_m\cos(\omega_c t) - U_m m_p\cos(\Omega t)\sin(\omega_c t) \tag{7.2.25}$$

此时产生的误差小于 3%。若误差允许小于 10%，则 m_p 可限制在 $(\pi/6)$，即 30° 以下。

式(7.2.25)表明：窄带调相信号近似由一个载波信号 $U_m\cos(\omega_c t)$ 和一个双边带信号 $U_m m_p\cos(\Omega t)\sin(\omega_c t)$ 叠加而成。如果用矢量表示，窄带调相就是这两个正交矢量进行合成，因此，这种调相方法称为矢量合成法，又称阿姆斯特朗法（Armstrong Method）。从理论上分析，这种方法只能不失真地产生 $m_p < (\pi/12)$ 的窄带调相信号。矢量合成法调相电路的组成模型如图 7.2.9 所示。

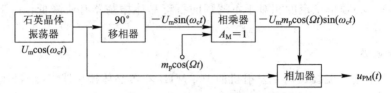

图 7.2.9　矢量合成法调相电路的组成模型

2）可变相移法调相

可变相移法调相电路的组成模型如图 7.2.10 所示，石英晶体振荡器产生的载波通过一个可控相移网络，该网络在载波角频率 ω_c 上产生的相移 $\varphi(\omega_c)$ 受调制信号电压 $u_\Omega(t)$ 控制，并与 $u_\Omega(t)$ 成正比，即

$$\varphi(\omega_c) = k_p u_\Omega(t)$$

因此，从可控相移网络的输出端可得到调相信号：

$$u_{PM}(t) = U_m\cos[\omega_c t + \varphi(\omega_c)] = U_m\cos[\omega_c t + k_p u_\Omega(t)] \tag{7.2.26}$$

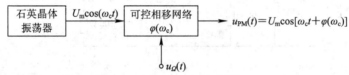

图 7.2.10　可变相移法调相电路的组成模型

3）可变时延法调相

可变时延法调相电路的组成模型如图 7.2.11 所示，石英晶体振荡器产生的载波通过一个可控时延网络后，输出信号为

$$u_{PM}(t) = U_m\cos[\omega_c(t-\tau)] \tag{7.2.27}$$

式(7.2.27)中的时延 τ 受调制信号电压 $u_\Omega(t)$ 控制，并与 $u_\Omega(t)$ 成正比，设比例系数为 k_d，则

$$\tau = k_d u_\Omega(t) \tag{7.2.28}$$

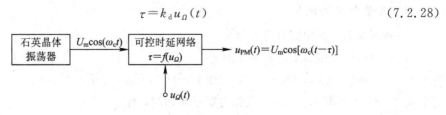

图 7.2.11　可变时延法调相电路的组成模型

将式(7.2.28)代入式(7.2.27)，得

$$u_{PM}(t) = U_m\cos[\omega_c t - \omega_c k_d u_\Omega(t)] \tag{7.2.29}$$

式中，附加相位 $\Delta\varphi(t) = -\omega_c k_d u_\Omega(t)$，它与调制信号电压 $u_\Omega(t)$ 成正比，因此实现了线性

调相。

2. 变容二极管调相电路

变容二极管调相电路属于可变相移法调相电路，它应用较广，是一种典型的调相电路。

在具体讨论变容二极管调相电路之前，下面先回顾第 2 章 2.1.1 节讨论过的并联谐振回路相频特性。恒流源 $\dot{I}_s$ 激励下的并联谐振回路如图 2.1.1 所示，谐振回路的相频特性为式(2.1.20)，相频特性曲线如图 2.1.3(b)所示。

变容二极管调相电路的原理电路如图 7.2.12(a)所示，图中 C_j 为变容二极管的结电容，它与电感 L 构成并联谐振回路，R_e 为回路的谐振电阻，$i_s(t)=I_{sm}\cos(\omega_c t)$ 为载波输入电流源。

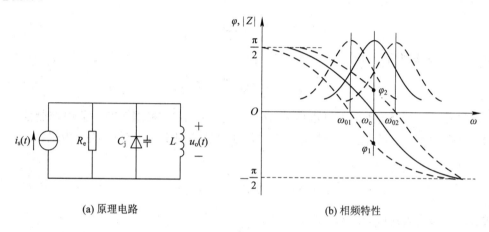

(a) 原理电路　　　　　　　　　　　　(b) 相频特性

图 7.2.12　变容二极管调相电路

当未加调制电压时，变容二极管的结电容 $C_j=C_{jQ}$，并联回路的谐振角频率为

$$\omega_0=\frac{1}{\sqrt{LC_{jQ}}}$$

令载波角频率 $\omega_c=\omega_0$，并联谐振回路复阻抗 Z 的相频特性如图 7.2.12(b)中过 ω_c 的实曲线所示。回路在 ω_c 上谐振，阻抗模最大，相移为零。

当加上调制电压时，C_j 将随调制电压的变化而变化，从而使回路的谐振角频率 ω_0 发生变化，并联谐振回路复阻抗的相频特性将在频率轴上移动，如图 7.2.12(b)中过 ω_{01}、ω_{02} 虚线所示。当 C_j 增大时，并联回路谐振角频率下降为 ω_{01}，相频特性曲线向左移，对应于载波角频率 ω_c 处，回路阻抗模下降，相移减小为 φ_1（为负值）；当 C_j 减小时，并联回路谐振角频率升高为 ω_{02}，相频特性曲线向右移，对应于载波角频率 ω_c 处，回路阻抗模也下降，但相移增大为 φ_2（为正值）。由此可见，当载波角频率保持为 ω_c 不变，C_j 随调制电压的变化而变化时，并联回路两端输出电压的振幅和相位也将随之变化，其中相位将在零值上下变化，从而达到调相的目的。

由于输入载波电流为

$$i_s(t)=I_{sm}\cos(\omega_c t) \tag{7.2.30}$$

其相量形式为

$$\dot{I}_s=\frac{I_{sm}}{\sqrt{2}}\angle 0°$$

设回路复阻抗的表达式为

$$Z = \frac{\dot{U}_o}{\dot{I}_s} = Z(\omega) e^{j\varphi(\omega)}$$

则可得回路两端的输出电压为

$$u_o(t) = I_{sm} Z(\omega_c) \cos[\omega_c t + \varphi(\omega_c)] \tag{7.2.31}$$

式中，$Z(\omega_c)$ 和 $\varphi(\omega_c)$ 分别为并联谐振回路对角频率为 ω_c 的信号所呈现的阻抗模和产生的相移。由于回路的谐振角频率 $\omega_0(t)$ 随调制信号而变化，所以回路对于角频率为 ω_c 的信号所产生的相移 $\varphi(\omega_c)$ 也随调制信号而变化。在失谐量不大时，根据并联谐振回路的相频特性（见式(2.1.20)）可得

$$\varphi(\omega_c) \approx -\arctan\left[2Q_e \frac{\omega_c - \omega_0(t)}{\omega_c}\right] \tag{7.2.32}$$

式中，Q_e 为并联回路的有载品质因数。当 $|\varphi(\omega_c)| < 30°$[即$(\pi/6)$rad]时，上式可近似为

$$\varphi(\omega_c) \approx -2Q_e \frac{\omega_c - \omega_0(t)}{\omega_c} \tag{7.2.33}$$

设加到变容二极管上的调制电压 $u_\Omega(t) = U_{\Omega m}\cos(\Omega t)$，根据 7.2.2 节中调制信号电压对回路谐振频率影响的分析，当 $U_{\Omega m}$ 足够小，使电容调制度 m_c 足够小时，由式(7.2.15)可得

$$\omega_0(t) \approx \omega_c\left[1 + \frac{\gamma}{2}m_c\cos(\Omega t)\right] \tag{7.2.34}$$

将式(7.2.34)代入式(7.2.33)，得

$$\varphi(\omega_c) \approx \gamma Q_e m_c \cos(\Omega t) \tag{7.2.35}$$

上式说明，在电路参数选择合理且相移变化在$\pm30°$范围以内时，载波电流通过图 7.2.12(a)所示电路时产生的相移变化 $\varphi(\omega_c)$ 与调制信号电压 $u_\Omega(t)$ 成正比，从而实现了线性调相。

将式(7.2.35)代入式(7.2.31)，则可得输出调相信号电压为

$$u_o(t) = I_{sm}Z(\omega_c)\cos[\omega_c t + \gamma Q_e m_c\cos(\Omega t)] \tag{7.2.36}$$

其调相指数和最大角频偏分别为

$$\begin{cases} m_p = \gamma m_c Q_e \\ \Delta\omega_m = \gamma m_c Q_e \Omega \end{cases} \tag{7.2.37}$$

需要说明的是，由式(7.2.36)可知，输出调相信号 $u_o(t)$ 的振幅与回路阻抗的模 $Z(\omega_c)$ 有关，而 $Z(\omega_c)$ 随调制信号的变化而变化，因此调相电路输出电压的幅度也受到了调制信号的控制，或者说输出电压被调相的同时也被调幅了，这种调幅是不需要的，称为寄生调幅，通常需采取措施来消除它，比如采用限幅电路消除它。

上面的分析过程表明，为了实现线性调相，必须限制调相波的最大附加相位，即调相指数 m_p，使之小于 30°，所以调相信号的最大频偏 $\Delta f_m = m_p F$ 不能很大。为了增大频偏，可以采用多级单回路构成的变容二极管调相电路。图 7.2.13 所示的是三级级联调相电路，各级间采用 1 pF 小电容耦合，以减小各回路之间的相互影响。每个回路的 Q 值由 22 kΩ 电阻调节，以使三个回路产生相同的相移，这样电路总相移近似为三个回路各自相移之和，可达 90°。

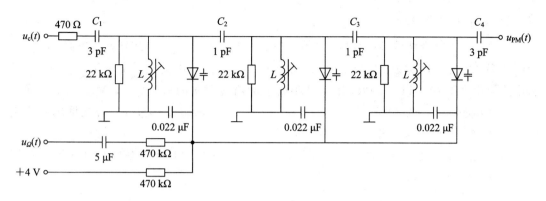

图 7.2.13　三级单回路级联的调相电路

3. 变容二极管间接调频电路

1）电路组成

采用变容二极管调相电路组成的间接调频电路如图 7.2.14(a)所示，图 7.2.14(b)为其简化等效电路。图 7.2.14(a)中，晶体管 V_1 构成载波放大器，它将来自晶体振荡器的角频率为 ω_c 的载波信号进行放大；电感 L 和变容二极管 V_2 构成调相电路；电阻 R、电容 C 对调制信号 $u_\Omega(t)$ 构成积分电路。

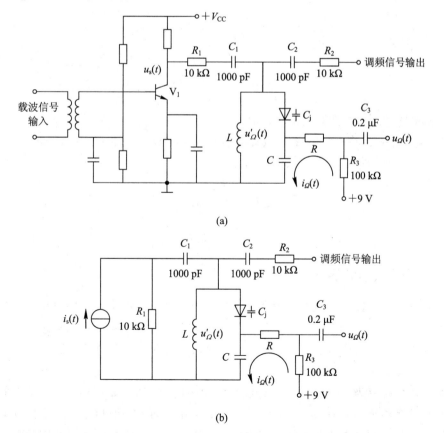

(a)

(b)

图 7.2.14　变容二极管间接调频电路

2) 工作原理及指标计算

载波放大器将载波信号放大后，其输出电压 $u_s(t)$ 通过 R_1、C_1 加到调相电路。C_1、C_2 为隔直耦合电容，对载波可视为短路，$u_s(t)$ 经 R_1 变成载波电流源后加至调相电路，故可将电路简化为图 7.2.14(b)。R_2 用来减小后级电路对回路的影响。$+9$ V 直流电压通过 R_3、R，以便提供变容二极管的反向偏置电压，R_3 用作调制信号与偏压源之间的隔离电阻。C_3 为调制信号耦合电容。

当满足电容 C 的容抗远小于 R 的要求时，即满足 $\Omega RC \gg 1$ 时，这样 $u_\Omega(t)$ 在 RC 电路中产生的电流为

$$i_\Omega(t) \approx \frac{u_\Omega(t)}{R}$$

该电流向电容 C 充电，因此，实际加到变容二极管上的调制电压 $u'_\Omega(t)$ 为

$$u'_\Omega(t) = \frac{1}{C}\int_0^t i_\Omega(t)\,\mathrm{d}t \approx \frac{1}{RC}\int_0^t u_\Omega(t)\,\mathrm{d}t \tag{7.2.38}$$

当单频调制，$u_\Omega(t) = U_{\Omega m}\cos(\Omega t)$ 时，可得

$$u'_\Omega(t) = \frac{1}{RC}\int_0^t U_{\Omega m}\cos(\Omega t)\,\mathrm{d}t = \frac{1}{\Omega RC}U_{\Omega m}\sin(\Omega t)$$
$$= U'_{\Omega m}\sin(\Omega t)$$

式中的 $U'_{\Omega m} = \dfrac{1}{\Omega RC}U_{\Omega m}$，为实际加到变容二极管两端的调制信号的振幅，这时的电容调制度为

$$m_c = \frac{U'_{\Omega m}}{U_B + U_Q} = \frac{U_{\Omega m}}{\Omega RC(U_B + U_Q)}$$

因此，根据式 (7.2.36) 可推知输出调频信号为

$$u_o(t) = I_{sm}Z(\omega_c)\cos[\omega_c t + \gamma Q_e m_c \sin(\Omega t)] = U_m\cos[\omega_c t + m_f\sin(\Omega t)] \tag{7.2.39}$$

该调频信号的调频指数及最大角频偏分别为

$$\begin{cases} m_f = \dfrac{\gamma Q_e U_{\Omega m}}{\Omega RC(U_B + U_Q)} \\[3mm] \Delta\omega_m = m_f\Omega = \dfrac{\gamma Q_e U_{\Omega m}}{RC(U_B + U_Q)} \end{cases} \tag{7.2.40}$$

7.2.4　扩展最大频偏的方法

最大频偏 $\Delta\omega_m(\Delta f_m)$ 是调频电路的主要质量指标之一。在实际调频电路中，为了获得中心频率稳定而失真又很小的调频信号，往往很难使它的最大频偏达到要求。因此常常需要采取一些方法来扩展频偏。在实际调频设备中，常采用倍频器和混频器来获得所需的载波频率和最大频偏。

一个瞬时角频率为 $\omega = \omega_c + \Delta\omega_m\cos(\Omega t)$ 的调频信号，通过 n 次倍频器后，它的输出信号的瞬时角频率将变为 $n\omega = n\omega_c + n\Delta\omega_m\cos(\Omega t)$。由此可知，倍频器可以不失真地将调频信号的载波角频率和最大角频偏同时增大 n 倍。或者说，倍频器可以在保持调频信号的相对角频偏 $\Delta\omega_m/\omega_c = n\Delta\omega_m/n\omega_c$ 不变的条件下，成倍地扩展其最大角频偏。

如果将调频信号通过混频器，设本振信号角频率为 ω_L，则混频器输出的调频信号角频率变为 $\omega_c - \omega_L + \Delta\omega_m\cos(\Omega t)$。由此可知，混频器使调频信号的载波角频率降低为 $\omega_c - \omega_L$，但最大角频偏没有发生变化，仍为 $\Delta\omega_m$。换句话说，混频器可以在保持最大角频偏不变的情况下，改变调频信号的相对角频偏。

利用倍频器和混频器的上述特性，就可以在载波频率上达到频偏要求。例如，可以先用倍频器增大调频信号的最大频偏，然后再用混频器将调频信号的载波频率降低到规定的数值。这种方法对于直接调频电路和间接调频电路所产生的调频信号都是适用的。实现增大调频信号的最大频偏的电路组成框图如图 7.2.15 所示。

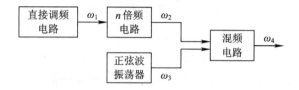

图 7.2.15　增大调频信号的最大频偏的电路组成框图

7.3　鉴　频　电　路

7.3.1　概述

调频信号的解调称为频率检波，简称鉴频，相应的解调装置称为频率检波器或鉴频器（Frequency Discriminator，FD）；调相信号的解调称为相位检波，简称鉴相，相应的解调装置称为相位检波器或鉴相器（Phase Discriminator，PD）。鉴频器和鉴相器的作用都是从已调信号中检出反映在频率或相位变化上的调制信号。本节主要讨论鉴频器及其工作原理，简要介绍鉴相器。

1. 常用鉴频方法和实现的电路模型

鉴频的方法很多，目前应用最广泛的是波形变换鉴频法。这类方法不是直接将调频信号瞬时频率的变化规律转变成电压取出来，而是将调频信号进行特定的波形变换，使变换后的波形中某一参量（如振幅、相位或平均值）反映调频信号瞬时频率的变化规律，然后把该参量转变成低频调制电压从而完成解调。根据波形变换的不同特点，波形变换鉴频法又可分为斜率鉴频、相位鉴频和脉冲计数式鉴频，此外还有利用锁相环路实现的鉴频方法。

1）斜率鉴频

调频信号是等幅信号，将等幅调频信号通过线性的频率-振幅线性变换网络，变成振幅随输入信号瞬时频率变化的调频调幅信号后送至包络检波器进行振幅检波，最后得到解调的低频调制信号。斜率鉴频的电路模型如图 7.3.1 所示。

图 7.3.1　斜率鉴频的电路模型

2）相位鉴频

先将等幅的调频信号送入频率-相位线性变换网络，将其变换成相位与瞬时频率成正比变化的调相-调频信号，然后通过鉴相器还原出原调制信号。相位鉴频的电路模型如图7.3.2所示。

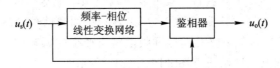

图 7.3.2　相位鉴频的电路模型

3）脉冲计数式鉴频

采用非线性变换网络将等幅的调频信号变换成调频等宽脉冲序列，当调频信号的频率增大时，单位时间内的脉冲数量增多，平均值将增大；当调频信号频率减小时，单位时间内的脉冲数量变少，平均值将减小。所以调频脉冲序列的平均值大小变化反映了调制信号的变化规律，若用低通滤波器取出平均值，则可还原出原调制信号。脉冲计数式鉴频的电路模型如图7.3.3所示。

图 7.3.3　脉冲计数式鉴频的电路模型

除了用以上的方法解调外，还可以采用脉冲计数的方法解调，即单位时间所计的脉冲数量越大，输出模拟电压越高；单位时间所计的脉冲数量越小，输出模拟电压越低，这样也可以得到低频调制信号。

4）利用锁相环路实现鉴频

利用锁相环路实现鉴频将在8.3节锁相环路中讨论。

2. 鉴频器的主要技术指标

鉴频器的主要特性是鉴频特性，即它的输出电压 u_o 与输入信号频率 f 之间的关系。多数鉴频器的鉴频特性如图7.3.4所示，曲线呈"S"形状，简称为 S 曲线。就鉴频器的功能而言，它是一个将输入调频信号的瞬时频率 f 变换为相应解调输出电压 u_o 的变换器。由图7.3.4可见，对应于调频信号的中心频率 f_c，输出电压 $u_o = 0$；当信号频率在 f_c 上、下变化时，分别得到正、负输出电压。理想的鉴

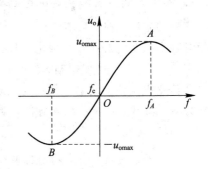

图 7.3.4　鉴频特性曲线

频特性应该是线性的，但实际上，只在中心频率 f_c 附近一定的范围内才能获得近似线性的鉴频特性。鉴频器的主要技术指标均可以从鉴频特性曲线上提取出来。

1）鉴频灵敏度

通常将鉴频特性曲线在中心频率 f_c 处的斜率称为鉴频灵敏度，也称鉴频跨导，用 S_D 表示，即

$$S_D = \frac{\mathrm{d}u_o}{\mathrm{d}f}\bigg|_{f=f_c} \qquad\qquad (7.3.1)$$

鉴频灵敏度 S_D 的物理意义是反映单位频偏所产生的输出电压的大小，一般来讲，希望 S_D 越大越好，S_D 越大，同样频偏的情况下能获得更高的输出电压。

2）鉴频频带宽度 BW_m

鉴频频带宽度是指鉴频特性接近直线的范围，如果将图 7.3.4 中鉴频特性曲线在两个峰值电压 $\pm u_{omax}$ 之间近似看成线性的，则 $BW_m = f_A - f_B$。为了实现单值线性鉴频，要求频带宽度 BW_m 大于调频信号最大频偏的两倍。

3）非线性失真

非线性失真指由于鉴频特性的非线性所产生的失真。

7.3.2　斜率鉴频器

斜率鉴频器的基本工作原理是利用波形变换电路将等幅调频信号变换成调频调幅信号，然后利用包络检波器检出幅度的变化进而完成解调，其实现的电路模型如图 7.3.1 所示。图中，波形变换是利用 LC 并联谐振回路工作在非谐振状态来实现的，因此斜率鉴频器又称为失谐回路鉴频器，按谐振回路的数目可分为单失谐回路斜率鉴频器和双失谐回路斜率鉴频器。

1. 单失谐回路斜率鉴频器

1）电路组成

单失谐回路斜率鉴频器的电路如图 7.3.5 所示，它由调频调幅变换器（作为频率–振幅线性变换网络）和振幅检波器（作为包络检波器）两部分组成。其中调频调幅变换器实际上是一个以 LC 并联谐振回路作负载的调谐放大器。与一般调谐放大器的不同之处在于回路的谐振频率 f_0 不在输入信号的中心频率 f_c 上，f_0 高于或低于信号中心频率 f_c。单失谐回路，由此而得名。

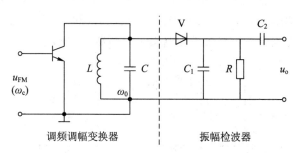

图 7.3.5　单失谐回路斜率鉴频器的电路

2）工作原理

（1）调频调幅变换器。当谐振频率 $f_0 \neq f_c$ 时，回路处于失谐状态，利用 LC 并联谐振回路谐振曲线的斜坡部分（图 7.3.6 中 $B-A-C$ 段），就能将频率的变化转换成振幅的变化，从而实现将等幅调频信号变换成振幅与调频信号频偏近似成正比的调频调幅信号，如图 7.3.6 所示。

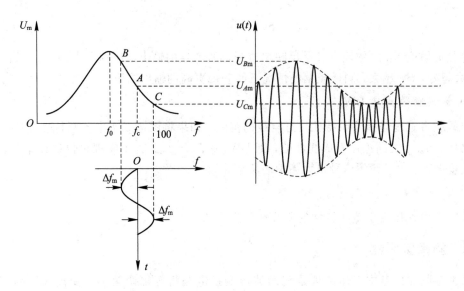

图 7.3.6　调频调幅变换器的频率-振幅变换原理

（2）振幅检波器。调频调幅变换器输出的调频调幅信号，经二极管包络检波解调出原调制信号。

3）鉴频特性分析

单失谐回路斜率鉴频器的鉴频特性就是单调谐回路的幅频特性。由于特性曲线的斜坡部分不是直线，当输入调频信号的频偏超过线性范围时，势必造成波形变换的非线性。故单失谐回路斜率鉴频器的输出波形失真较大，在实际中很少采用。

为了减小变换失真，可以采用双失谐回路斜率鉴频器。

2. 双失谐回路斜率鉴频器

1）电路组成

双失谐回路斜率鉴频器是由上下两个对称的单失谐回路斜率鉴频器连接而成的，也称为平衡斜率鉴频器。如图 7.3.7 所示，变压器 T 次级有两个并联谐振回路，鉴频时它们工作于失谐状态，所以称该电路为双失谐回路斜率鉴频器。

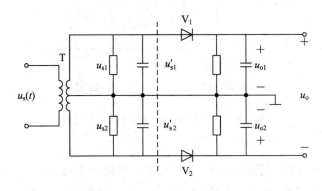

图 7.3.7　双失谐回路斜率鉴频器

2）工作原理

鉴频器工作时，需采用两个谐振曲线相同的回路，并将两个回路的谐振频率对称地调谐在调频信号中心频率 f_c 的两侧，如图 7.3.8(a) 所示。图中，f_{01}、f_{02} 分别为两个回路的谐振频率，它们关于 f_c 是对称的，即 $f_c - f_{01} = f_{02} - f_c$，这个差值必须大于调频信号的最大频偏，以避免鉴频失真。设调频信号在两个谐振回路产生的调频调幅信号分别为 u_1 和 u_2，它们的振幅分别为 U_{1m} 和 U_{2m}，且两个回路的幅频特性曲线如图 7.3.8(a) 所示。由于两个包络检波器的参数完全对称，故它们的输出电压 u_{o1} 和 u_{o2} 是反向的，起相互抵消作用，输出电压可表示为

$$u_o = u_{o1} - u_{o2} = k_d(u_1 - u_2) \approx u_1 - u_2 \tag{7.3.2}$$

式中，每个检波器的检波效率 $k_d \approx 1$。将 u_{o1} 与 u_{o2} 两曲线相减，即可得到图 7.3.8(b) 中所示的鉴频特性曲线。只要参数配置恰当，两回路幅频特性曲线中的弯曲部分就可相互补偿，从而形成较宽的线性鉴频范围。该电路常用于频偏较大的微波接力通信机中。

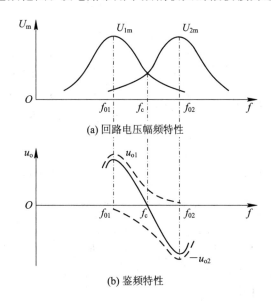

(a) 回路电压幅频特性

(b) 鉴频特性

图 7.3.8　双失谐回路斜率鉴频器的频率特性

3）鉴频特性分析

双失谐回路鉴频器的鉴频特性是利用上、下两个谐振回路幅频特性曲线的合成形成的。由于它采用了平衡电路，上、下两个单失谐回路的鉴频器特性可相互补偿，因此鉴频器的非线性失真小，线性范围和鉴频灵敏度较大。

7.3.3　相位鉴频器

相位鉴频器也称正交鉴频器，其基本工作原理是先将等幅调频信号送入频率-相位线性变换网络，将其变换成相位与瞬时频率成正比变化的调相调频信号，然后通过鉴相器还原出原调制信号。相位鉴频器的电路模型如图 7.3.2 所示。下面先介绍频率-相位线性变换网络，然后介绍鉴相器，最后介绍相位鉴频器。

1. 频率-相位线性变换网络

鉴频器中，广泛采用 LC 单谐振回路作为频率-相位线性变换网络，其电路如图 7.3.9(a)所示，另外，也可采用互感耦合谐振回路作为频率-相位线性变换网络。为了保证鉴频器的鉴频特性在 f_c 上输出为零，对频率-相位线性变换网络还要求能提供 90°的附加相移，所以实际的频率-相位线性变换网络常采用在并联谐振回路上串联一个电容 C_1。由图 7.3.9(a)可写出电路的电压传输系数为

$$A_u(j\omega) = \frac{\dot{U}_2}{\dot{U}_1} = \frac{1/\left(\dfrac{1}{R} + j\omega C - j\dfrac{1}{\omega L}\right)}{\dfrac{1}{j\omega C_1} + 1/\left(\dfrac{1}{R} + j\omega C - j\dfrac{1}{\omega L}\right)}$$

$$= \frac{j\omega C_1}{\dfrac{1}{R} + j\left(\omega C_1 + \omega C - \dfrac{1}{\omega L}\right)} \tag{7.3.3}$$

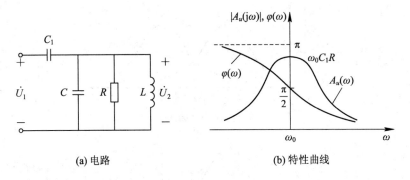

(a) 电路　　　　　　　　　(b) 特性曲线

图 7.3.9　单谐振回路频率-相位线性变换网络

令

$$\omega_0 = \frac{1}{\sqrt{L(C+C_1)}}, \quad Q_e = \frac{R}{\omega_0 L} \approx \frac{R}{\omega L} \approx \omega(C+C_1)R$$

将上式代入式(7.3.3)，则得

$$A_u(j\omega) = \frac{j\omega C_1 R}{1 + jQ_e\left(\dfrac{\omega^2}{\omega_0^2} - 1\right)} \tag{7.3.4}$$

在失谐不太大的情况下，式(7.3.4)可简化为

$$A_u(j\omega) \approx \frac{j\omega_0 C_1 R}{1 + jQ_e\dfrac{2(\omega - \omega_0)}{\omega_0}} \tag{7.3.5}$$

由此可以得到频率-相位线性变换网络的幅频特性和相频特性分别为

$$|A_u(j\omega)| = \frac{\omega_0 C_1 R}{\sqrt{1 + \left(2Q_e\dfrac{\omega - \omega_0}{\omega_0}\right)^2}} \tag{7.3.6}$$

$$\varphi(\omega) = \frac{\pi}{2} - \arctan\left(2Q_e\frac{\omega - \omega_0}{\omega_0}\right) \tag{7.3.7}$$

根据式(7.3.6)和式(7.3.7)可作出该频率-相位线性变换网络的幅频特性和相频特性曲线,如图 7.3.9(b)所示。由图可见,该网络能把频率的变化转换为相移的变化。

当失谐量很小,使 $\arctan\left(2Q_e\dfrac{\omega-\omega_0}{\omega_0}\right)<\dfrac{\pi}{6}$ 时,式(7.3.7)可简化为

$$\varphi(\omega)=\frac{\pi}{2}-2Q_e\frac{\omega-\omega_0}{\omega_0} \tag{7.3.8}$$

由式(7.3.8)可见,当失谐量很小时,可得到近似线性的相频特性。

若输入 $\dot{U}_1$ 为调频信号,其瞬时角频率 $\omega(t)=\omega_c+\Delta\omega(t)$,且 $\omega_0=\omega_c$,则式(7.3.8)可写成

$$\varphi(\omega)\approx\frac{\pi}{2}-\frac{2Q_e}{\omega_c}\Delta\omega(t) \tag{7.3.9}$$

式(7.3.9)说明,由频率-相位线性变换网络产生的相移 $\varphi(\omega)$ 与调频信号的瞬时角频偏 $\Delta\omega(t)$ 成正比。因此,当调频信号最大角频偏 $\Delta\omega_m$ 较小,使谐振回路失谐较小时,图 7.3.9(a)所示变换网络可不失真地完成频率-相位变换。

2. 鉴相器

鉴相器可以检出两个信号之间的相位差,完成相位差-电压变换作用。鉴相器有多种实现电路,大体上可以归纳为数字鉴相器和模拟鉴相器两大类。数字鉴相器由数字电路构成,其输入必须是数字信号,主要有门电路鉴相器、RS 触发器鉴相器和跳变沿触发的鉴频鉴相器三类;模拟鉴相器由模拟电路构成,广泛用于相位鉴频器中,主要有乘积型和叠加型两种。下面介绍乘积型鉴相器、门电路鉴相器和叠加型鉴相器。

1)乘积型鉴相器

乘积型鉴相器的电路实现模型如图 7.3.10 所示,模拟相乘器用来检出两个输入信号之间的相位差,并将相位差变换为电压信号 $u'_o(t)$,低通滤波器用于取出 $u'_o(t)$ 中的低频成分,滤除其中的高频成分,这样就可得到解调信号 $u_o(t)$。

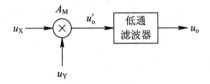

图 7.3.10　乘积型鉴相器的电路实现模型

根据相乘器输入信号的幅度大小的不同,乘积型鉴相器有三种不同的工作状态,下面分别加以说明。

(1)两个输入信号均为小信号。

设两个输入信号:

$$u_X(t)=U_{Xm}\cos(\omega_c t)$$

$$u_Y(t)=U_{Ym}\sin(\omega_c t+\varphi)=U_{Ym}\cos\left(\omega_c t-\frac{\pi}{2}+\varphi\right)$$

均为小信号,$u_X(t)$ 与 $u_Y(t)$ 除了有相位差 φ 外,还有一个固定相位差 $\dfrac{\pi}{2}$,这样做的目的

是为了得到通过原点的鉴相特性，即 $\varphi = 0$ 时，$u_o = 0$。由于相乘器线性工作，故可得相乘器输出电压为

$$u_o'(t) = A_M u_X(t) u_Y(t) = A_M U_{Xm} U_{Ym} \cos(\omega_c t) \sin(\omega_c t + \varphi)$$

$$= \frac{1}{2} A_M U_{Xm} U_{Ym} \sin\varphi + \frac{1}{2} A_m U_{Xm} U_{Ym} \sin(2\omega_c t + \varphi)$$

式中，A_M 为相乘器的增益系数。通过低通滤波器可滤除上式中第二项所示的高频分量，得输出电压为

$$u_o(t) = A_d \sin\varphi \tag{7.3.10}$$

若设低通滤波器通带增益为 1，则式中 $A_d = \frac{1}{2} A_M U_{Xm} U_{Ym}$。上式说明，当 U_{Xm}、U_{Ym} 不变时，输出电压 u_o 与两个输入信号相位差 φ 的正弦值成正比。作出 u_o 与 φ 的关系曲线（称为鉴相器的鉴相特性曲线），如图 7.3.11 所示，它是一条正弦曲线，称为正弦鉴相特性。

当 $|\varphi| \leqslant 0.5\ \text{rad}$（约 $30°$）时，有 $\sin\varphi \approx \varphi$，因此可得

$$u_o = A_d \varphi \tag{7.3.11}$$

式(7.3.11)说明，乘积型鉴相器在输入均为小信号的情况下，只有当 $|\varphi| \leqslant 0.5\ \text{rad}$ 时，鉴相特性才接近于直线，可实现线性鉴相。由于 A_d 为鉴相特性直线段的斜率，因此它就是鉴相灵敏度，单位为 V/rad。

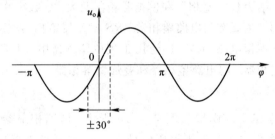

图 7.3.11　正弦鉴相特性

（2）两个输入信号中，一个为大信号，另一个为小信号。

不妨设 $u_X(t)$ 为大信号，$u_Y(t)$ 为小信号，$u_X(t)$ 控制相乘器使之工作在开关状态，则相乘器输出电压为

$$u_o'(t) = A_M u_Y(t) K_2(\omega_c t)$$

$$= A_M U_{Ym} \sin(\omega_c t + \varphi) \left[\frac{4}{\pi} \cos(\omega_c t) - \frac{4}{3\pi} \cos(3\omega_c t) + \cdots \right]$$

$$= \frac{2 A_M U_{Ym}}{\pi} [\sin\varphi + \sin(2\omega_c t + \varphi)] - \cdots \tag{7.3.12}$$

通过低通滤波器滤除高频分量，得

$$u_o(t) = A_d \sin\varphi \tag{7.3.13}$$

式中，$A_d = \frac{2 A_M U_{Ym}}{\pi}$。式(7.3.13)表明，乘积型鉴相器在输入信号中有一个为大信号时，鉴相特性仍为正弦特性，只不过鉴相灵敏度 A_d 仅与输入小信号的振幅 U_{Ym} 有关，而与输入大信号的振幅 U_{Xm} 无关。

（3）两个输入信号均为大信号。

设两个输入信号:

$$u_X(t) = U_{Xm}\cos(\omega_c t)$$

$$u_Y(t) = U_{Ym}\sin(\omega_c t + \varphi) = U_{Ym}\cos\left(\omega_c t - \frac{\pi}{2} + \varphi\right)$$

均为大信号,它们的波形如图 7.3.12(a)所示。由于模拟相乘器自身的限幅作用,可以将大信号 $u_X(t)$ 和 $u_Y(t)$ 作用于相乘器的结果等效地看成 $u_X(t)$ 和 $u_Y(t)$ 经双向限幅变成正、负对称的方波信号 $u_X'(t)$ 和 $u_Y'(t)$,如图 7.3.12(b)所示,然后经相乘得到输出电压 $u_o'(t)$,如图 7.3.12(c)所示,最后经过低通滤波器,取出 $u_o'(t)$ 中的平均分量,即可得解调信号 $u_o(t)$。设低通滤波器的通带增益为 1,则由图 7.3.12(c)可得

$$u_o(t) = \frac{U_{om}'}{2\pi}\left[2\left(\frac{\pi}{2} + \varphi\right) - 2\left(\frac{\pi}{2} - \varphi\right)\right] = \frac{2U_{om}'}{\pi}\varphi \tag{7.3.14}$$

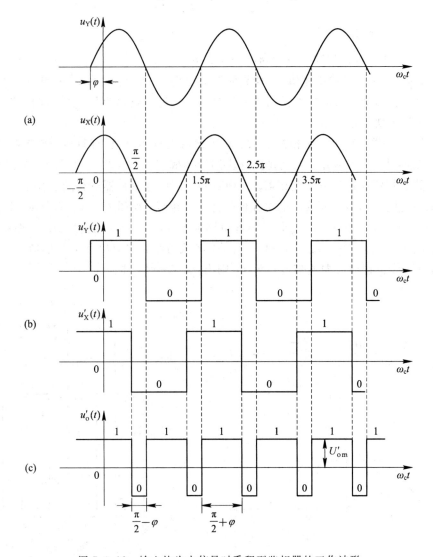

图 7.3.12　输入均为大信号时乘积型鉴相器的工作波形

由式(7.3.14)可作出相应的鉴相特性曲线,如图 7.3.13 所示,在 $|\varphi| \leqslant \pi/2$ 范围内,

鉴相特性为一条通过原点的直线。当 $|\varphi| > \pi/2$ 时，鉴相特性向两侧周期性重复，如图 7.3.13 中虚线所示，鉴相特性为三角形特性。可见，当乘积型鉴相器输入均为大信号时，在 $|\varphi| \leqslant \pi/2$ 范围内可实现线性鉴相。

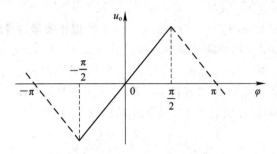

图 7.3.13 三角形鉴相特性

2）门电路鉴相器

图 7.3.12 中，若将脉冲信号的高电平用逻辑 1 表示，低电平用逻辑 0 表示，则 $u'_o(t)$ 在 $u'_X(t)$ 和 $u'_Y(t)$ 相同时输出逻辑 1，相异时输出逻辑 0，即 $u'_o(t)$ 为 $u'_X(t)$ 和 $u'_Y(t)$ 的同或逻辑输出，可见将两个输入信号变换为脉冲信号后，通过门电路也可以检出两个输入信号之间的相位差，实现鉴相作用。

门电路鉴相器具有线性鉴相范围大、易于集成的优点，随着门电路响应速度的提高，门电路鉴相器得到广泛应用，尤其是广泛应用于集成锁相环路中。常用的门电路鉴相器有异或门电路鉴相器和或门电路鉴相器。下面对异或门电路鉴相器进行简要介绍。

异或门电路鉴相器由异或门电路和低通滤波器组成，如图 7.3.14（a）所示。设输入信号 $u_1(t)$ 和 $u_2(t)$ 为同周期的、占空比 50% 的矩形波电压，$u_2(t)$ 的相位比 $u_1(t)$ 滞后 φ，则异或门输出电压 $u'_o(t)$ 波形如图 7.3.14（c）所示，经低通滤波器取出其中的平均分量，即得鉴相输出电压。设低通滤波器通带增益为 1，则当 $|\varphi| \leqslant \pi$ 时，得

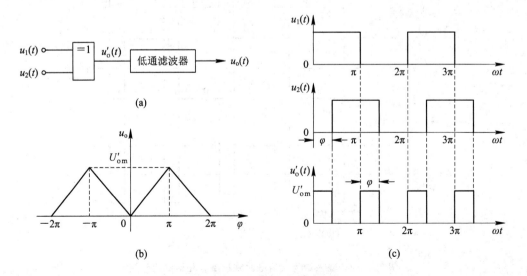

图 7.3.14 异或门电路鉴相器

$$u_o(t) = U'_{om} \frac{|\varphi|}{\pi}$$

由上式可画出鉴相特性曲线，如图 7.3.14(b)所示，当 $|\varphi| > \pi$ 时，鉴相特性向两侧周期性重复。

3）叠加型鉴相器

将两个输入信号叠加后加到包络检波器而构成的鉴相器称为叠加型鉴相器。

为了获得较大的线性鉴相范围，叠加型鉴相器通常采用图 7.3.15 所示的平衡电路，称为叠加型平衡鉴相器。图中，V_1、V_2 与 R、C 分别构成两个包络检波电路。设两输入电压分别为

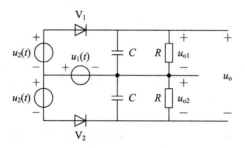

图 7.3.15　叠加型平衡鉴相器

$$u_1(t) = U_{1m}\cos(\omega_c t)$$

$$u_2(t) = U_{2m}\sin(\omega_c t + \varphi) = U_{2m}\cos\left(\omega_c t - \frac{\pi}{2} + \varphi\right)$$

由图可见，加到上、下两包络检波电路的输入电压分别为

$$u_{s1}(t) = u_1(t) + u_2(t) = U_{1m}\cos(\omega_c t) + U_{2m}\cos\left(\omega_c t - \frac{\pi}{2} + \varphi\right)$$

$$u_{s2}(t) = u_1(t) - u_2(t) = U_{1m}\cos(\omega_c t) - U_{2m}\cos\left(\omega_c t - \frac{\pi}{2} + \varphi\right)$$

根据矢量叠加定理，可得图 7.3.16 所示的矢量叠加图（图中均用电压的振幅来表示）。

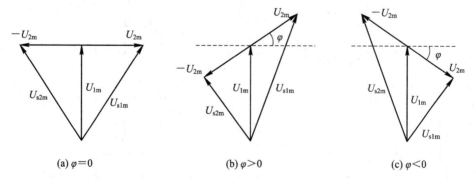

(a) $\varphi = 0$ 　　　　(b) $\varphi > 0$ 　　　　(c) $\varphi < 0$

图 7.3.16　$u_1(t)$ 与 $u_2(t)$ 的矢量叠加

当 $\varphi = 0$ 时，$u_2(t)$ 相位滞后于 $u_1(t)$ 90°，而 $-u_2(t)$ 相位超前于 $u_1(t)$ 90°，如图 7.3.16(a)所示，此时合成电压 U_{s1m} 与 U_{s2m} 相等，经包络检波后输出电压 u_{o1} 与 u_{o2} 大小相等，所以鉴相器输出电压 $u_o = u_{o1} - u_{o2} = 0$。

当 $\varphi > 0$ 时，$u_2(t)$ 相位滞后 $u_1(t)$ 小于 90°，而 $-u_2(t)$ 相位超前 $u_1(t)$ 大于 90°，如图 7.3.16(b)所示，此时合成电压 $U_{s1m} > U_{s2m}$，检波后的输出电压 $u_{o1} > u_{o2}$，所以鉴相器输出

电压 $u_o = u_{o1} - u_{o2} > 0$，为正值，且 φ 越大，输出电压 u_o 就越大。

当 $\varphi < 0$ 时，$u_1(t)$ 与 $u_2(t)$ 的矢量叠加如图 7.3.16(c) 所示，由图可见，$U_{s1m} < U_{s2m}$，则 $u_{o1} < u_{o2}$，所以鉴相器输出电压，$u_o = u_{o1} - u_{o2} < 0$，为负值，且 φ 的负值绝对值越大，u_o 的负值绝对值就越大。

综上可知，叠加型平衡鉴相器能将两个输入信号的相位差 φ 的变化变换为输出电压 u_o 的变化，实现了鉴相功能。其鉴相特性如图 7.3.17 所示，具有正弦鉴相特性，只有当 φ 比较小时，才具有线性鉴相特性。

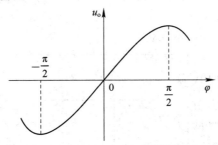

图 7.3.17　叠加型平衡鉴相器鉴相特性曲线

3. 相位鉴频器

相位鉴频器由频率-相位线性变换网络和鉴相器构成，采用乘积型鉴相器构成的称为乘积型相位鉴频器，采用叠加型鉴相器构成的则称为叠加型相位鉴频器，采用门电路鉴相器构成的一般称为符合门鉴频器。下面仅讨论一个乘积型相位鉴频器实例。

图 7.3.18 所示为某集成电路中的乘积型相位鉴频器电路，图中 $V_1 \sim V_7$ 构成双差分对

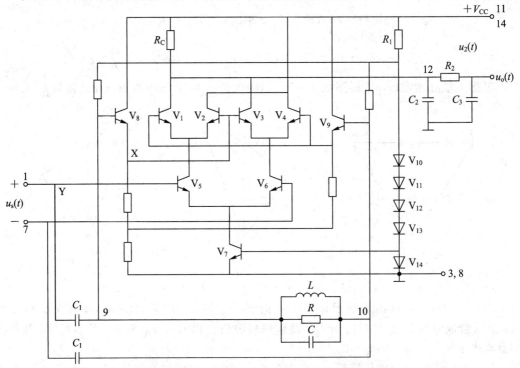

图 7.3.18　某集成电路中的乘积型相位鉴频器电路

模拟相乘器，R_1、$V_{10} \sim V_{14}$ 为直流偏置电路，它为 V_8、V_9 和双差分对晶体管提供所需的偏置电压。输入调频信号经中频限幅放大后，变成大信号 $u_s(t)$，由 1、7 端双端输入，一路信号直接送到相乘器的 Y 输入端，即 V_5、V_6 基极；另一路信号经 C_1、C、R、L 组成的单谐振回路频率-相位线性变换网络，变成调相调频信号，然后经射极输出器 V_8、V_9 耦合到相乘器的 X 输入端。双差分对相乘器采用单端输出，R_C 为负载电阻，经低通滤波器 C_2、R_2、C_3 便可输出所需的解调信号 $u_o(t)$。

7.3.4　限幅器

调频信号在产生和处理过程中往往会有寄生调幅存在，这种寄生调幅或是固有的，或是由噪声和干扰所产生的，故在鉴频前必须通过限幅器将它消除掉。

限幅器的性能用限幅特性表示，它说明限幅器输出基波电压振幅 U_{om} 与输入高频电压振幅 U_{sm} 的关系。典型的限幅特性如图 7.3.19 所示。由图可见，在 OA 段，输出电压 U_{om} 随输入电压的 U_{sm} 增加而增加，在 A 点右边，输入电压增加时，输出电压的增加趋缓。A 点称为限幅门限，相应的输入电压 U_P 称门限电压（或限幅电平）。显然，只有输入电压超过门限电压 U_P 时，限幅器才会产生限幅作用。通常要求 U_P 较小，因为 U_P 较小可降低对限幅器前置放大器增益的要求，放大器的级数就可减少。

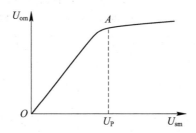

图 7.3.19　典型的限幅特性

限幅电路种类很多，如第 3 章讨论过的谐振功率放大器，当它工作在过压状态时就是一限幅器。下面再介绍两种限幅性能较好的常用电路。

1. 二极管限幅器

二极管限幅器电路简单，结电容小，工作频带宽，因此得到了广泛应用。图 7.3.20(a) 所示为常用的并联型双向二极管限幅电路，图中 V_1、V_2 是特性完全相同的二极管，要求二极管的正向电阻尽量小，反向电阻趋于无穷大。U_Q 为二极管的偏置电压，用以调节限幅电路的门限电压。R 为限流电阻，R_L 为负载电阻，通常 $R_L \gg R$。u_s 是经过放大的调频信号电压，其波形如图 7.3.20(b) 所示。当 u_s 较小时，加在 V_1、V_2 两端的电压值小于偏置电压 U_Q，V_1、V_2 均截止，电路不起限幅作用，这时输出电压等于

$$u_o = \frac{R_L}{R + R_L} u_s \approx u_s$$

当 u_s 逐渐增大到 $|u_s| > U_Q$ 后，V_1、V_2 导通（正半周 V_1 导通，负半周 V_2 导通），输出电压的幅值将被限制在 U_Q 上，其输出的限幅波形如图 7.3.20(b) 所示。

由图 7.3.20(b) 可见，考虑二极管正向导通电压，实际输出电压 u_o 幅度略大于门限电压 U_Q。u_s 的幅度越大或门限电压 U_Q 越小，输出 u_o 波形就越接近方波，即限幅效果越好。

通过上述限幅得到的是振幅一定的方波，若需要得到限幅正弦波，只要在后面接选频电路，取出限幅方波中的基波分量即可。由于图 7.3.20(b) 所示的波形关于 t 轴上下对称，因此它没有直流分量和偶次谐波分量，很容易通过滤波器取出其基波分量。

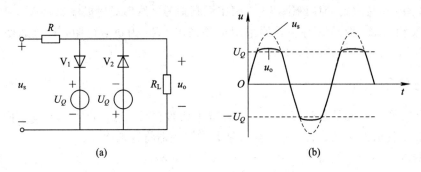

(a)　　　　　　　　　　　　　　(b)

图 7.3.20　二极管限幅器

2. 差分对晶体管限幅器

集成电路中通常采用差分对晶体管限幅器，基本电路及其差模传输特性分别如图 7.3.21(a)、(b) 所示。由图可见，当输入电压大于 100 mV 时限幅器就进入限幅状态，i_{C1} 和 i_{C2} 处于电流受限状态，此时集电极电流波形的上、下顶部被削平，且随着 u_s 的增大而逐渐趋于恒定，通过谐振回路可取出振幅恒定的基波电压。为了减小门限电压，在电源电压不变的情况下，可适当加大发射极电阻 R_E，这样 I_E 减小，门限也随之降低。集成电路中常用恒流源电路代替 R_E，效果更好。

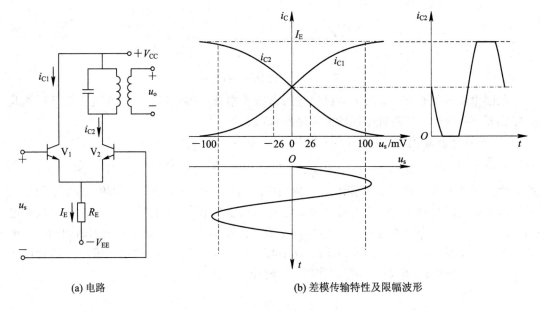

(a) 电路　　　　　　　　　　　(b) 差模传输特性及限幅波形

图 7.3.21　差分对管限幅器

在实际的调频接收设备中，往往采用多级差分放大器级联构成限幅中频放大电路，这样既有足够高的中频增益，又有极低的限幅电平。

练习题

7.1 已知调制信号 $u_\Omega = 8 \cdot \cos(2\pi \times 10^3 t)$ V，载波信号 $u_c = 5 \cdot \cos(2\pi \times 10^6 t)$ V，$k_f = 2\pi \times 10^3$ rad/(s·V)。试求调频信号的调频指数 m_f、最大频偏 Δf_m、有效频谱带宽 BW，写出调频信号的表达式。

7.2 在某调频发送设备中，调制信号振幅为 $U_{\Omega m}$，频率 $F = 500$ Hz，产生调频信号最大频偏 $\Delta f_m = 50$ kHz。

(1) 求该调频信号最大相移 $\Delta \varphi_m$（用 rad 表示）及带宽；

(2) 如果 F 不变，而调制信号振幅减小到 $\frac{1}{5} U_{\Omega m}$，求此时最大频偏 Δf_m；

(3) 如果 $U_{\Omega m}$ 不变，而 $F = 2.5$ kHz，求此时的 $\Delta \varphi_m$、Δf_m 及带宽。

7.3 调频振荡回路如图 7.2.5(a)所示，已知 $L = 2$ μH，变容二极管参数为 $C_{jQ} = 225$ pF、$\gamma = 0.5$、$U_B = 0.6$ V、$U_Q = 6$ V，调制电压为 $u_\Omega(t) = 3\cos(2\pi \times 10^4 t)$ V。试求下列调频信号的参数：(1) 载频；(2) 由调制信号引起的载频漂移；(3) 最大频偏；(4) 调频灵敏度；(5) 二阶失真系数。

7.4 给定调频信号中心频率 $f_c = 50$ MHz，最大频偏 $\Delta f_m = 75$ kHz，调制信号为正弦波，试求调频信号在以下三种情况下的调制指数和带宽。

(1) 调制信号频率为 $F = 300$ Hz；

(2) 调制信号频率为 $F = 3$ kHz；

(3) 调制信号频率为 $F = 15$ kHz。

7.5 若某调频接收设备限幅中频放大器的输出电压为 $u_I(t) = 100\cos(2\pi \times 10^7 t + 5\sin 2\pi \times 10^3 t)$ mV，后面所接鉴频电路的鉴频特性如题图 P7.1 所示，其中 $\Delta f = f - f_I$。试求：

(1) 该调频信号的最大频偏；

(2) 该鉴频器输出电压 $u_o(t)$ 的表达式。

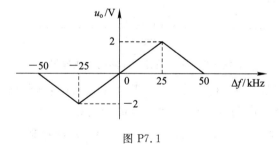

图 P7.1

第8章 反馈控制电路

由前几章介绍的各种功能的单元电路已经可以组成一个完整的通信系统或其他电子系统，但仅由这些单元电路组成的系统性能一般不太完善。为了提高通信和电子设备的性能或实现某些特定的功能，在实际电路中，广泛采用了各种类型的反馈控制电路。根据需要比较和调节的参量不同，反馈控制电路可分为以下三类。

（1）自动增益控制（Automatic Gain Control，AGC）电路又称自动电平控制电路，需要比较和调节的参量为电流和电压，用来控制输出信号的振幅。

（2）自动频率控制（Automatic Frequency Control，AFC）电路需要比较和调节的参量为频率，用于维持工作频率的稳定。

（3）自动相位控制（Automatic Phase Control，APC）电路又称为锁相环路（Phase Lock Loop，PLL），需要比较和调节的参量为相位，用于锁定相位。锁相环路能实现很多功能，应用非常广泛。

反馈控制电路的组成框图如图 8.0.1 所示。

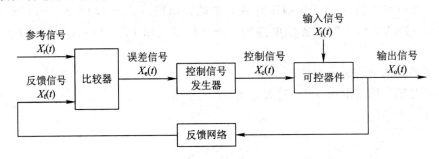

图 8.0.1　反馈控制电路的组成框图

图 8.0.1 中，比较器可以是电压比较器、频率比较器（鉴频器）或相位比较器（鉴相器）三种。它将参考信号 $X_r(t)$ 与反馈信号 $X_f(t)$ 进行比较，输出两者的误差信号 $X_e(t)$。$X_r(t)$ 和 $X_f(t)$ 可以是电压、频率或相位。误差信号 $X_e(t)$ 经控制信号发生器送出控制信号 $X_c(t)$，再经过可控器件得到输出信号 $X_o(t)$。反馈网络从输出信号 $X_o(t)$ 中取出所需要进行比较的分量作为反馈信号 $X_f(t)$，并加到比较器上。

本章将对三种类型的反馈控制电路进行介绍。重点介绍应用最为广泛的锁相环路。

8.1　自动增益控制电路

自动增益控制（AGC）电路是接收设备的主要辅助电路之一，另外它在发送设备和其他电子设备中也有广泛的应用。在通信、导航及遥测遥控系统中，由于受发射功率大小、收发距离远近、电磁波传播衰落等因素影响，接收设备接收的信号变化范围一般较大，信号微弱时可以是几微伏或几十微伏，信号强时可达几百毫伏。在接收强信号时，信号可能使接收设备阻塞；在接收弱信号时，信号可能丢失。我们希望接收设备在接收强信号时增益小一些，在接收弱信号时增益大些，这些靠人工实现是困难的，所以需要用自动增益控制电路来实现。

8.1.1　自动增益控制电路的作用

自动增益控制电路的作用是，当输入信号振幅变化很大时，保证接收设备输出信号恒定或基本不变。具体地说，当输入信号振幅很弱时，接收设备的增益大，自动增益控制电路不起作用；当输入信号很强时，自动增益控制电路进行控制，使接收设备的增益减小。图8.1.1 所示为自动增益控制电路组成框图。

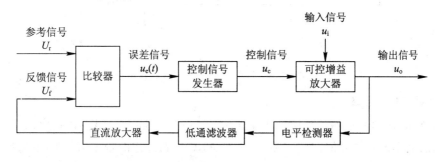

图 8.1.1　自动增益控制电路组成框图

比较器所比较的参量是信号电平，故应采用电压比较器。当输入信号 u_i 增大时，输出信号 u_o 也增大，电平检测器检测出输出信号的变化，并经过低通滤波器滤除不需要的较高频率分量，再经直流放大器放大后，产生反馈信号 U_f。反馈信号 U_f 与参考信号 U_r 经比较器比较产生误差信号 u_e，并由控制信号发生器产生控制信号 u_c，从而减小可控增益放大器的增益，使输出电压 u_o 振幅减小。同样，当输入信号 u_i 减小时，经过电平检测器、低通滤波器、直流放大器、比较器、控制信号发生器，产生的控制信号将使可控增益放大器的增益增加，输出信号 u_o 的振幅增大。也就是说，不论输入信号增大还是减小，由于 AGC 电路作用，将使输出信号振幅保持恒定或变化范围很小。

8.1.2　自动增益控制电路的类型

根据输入信号的特点及对控制的要求，自动增益控制（AGC）电路主要有以下几种类型。

1. 简单 AGC 电路

简单 AGC 电路特性曲线如图 8.1.2 所示。电路的参考电压 $U_r = 0$，只要输入信号振幅 U_{im} 增加，AGC 电路将起作用，使输出信号振幅 U_{om} 下降。因此简单 AGC 电路的缺点是，只要有输入信号，AGC 电路立即起作用，使可控制增益放大器的增益减小。这对输入信号较弱时的情况非常不利，所以它只适用于输入信号振幅大的情况。它的优点是电路简单，实际电路中不需要电压比较器。图 8.1.3 是含有简单 AGC 电路的调幅接收设备组成框图。

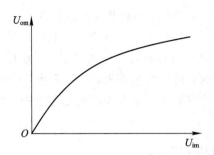

图 8.1.2　简单 AGC 电路特性曲线

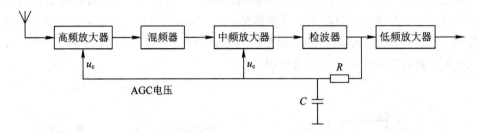

图 8.1.3　含有简单 AGC 电路的调幅接收设备组成框图

2. 延迟 AGC 电路

延迟 AGC 电路特性曲线如图 8.1.4 所示。图中 U_{imin} 和 U_{imax} 是 AGC 电路限定的输入信号振幅的最小值和最大值，U_{omin} 和 U_{omax} 是 AGC 电路限定的输出信号振幅的最小值和最大值。延迟 AGC 电路有一个起控门限电压，也就是 AGC 电路的参考信号 U_r。它对应的输入信号是 U_{imin}。当输入信号的振幅 U_{im} 小于 U_{imin} 时，AGC 电路不起作用，可控增益放大器的增益不发生变化，对微弱输入信号起到一定的放大作用；当输入信号的振幅 U_{im} 在 U_{imin} 和 U_{imax} 之间时，AGC 电路起控制作用，可控增益放大器的增益受控制信号的控制。这样，不管输入信号的振幅如何变化，输出信号的幅度保持恒定或基本不变；当输入信号振幅 U_{im} 大于 U_{imax} 时，AGC 电路不起作用。可见，只有输入信号振幅在 $U_{imin} \sim U_{imax}$ 范围内 AGC 电路才起作用，所以输入信号的动态范围为 $U_{imin} \sim U_{imax}$。

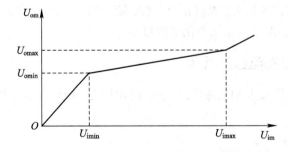

图 8.1.4　延迟 AGC 电路特性曲线

图 8.1.5 是含有延迟 AGC 电路的调幅接收设备的组成框图。此电路中由 AGC 检波器来提供 AGC 电压。当 AGC 检波器输入电压振幅小于参考电压 U_r 时，AGC 检波器不工作，AGC 电压为零，AGC 电路不起作用。当 AGC 检波器输入电压幅度大于参考电压 U_r 时，AGC 电路才起作用，即实现了延迟特性。

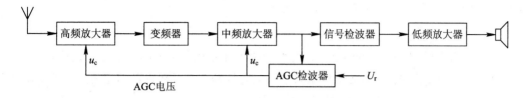

图 8.1.5 含有延迟 AGC 电路的调幅接收设备组成框图

3. 前置 AGC、后置 AGC、基带 AGC

前置 AGC 是指 AGC 处于解调电路之前,从高频(或中频)信号中提取检测信号,通过检波、直流放大来控制高频(或中频)放大器的增益;后置 AGC 是从解调后的信号中提取检测信号来控制高频(或中频)放大器的增益;基带 AGC 是整个 AGC 电路均在解调后的基带进行处理。基带 AGC 可以用数字处理的方法来完成,它将成为 AGC 电路的一种发展方向。

8.2 自动频率控制电路

自动频率控制(AFC)电路也叫自动频率微调电路,该电路需要比较和调节的参量为频率。在通信系统和电子设备中,频率是否稳定直接影响系统的性能。在工程上,为了提高频率的稳定性,经常采用自动频率控制电路。

8.2.1 自动频率控制电路的原理

自动频率控制电路由频率比较器、低通滤波器和可控频率电路组成。其组成框图如图 8.2.1 所示。

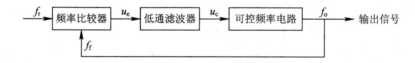

图 8.2.1 AFC 电路组成框图

1. 频率比较器

频率比较器所比较的两个信号,一个是频率为 f_r 的参考信号,一个是频率为 f_f 的反馈信号,它把两个信号的频率进行比较,转换为误差电压 u_e 输出,u_e 与比较的两个信号的振幅无关,即

$$u_e = S_D(f_r - f_f) = S_D \Delta f \tag{8.2.1}$$

式中 S_D 在一定的频率范围内是常数,实际上就是鉴频跨导。

常用的频率比较器有两种,一种是鉴频器,另一种是混频-鉴频器。前者的参考信号就是鉴频器的中心频率即载波频率,常用于将输出频率稳定在某一固定值的情况;后者用于参考信号频率不变的情况。在混频-鉴频器中,参考信号频率 f_r 与反馈信号频率 f_f 先进行混频,输出信号频率为 $(f_r - f_f)$,如果 $(f_r - f_f)$ 与鉴频器的中心频率 f_o 相同,则混频-鉴频器输出的误差电压 $u_e = 0$,如果 $(f_r - f_f)$ 与鉴频器的中心频率 f_o 不相同,则混频-鉴频

器输出的误差电压 $u_e \neq 0$，即有误差电压输出。

2. 低通滤波器

频率比较器输出的误差电压 u_e 的大小反映了参考信号频率 f_r 与反馈信号频率 f_f 的频差 $\Delta f = (f_r - f_f)$ 变化的快慢。低通滤波器只允许频差变化较慢的信号通过，滤除频差变化快的信号。这样，误差电压 u_e 经过低通滤波器产生控制电压 u_c。

3. 可控频率电路

可控频率电路是在控制电压 u_c 作用下，用来改变输出信号频率的电路。可控频率电路通常采用压控振荡器（Voltage-Controlled Oscillator，VCO），其输出振荡频率为

$$f_o = f_{o0} + k_c u_c \tag{8.2.2}$$

式中，f_{o0} 是控制电压 u_c 为零时 VCO 的振荡频率，称为 VCO 的固有振荡频率；k_c 是压控灵敏度。控制电压 u_c 控制 VCO 的振荡频率，使它的频率近似为所需的频率。

通过我们对上述各部分电路的分析可见，AFC 电路是利用频率比较器产生的误差电压来控制需要被稳定的振荡频率。由式（8.2.1）可知，由于误差电压（u_e）与参考信号频率（f_r）和反馈信号频率 f_f 的频差（Δf）成正比，若 $\Delta f = 0$，则 $u_e = 0$，经低通滤波器得到控制电压，$u_c = 0$，控制电路将不起作用，所以当达到稳定状态时，参考信号频率和反馈信号频率不能完全相等，一定有剩余频差 Δf 存在，这是 AFC 电路的缺点。我们希望剩余频差 Δf 越小越好。

8.2.2 自动频率控制电路的应用

前面我们介绍了自动频率控制电路的工作原理，下面我们用框图来说明自动频率控制电路在电子技术中的一些应用。

1. 稳定接收设备的中频频率

由于超外差接收设备的增益和选择性主要由中频放大器决定，所以要求中频频率很稳定。在接收设备中，中频频率是本振信号频率与外来信号频率之差。一般地，外来信号的频率稳定度较高，本机振荡器产生的本振信号频率稳定度较低，为提高其稳定性，需在接收设备中加入自动频率控制电路。图 8.2.2 所示是具有 AFC 电路的调幅接收设备组成框图。

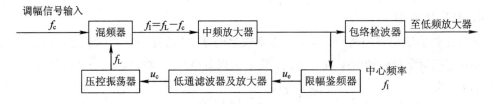

图 8.2.2　具有 AFC 电路的调幅接收设备组成框图

由图 8.2.2 可见，采用 AFC 电路的调幅接收设备与普通调幅接收设备相比，增加了限幅鉴频器、低通滤波器及放大器，把本机振荡器改为压控振荡器。载波频率为 f_c 的调幅信号与压控振荡器输出信号经混频器混频，输出的中频信号经过中频放大器放大后，除送到包络检波器外，还送到限幅鉴频器，限幅鉴频器的中心频率为 f_I，当压控振荡器输出的信号频率稳定为 f_L 时，混频器输出的中频信号频率恰为 $f_L - f_c = f_I$，这时，限幅鉴频器输

出的误差电压 $u_e=0$。而当压控振荡器输出的信号频率有偏移，为 $f_L+\Delta f_L$ 时，混频后得到的中频信号频率也发生偏移，为 $f_1+\Delta f_L$，此时，限幅鉴频器就会输出相应的误差电压 u_e，通过低通滤波器滤波和放大器放大，输出控制电压 u_c，u_c 控制压控振荡器，使其本振信号频率降低，从而使混频后得到的中频信号频率降低，达到稳定中频频率的目的。

类似地，AFC 电路也可用于调频接收设备中。如图 8.2.3 所示为具有 AFC 电路的调频接收设备组成框图。在调频接收设备中，由于接收设备本身有鉴频器，所以 AFC 电路不需外加鉴频器。

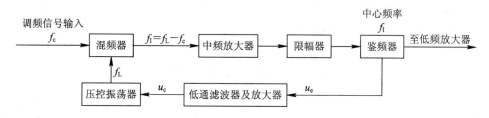

图 8.2.3 具有 AFC 电路的调频接收设备组成框图

2. 稳定调频发送设备的中心频率

为使调频发送设备不仅有大的频偏，而且有稳定的中心频率，可在调频发送设备中采用 AFC 电路。图 8.2.4 是具有 AFC 电路的调频发送设备组成框图。

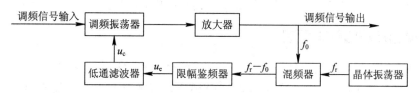

图 8.2.4 具有 AFC 电路的调频发送设备组成框图

图中，晶体振荡器是参考信号源，它的频率稳定性很高，其频率 f_r 是 AFC 电路的标准频率；调频振荡器的标称中心频率为 f_0；限幅鉴频器的中心频率为 f_r-f_0。当调频振荡器的中心频率发生偏移时，经混频器混频后输出的信号频率会偏移，使限幅鉴频器的输出电压发生变化，再经低通滤波器将反映调频波中心频率偏移程度的电压加到调频振荡器上，使它的中心频率偏移减小，稳定性提高。

3. 制成调频负反馈解调器

调频负反馈解调器是针对有噪声存在的情况而设计的。因为存在噪声时，调频解调器有一个解调门限值，当其输入端的信噪比高于解调门限值时，经解调后的输出信号的信噪比与输入端的信噪比呈线性关系。但当其输入端的信噪比低于解调门限值时，经解调后的输出信号的信噪比随输入端的信噪比的减小急剧下降。所以，要使调频解调器的输出信噪比较高，需保证输入端的信噪比高于解调门限值。调频负反馈解调器的解调门限值低于普通的限幅鉴频器。这样，采用调频负反馈解调器可以降低解调门限值，提高接收设备的灵敏度。

图 8.2.5 所示是调频负反馈解调器的组成框图。与普通调频接收设备的不同之处是低通滤波器取出的解调信号作为控制电压，并反馈给压控振荡器，使压控振荡器的振荡频率随调制信号变化。

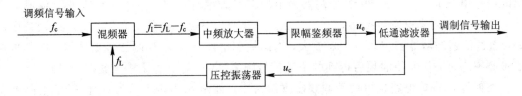

图 8.2.5　调频负反馈解调器的组成框图

自动频率控制(AFC)电路提高了频率的稳定性,但其输出信号频率与参考信号频率之间总要存在一定的频差,即输出信号频率与参考信号频率不能完全相同,如果要求二者完全相同需要采用下节将介绍的锁相环路(PLL)。

8.3　锁 相 环 路

锁相环路(Phase Lock Loop,PLL)也是一种以消除频率误差为目的的自动控制电路,但它不是直接利用频率误差信号,而是利用相位误差信号去消除频率误差。

锁相环路的基本理论早在 20 世纪 30 年代就已被提出,但直到 20 世纪 70 年代初,由于集成电路技术的迅速发展,可以将这种较为复杂的电子系统集成在一块硅片上,才引起电路工作者的广泛关注。目前,锁相环路在滤波、频率综合、调制与解调、信号检测等许多技术领域获得了广泛的应用,在模拟与数字通信系统中,已成为不可缺少的基本部件。

8.3.1　锁相环路的基本原理

众所周知,当两个正弦信号频率相等时,这两个信号之间的相位差必然保持恒定。若两个正弦信号频率不相等,则它们之间的瞬时相位差将随时间的变化而不断变化。换句话说,如果能保证两个信号之间的相位差恒定,那么这两个信号频率必相等。锁相环路就是利用两个信号之间的相位误差来控制压控振荡器输出信号的频率,最终使两个信号之间的相位差保持恒定,从而达到使两个信号频率相等的目的。

基本的锁相环路是由鉴相器(Phase Detector,PD)、环路滤波器(Loop Filter,LF)、压控振荡器(Voltage Control Oscillator,VCO)组成的,如图 8.3.1 所示。

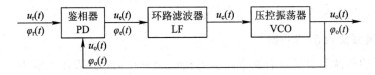

图 8.3.1　锁相环路的基本组成

鉴相器能够将输入信号(参考信号)$u_r(t)$ 的相位 $\varphi_r(t)$ 和压控振荡器输出信号 $u_o(t)$ 的相位 $\varphi_o(t)$ 进行比较,产生对应于这两个信号的相位差为 $\varphi_e(t)$ 的误差信号 $u_e(t)$。环路滤波器用来消除误差信号中的高频分量及噪声,提高系统的稳定性,它输出控制信号 $u_c(t)$。$u_c(t)$ 控制压控振荡器,使其输出信号频率与参考信号频率之差减小,直至最后两频率相等,压控振荡器频率被锁定在参考信号频率处。

为了进一步了解锁相环路的工作过程,下面先分析锁相环路的各个组成部分,分别求出它们的数学模型,然后得出锁相环路的数学模型,并对锁相环路进行定性分析。

1. 锁相环路的各个组成部分及其数学模型

1）鉴相器

鉴相器是相位比较器，参考信号和压控振荡器的输出信号是它的两个输入信号。它的作用是比较两个输入信号的相位，它的输出信号 $u_e(t)$ 是这两个输入信号的相位差 $\varphi_e(t)$ 的函数，可表示为

$$u_e(t) = f[\varphi_e(t)] = f[\varphi_r(t) - \varphi_o(t)] \tag{8.3.1}$$

鉴相器的形式很多，按其鉴相特性分为正弦鉴相器、三角鉴相器和锯齿鉴相器等。我们以正弦鉴相器为例，分析鉴相器的工作原理。典型的正弦鉴相器可用模拟相乘器和低通滤波器构成，其组成框图如图 8.3.2 所示。

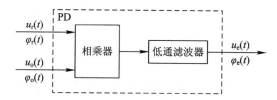

图 8.3.2 正弦鉴相器组成框图

设参考信号为

$$u_r(t) = U_{rm} \sin[\omega_r t + \varphi_r(t)] \tag{8.3.2}$$

式中，ω_r 为参考信号的角频率，$\varphi_r(t)$ 是以 $\omega_r t$ 为参考的瞬时相位。

压控振荡器输出信号是与参考信号相位相差 $\dfrac{\pi}{2}$ 的信号，表示为

$$u_o(t) = U_{om} \cos[\omega_{o0} t + \varphi_o(t)] \tag{8.3.3}$$

式中，ω_{o0} 为锁相环内压控振荡器的固有振荡角频率，是环路的一个重要参数；$\varphi_o(t)$ 是以 $\omega_{o0} t$ 为参考的瞬时相位，在未受控制时，$\varphi_o(t)$ 为常数，在受控制时，$\varphi_o(t)$ 为时间的函数。

一般情况下，上面两个输入信号的频率不同，因此参考相位也不同。为便于比较两者之间的相位差，我们统一以压控振荡器输出信号的 $\omega_{o0} t$ 为参考相位。这样参考信号可表示成

$$\begin{aligned} u_r(t) &= U_{rm} \sin[\omega_{o0} t + (\omega_r - \omega_{o0}) t + \varphi_r(t)] \\ &= U_{rm} \sin[\omega_{o0} t + \Delta\omega_0 t + \varphi_r(t)] \\ &= U_{rm} \sin[\omega_{o0} t + \varphi_1(t)] \end{aligned} \tag{8.3.4}$$

式中

$$\varphi_1(t) = \Delta\omega_0 t + \varphi_r(t) \tag{8.3.5}$$

$\Delta\omega_0 t = \omega_r - \omega_{o0}$ 是参考信号角频率与压控振荡器固有振荡角频率之差，称为固有频差。

将 $u_r(t)$ 和 $u_o(t)$ 相乘，经低通滤波器滤除 $2\omega_{o0}$ 分量，可以得到

$$u_e(t) = \frac{1}{2} K U_{rm} U_{om} \sin[\varphi_1(t) - \varphi_o(t)] = K_d \sin\varphi_e(t) \tag{8.3.6}$$

式中，$K_d = \dfrac{1}{2} K U_{rm} U_{om}$；$K$ 为相乘器的相乘系数；$\varphi_e(t) = \varphi_1(t) - \varphi_o(t)$ 为两个输入信号的瞬时相位差。由式(8.3.6)可知，相乘器作为鉴相器时的鉴相特性是正弦特性。正弦鉴相器的数学模型和鉴相特性分别如图 8.3.3 和图 8.3.4 所示。

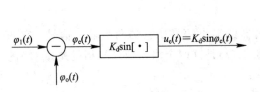

图 8.3.3　正弦鉴相器的数学模型

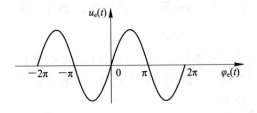

图 8.3.4　正弦鉴相器的鉴相特性

鉴相器数学模型的处理对象是 $\varphi_1(t)$ 和 $\varphi_o(t)$，不是原信号本身，这是数学模型和原理框图的区别。

在式(8.3.6)中，当 $\varphi_e(t) < \dfrac{\pi}{6}$ 时，$u_e(t) = K_d \sin\varphi_e(t) \approx K_d\varphi_e(t)$，此时，鉴相器工作在线性鉴相区域内。

2) 环路滤波器

环路滤波器是一个线性低通滤波器，用来滤除 $u_e(t)$ 中的高频分量和噪声，保证环路达到要求的性能，并且提高环路的稳定性。在锁相环路中常用的环路滤波器有 RC 积分滤波器、无源比例积分滤波器和有源比例积分滤波器，分别如图 8.3.5(a)、(b)、(c)所示。

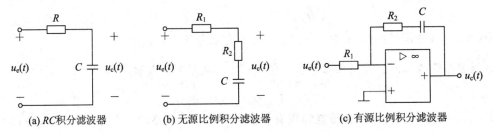

(a) RC 积分滤波器　　　　(b) 无源比例积分滤波器　　　　(c) 有源比例积分滤波器

图 8.3.5　环路低通滤波器

(1) RC 积分滤波器。

图 8.3.5(a)所示为常用的 RC 积分滤波器，它可将误差信号 $u_e(t)$ 中的高频分量滤除，产生控制信号 $u_c(t)$，它的传递函数为

$$F(\mathrm{j}\omega) = \frac{u_c(\mathrm{j}\omega)}{u_e(\mathrm{j}\omega)} = \frac{1/\mathrm{j}\omega C}{R + 1/\mathrm{j}\omega C} = \frac{1}{1 + \mathrm{j}\omega RC} \tag{8.3.7}$$

若用复频率 s 代替 $\mathrm{j}\omega$，令 $\tau = RC$，式(8.3.7)变为

$$F(s) = \frac{u_c(s)}{u_e(s)} = \frac{1}{1 + s\tau} \tag{8.3.8}$$

(2) 无源比例积分滤波器。

图 8.3.5(b)所示为无源比例积分滤波器，其传递函数为

$$F(\mathrm{j}\omega) = \frac{u_c(\mathrm{j}\omega)}{u_e(\mathrm{j}\omega)} = \frac{R_2 + 1/\mathrm{j}\omega C}{R_1 + R_2 + 1/\mathrm{j}\omega C} = \frac{1 + \mathrm{j}\omega R_2 C}{1 + \mathrm{j}\omega C(R_1 + R_2)} \tag{8.3.9}$$

若用 s 代替 $\mathrm{j}\omega$，令 $\tau_1 = R_1 C$，$\tau_2 = R_2 C$，式(8.3.9)变为

$$F(s) = \frac{u_c(s)}{u_e(s)} = \frac{1 + s\tau_2}{1 + s(\tau_1 + \tau_2)} \tag{8.3.10}$$

当 ω 很高时，式(8.3.9)近似为

$$F(j\omega) \approx \frac{R_2 C}{C(R_1+R_2)} = \frac{\tau_2}{\tau_1+\tau_2} \tag{8.3.11}$$

由式(8.3.11)可见，当角频率很高时，滤波器的传递函数近似成比例特性。比例积分滤波器名称由此而来。

（3）有源比例积分滤波器。

图 8.3.5(c)所示为有源比例积分滤波器，设运算放大器为理想运算放大器，则它的传递函数为

$$F(j\omega) = \frac{u_c(j\omega)}{u_e(j\omega)} = -\frac{R_2+1/j\omega C}{R_1} = -\frac{j\omega R_2 C+1}{j\omega R_1 C} \tag{8.3.12}$$

若用 s 代替 $j\omega$，令 $\tau_1 = R_1 C$，$\tau_2 = R_2 C$，式(8.3.12)变为

$$F(s) = \frac{u_c(s)}{u_e(s)} = -\frac{s\tau_2+1}{s\tau_1} \tag{8.3.13}$$

通过上述分析可知，环路滤波器输出电压为

$$u_c(s) = F(s) u_e(s) \tag{8.3.14}$$

如果将式(8.3.14)中的复频率 s 改为微分算子 p，可得 $u_c(t)$ 和 $u_e(t)$ 之间的微分方程为

$$u_c(t) = F(p) u_e(t) \tag{8.3.15}$$

由式(8.3.15)可得环路滤波器的数学模型，如图 8.3.6 所示。

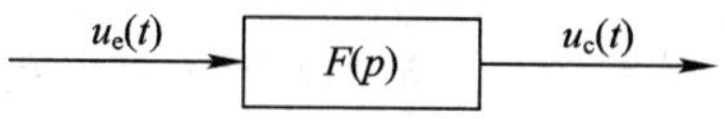

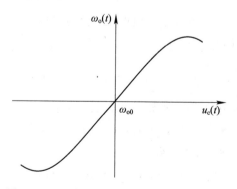

图 8.3.6　环路滤波器的数学模型

把式(8.3.6)代入式(8.3.15)可得

$$u_c(t) = F(p) K_d \sin\varphi_e(t) \tag{8.3.16}$$

3）压控振荡器

压控振荡器实际上是一种频率-电压变换器，它的特性可用瞬时角频率 $\omega_o(t)$ 与 $u_c(t)$ 关系曲线来表示，如图 8.3.7 所示。

图 8.3.7　压控振荡器角频率-电压特性曲线

由图 8.3.7 可看出，在一定范围内，$\omega_o(t)$ 与 $u_c(t)$ 近似为线性关系，即

$$\omega_o(t) = \omega_{o0} + K_c u_c(t) \tag{8.3.17}$$

式中，ω_{o0} 为压控振荡器的固有振荡角频率，即控制信号 $u_c(t) = 0$ 时，压控振荡器的振荡角频率，当 $u_c(t) \neq 0$ 时，压控振荡器的瞬时角频率将由受控制前的固有振荡角频率 ω_{o0} 变

为 $\omega_o(t)$；K_c 为压控振荡器角频率-电压特性曲线的斜率，称为压控振荡器的增益或灵敏度，量纲为 rad/(s·V)，它表示单位控制电压所引起的振荡角频率变化的大小。

在锁相环路中，压控振荡器的输出作用于鉴相器，对鉴相器起作用的是它的瞬时相位。对式(8.3.17)积分可得瞬时相位为

$$\int_0^t \omega_o(t)\,\mathrm{d}t = \omega_{o0}t + K_c\int_0^t u_c(t)\,\mathrm{d}t \tag{8.3.18}$$

与式(8.3.3)比较，可得

$$\varphi_o(t) = K_c\int_0^t u_c(t)\,\mathrm{d}t \tag{8.3.19}$$

式(8.3.19)说明在控制信号 $u_c(t)$ 的作用下，$\varphi_o(t)$ 为时间的函数，并且可看出压控振荡器在锁相环路中相当于一个积分器。将式(8.3.19)中的积分符号用微分算子 p 的倒数来表示，则为

$$\varphi_o(t) = \frac{K_c}{p}u_c(t) \tag{8.3.20}$$

由式(8.3.20)可得压控振荡器的数学模型如图 8.3.8 所示。

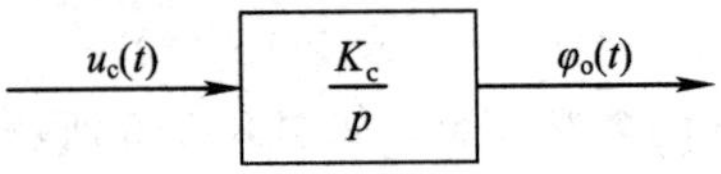

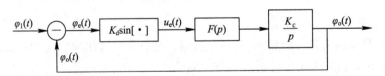

图 8.3.8　压控振荡器的数学模型

2. 锁相环路的数学模型

将上述鉴相器、环路滤波器和压控振荡器的数学模型连接起来，即可得锁相环路的数学模型，如图 8.3.9 所示。

图 8.3.9　锁相环路的数学模型

由图 8.3.9 可得锁相环路的基本方程为

$$\varphi_o(t) = K_d\sin[\varphi_1(t) - \varphi_o(t)] \cdot F(p) \cdot \frac{K_c}{p} \tag{8.3.21}$$

将 $\varphi_e(t) = \varphi_1(t) - \varphi_o(t)$ 两边微分，并代入式(8.3.21)可得

$$p\varphi_e(t) + KF(p)\sin\varphi_e(t) - p\varphi_1(t) = 0 \tag{8.3.22}$$

式中，$K = K_dK_c$。整理式(8.3.22)，得

$$p\varphi_e(t) + KF(p)\sin\varphi_e(t) = p\varphi_1(t) \tag{8.3.23}$$

式(8.3.23)为锁相环路的非线性微分方程，可以完整地描述锁相环路闭合后所发生的控制过程。其中

$$p\varphi_e(t) = \omega_r - \omega_o(t)$$

为参考信号角频率和压控振荡器输出信号瞬时角频率的差值，称为锁相环路的瞬时角频差，表示压控振荡器输出信号的瞬时角频率偏离输入参考信号角频率的数值。

式(8.3.23)中

$$KF(p)\sin\varphi_e(t)=K_c u_c(t)=\omega_o(t)-\omega_{o0}$$

为压控振荡器在控制信号 $u_c(t)$ 作用下，输出信号的瞬时角频率与压控振荡器固有角频率的差值，称为控制角频差，表示在控制信号作用下压控振荡器输出信号的瞬时角频率的变化。

式(8.3.23)中

$$p\varphi_1(t)=\omega_r-\omega_{o0}$$

为输入参考信号角频率与压控振荡器固有角频率的差值，称为初始角频差或固有角频差，表示输入参考信号与压控振荡器之间的固有角频差。

通过上述分析，式(8.3.23)表示了如下关系：

瞬时角频差＋控制角频差＝固有角频差

如果固有角频差不变，环路闭合后，由于环路的自动调整作用，控制角频差不断增大，而瞬时角频差不断减小，最终达到环路锁定状态，此时控制角频差等于固有角频差且瞬时角频差等于零。

3. 锁相环路的工作过程定性分析

因为式(8.3.23)中含有 $\sin\varphi_e(t)$，所以式(8.3.23)所表示的锁相环路的基本方程是非线性微分方程，它的求解是比较困难的。下面我们只对锁相环路的工作过程进行定性分析，从而求得它的某些特性。

1) 锁定状态和失锁状态

由式 $KF(p)\sin\varphi_e(t)=K_c u_c(t)=\omega_o(t)-\omega_{o0}$ 可知，在环路闭合的瞬间，控制信号 $u_c(t)=0$ 时，$\omega_o(t)=\omega_{o0}$，瞬时角频差等于固有角频差。随着时间 t 的增加，控制信号 $u_c(t)\neq0$，$\omega_o(t)\neq\omega_{o0}$，即产生了控制角频差。通过环路的作用，若使控制角频差逐渐加大，因为固有角频差固定，所以环路的瞬时角频差将逐渐减小，当控制角频差增大到等于固有角频差时，瞬时角频差为零，即

$$\lim_{t\to\infty}p\varphi_e(t)=0 \tag{8.3.24}$$

此时，$\varphi_e(t)$ 为一固定值，不再变化，如果一直保持下去，就认为锁相环路进入锁定状态，式(8.3.24)为锁相环路锁定状态应满足的必要条件。在锁定状态 $\omega_o(t)=\omega_r$，也就是环路的瞬时角频差为零，但有一个固定的剩余相位差。

失锁状态是指锁相环路的瞬时角频差总不为零的状态。

2) 跟踪过程

在环路锁定的前提下，由于某种原因，输入的参考信号频率和相位在一定的范围内以一定的速率发生变化时，输出信号的频率和相位以同样的规律跟随变化的过程叫作跟踪过程。在跟踪过程中，能够维持环路锁定所允许的输入信号频率偏移的最大值叫作同步带或跟踪带，也叫作同步范围或锁定范围。

3) 捕捉过程

跟踪过程是在假设环路锁定的前提下来分析的。在实际情况中，环路在开始时往往是失锁的。由于环路的作用，使压控振荡器频率逐渐向参考信号频率靠近，当靠近到一定程度后，环路进入锁定状态，这一过程叫作捕捉过程。在捕捉过程中，环路能够由失锁进入锁

定所允许的输入信号频率偏移的最大值叫作捕捉带或捕捉范围。

　　跟踪和捕捉是锁相环路的两种不同的自动调节过程。捕捉带不等于同步带，且前者小于后者。通过上面的分析可知，锁相环路具有以下特性：

　　（1）锁定特性。锁相环路锁定时，压控振荡器输出信号的频率等于输入参考信号的频率，即无剩余频差，只有剩余相位差。

　　（2）跟踪特性。锁相环路锁定后，当输入参考信号的频率在一定范围内变化时，锁相环路的输出信号频率能够精确地跟踪其变化。

　　（3）窄带滤波特性。当压控振荡器输出信号的频率锁定在输入参考信号频率上时，位于信号频率附近的干扰成分将以低频干扰信号的形式进入锁相环路，环路中的环路滤波器，能够将绝大部分干扰滤除，获得良好的窄带滤波特性。

8.3.2　锁相环路的应用

1. 在稳频技术中的应用

　　利用跟踪特性，锁相环路可实现倍频、分频、混频等频率变换功能。这几种功能的综合应用又可制成频率合成器和标准频率源。下面简要介绍锁相倍频器、锁相分频器、锁相混频器以及频率合成器。

　　1）锁相倍频器

　　锁相倍频器的组成框图如图 8.3.10 所示。锁相倍频器是在基本锁相环路的基础上增加一个分频器组成的。图中的 $\omega_o(t)$ 是压控振荡器输出信号的瞬时角频率。当环路锁定后，$\omega_o(t)$ 经分频器分频后的频率为 $\omega_o(t)/N$，且与鉴相器输入信号角频率 $\omega_i(t)$ 相等，这样 $\omega_o(t)=N\omega_i(t)$，实现了倍频，倍频次数等于分频器的分频次数。与普通倍频器比较，锁相倍频器具有良好的窄带滤波特性和跟踪特性，输出频率很纯，适用于输入信号频率变化较大，并伴有噪声的情况。

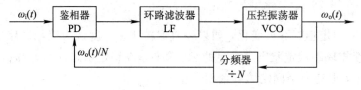

图 8.3.10　锁相倍频器的组成框图

　　2）锁相分频器

　　锁相分频器的组成框图如图 8.3.11 所示。锁相分频器是在基本锁相环路上增加一个倍频器组成的。当环路锁定时，$\omega_i(t)=N\omega_o(t)$，即 $\omega_o(t)=\omega_i(t)/N$，实现了分频。

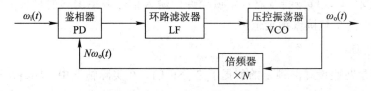

图 8.3.11　锁相分频器的组成框图

3) 锁相混频器

锁相混频器的组成框图如图 8.3.12 所示。锁相混频器是在基本锁相环路的基础上增加混频器和中频放大器组成的。图中，送入混频器的输入信号角频率为 $\omega_s(t)$，输入混频器的本振信号为压控振荡器的输出信号角频率 $\omega_o(t)$。混频器输出信号的角频率为差频 $\omega_2(t)$，$\omega_2(t) = |\omega_o(t) - \omega_s(t)|$，锁相环路锁定后，$\omega_i(t) = |\omega_o(t) - \omega_s(t)|$。当 $\omega_o(t) > \omega_s(t)$ 时，$\omega_o(t) = \omega_s(t) + \omega_i(t)$；当 $\omega_o(t) < \omega_s(t)$ 时，$\omega_o(t) = \omega_s(t) - \omega_i(t)$，即实现了锁相混频。由上面的分析可见，压控振荡器输出信号的频率是和频还是差频由 $\omega_o(t)$ 与 $\omega_s(t)$ 的大小决定。

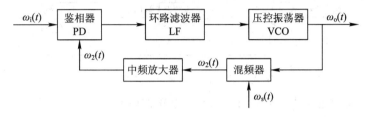

图 8.3.12　锁相混频器的组成框图

4) 频率合成器

石英晶体振荡器的频率稳定度和准确度很高，但改变频率不方便，只适用于固定频率的场合。频率合成器克服了这一缺点，它利用锁相环路的窄带滤波特性和跟踪特性，在石英晶体振荡器提供的基准频率源作用下，产生一系列离散频率。频率合成器的原理框图如图 8.3.13 所示。

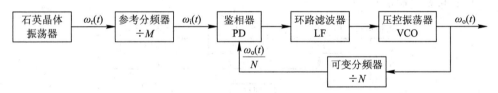

图 8.3.13　频率合成器的原理框图

频率合成器与锁相倍频器相比，是把分频器变成了可变分频器，且往往在电路中加一个参考分频器。当环路锁定时，$\dfrac{\omega_r(t)}{M} = \dfrac{\omega_o(t)}{N}$，压控振荡器的输出信号频率为 $\omega_o(t) = \dfrac{N}{M}\omega_r(t)$。

2. 在调制解调技术中的应用

1) 锁相调频和鉴频

锁相调频电路原理框图如图 8.3.14 所示。

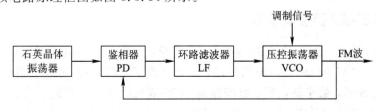

图 8.3.14　锁相调频电路原理框图

用锁相环路调频，能够得到中心频率高度稳定的调频信号。实现锁相调频的条件是：调制信号的频谱要处于低通滤波器的通频带之外，并且调制指数不能太大（这样，调制信号不能通过滤波器，对环路无影响）；锁相环路只对压控振荡器 VCO 的平均中心频率不稳定所引起的分量（处于低通滤波器的通频带之内）起作用，使它的中心频率锁定在石英晶体振荡器频率上。

锁相鉴频电路原理框图如图 8.3.15 所示。锁相鉴频电路中，环路锁定后，压控振荡器 VCO 能精确地跟踪输入调频信号的瞬时频率变化，产生具有相同调制规律的解调信号。

图 8.3.15 锁相鉴频电路原理框图

在一些手机接收电路中，常采用锁相鉴频电路作调频信号的解调。

2）同步检波器

采用锁相环路的同步检波器原理框图如图 8.3.16 所示。要将调幅信号（带导频）进行同步检波，需从已调信号中恢复出同频、同相的载波作为同步检波器的本机振荡信号，采用锁相环路可得到这一本机振荡信号。因为锁相环路采用了鉴相器，所以压控振荡器输出信号与输入调幅信号的载波分量之间有固定的 $\pi/2$ 相移，这使得压控振荡器输出信号需经 90°移相器变成与调幅信号的载波分量同相位的信号，然后与调幅信号同时加到同步检波器上，才可获得原调制信号。

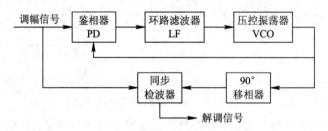

图 8.3.16 采用锁相环路的同步检波电路原理框图

除了以上所介绍的锁相环路的应用外，锁相环路还应用于空间技术（例如，由于各种原因使地面接收的空间信号十分微弱，采用锁相接收设备可使接收设备接收微弱空间信号的能力大大加强）等方面。由于锁相环路易集成化，目前，锁相环路已成为继集成运算放大器之后，又一个用途广泛的多功能集成电路。

8.3.3 集成锁相环路及其应用

集成锁相环路的发展十分迅速，应用十分广泛。目前集成锁相环路已形成系列产品，主要包括由模拟电路构成的模拟锁相环路和由部分数字电路（主要是数字鉴相器）或全部数字电路（数字鉴相器、数字滤波器、数控振荡器）构成的数字锁相环路两大类。无论是模拟锁相环路还是数字锁相环路，按其用途都可分为通用型和专用型两种。通用型是一种适应各种用途的锁相环路，其内部主要由鉴相器和压控振荡器两部分组成，有的还附有放大器和其他辅助电路，也有的用单独的集成鉴相器和集成压控振荡器连接而成。专用型是一种专为某种功能设计的锁相环路，例如，用于调频接收设备中的调频多路立体声解调环路，用于通信和测量仪器中的频率合成器，用于电视机中的正交色差信号同步检波环路等。

无论是模拟锁相环路还是数字锁相环路，其 VCO 一般都采用射极耦合多谐振荡器或积分-施密特触发型多谐振荡器，采用射极耦合多谐振荡器的振荡频率较高，而采用积分-施密特触发器型多谐振荡器的振荡频率比较低。

在模拟锁相环路中，鉴相器基本上都采用双差分对模拟相乘器的乘积型鉴相器，而数字鉴相器电路形式较多，它们都是由数字电路组成的。下面仅介绍 CMOS 集成数字锁相环路 CD4046 及其应用实例。

CD4046 是低频多功能单片集成锁相环路，它主要由数字电路构成，具有电源电压范围宽、功耗低、输入阻抗高等优点，最高工作频率为 1 MHz。

CD4046 锁相环路的内部结构和外引线端排列分别如图 8.3.17(a)、(b) 所示。由图可见，CD4046 内含两个鉴相器（PD Ⅰ 和 PD Ⅱ）、一个压控振荡器（VCO）和缓冲放大器（A_2）、内部稳压器（V_{D2}）、输入信号放大与整形电路（A_1）。

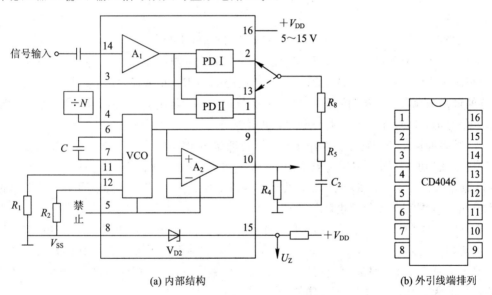

(a) 内部结构　　　　　　　　　　　　　(b) 外引线端排列

图 8.3.17　CD4046 集成锁相环路

14 端为信号输入端，输入 0.1 V 左右的小信号或方波，经 A_1 放大和整形，使之满足鉴相器所要求的方波。

鉴相器 PD Ⅰ 由异或门构成，它与大信号乘积型鉴相器原理相同，具有三角形鉴相特性，但要求两输入信号是占空比均为 50% 的方波，无信号输入时，鉴相器输出电压达 $V_{DD}/2$，用以确定 VCO 的自由振荡频率。鉴相器 PD Ⅱ 采用数字式鉴频鉴相器，由 14、3 端输入信号的上升沿控制，其鉴频鉴相特性如图 8.3.18 所示。由图可见，在 $\pm 2\pi$ 范围内，即 $f_i = f_o$ 时，鉴相器输出电压 $u_D(t)$ 与相位差呈线性关系，对应区域称为鉴相区；$f_i > f_o$ 或 $f_i < f_o$ 的区域，称为鉴频区，在此区域鉴相器输出电压 $u_D(t)$ 几乎与相位差无关，且无论频差有多大，它都能输出较大的直流电压，几乎为恒值（$+U_{dm}$ 或 $-U_{dm}$），这样，可使锁相环路快速进入锁定状态。同时，这类鉴频鉴相器只对输入信号的上升沿起作用，所以它的

输出与输入波形的占空比无关,由这类鉴相器构成的锁相环路,其同步带和捕捉带与环路滤波器无关,为无限大,但实际上将受压控振荡器控制范围的限制。1 端是 PD II 锁相指示输出,锁定时输出为低电平脉冲。两个鉴相器中可任选一个作为锁相环路的鉴相器。一般说,若输入信号的信噪比及固有角频差较小,则采用 PD I;反之,若输入信号的信噪比较高,或捕捉时固有角频差较大,则应采用 PD II。

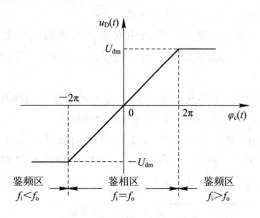

图 8.3.18　数字式鉴频鉴相器特性

VCO 采用 CMOS 数字门型压控振荡器,6、7 端之间外接的电容 C 和 11 端外接的电阻 R_1 用来决定 VCO 振荡频率的范围,12 端外接的电阻 R_2 可使 VCO 有一个频偏。R_1 控制 VCO 的最高振荡频率,R_2 控制 VCO 的最低振荡频率,当 $R_2 = \infty$ 时,最低振荡频率为 0。无输入信号时,PD II 将 VCO 调整到最低振荡频率。

A$_2$ 是缓冲输出级,它是一个跟随器,增益近似为 1,用作阻抗转换。5 端用来使锁相环路具有"禁止"功能,当 5 端接高电平 1 时,VCO 的电源被切断,VCO 停振;5 端接低电平 0 或接地,VCO 工作。内部稳压器提供 5 V 直流电压,从 15 与 8 端之间引出,作为环路的基准电压,15 端需外接限流电阻。

在使用 CD4046 时应注意,输入信号不许大于 V_{DD},也不许小于 V_{SS},即使电源断开时,输入电流也不能超过 10 mA;在使用中,每一个引线端都需要有连接,所有无用引线端必须接到 V_{DD} 或 V_{SS} 上,具体可视情况而定。器件的输出端不能对 V_{DD} 或 V_{SS} 短路,否则会超过器件的最大功耗,损坏 CMOS 器件。V_{SS} 通常为 0 V。

图 8.3.19 示出了 CD4046 集成锁相环路构成的频率合成器电路实例。参考频率振荡器采用 1024 kHz 标准晶体制成,它的输出信号送入由 CC4040 组成的参考分频器。CC4040 由 12 级二进制计数器组成,取分频比 M = 2^8 = 256,即可得到较低的参考频率 f_r = (1024/256) kHz = 4 kHz。可变分频器采用可编程分频器 CC40103 构成,它是 8 位可预置二进制 ÷ N 计算器,按图中连线,其分频比 N = 29。参考频率 f_r 由 CD4046 的 14 端引入锁相环路 PD II 鉴相器输入端。VCO 输出信号由 CD4046 的 4 端输出到可变分频器,经 29 分频后加到 CD4046 的鉴相器的另一输入端(3 端),并与参考频率 f_r 进行相位比较。当环路锁定时,由锁相环路 CD4046 的 4 端就可以输出频率 f_o = Nf_r、频率间隔为 4 kHz 的信号。改变 CC40103 置数端的接线,可得到不同 N 值,从而可获得不同频率的信号输出。

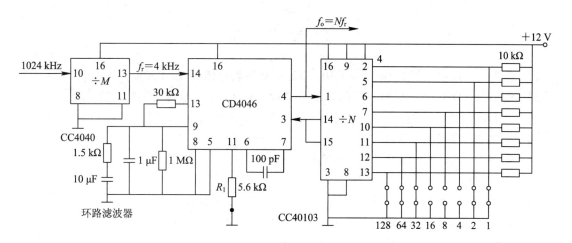

图 8.3.19　CD4046 组成的频率合成器电路实例

练习题

8.1　反馈控制电路有哪几类？每一类反馈控制电路控制的参量是什么？

8.2　AGC 电路的作用是什么？

8.3　锁相环路与自动频率控制电路有何区别？

8.4　为什么说锁相环路相当于一个窄带跟踪滤波器？

8.5　图 8.2.2 是具有 AFC 电路的调幅接收设备组成框图，试述 AM 接收设备中 AFC 电路的工作原理。

参 考 文 献

[1] 张肃文. 高频电子线路[M]. 5 版. 北京：高等教育出版社，2009.

[2] 胡宴如，耿苏燕. 高频电子线路[M]. 2 版. 北京：高等教育出版社，2015.

[3] 刘彩霞，刘波粒. 高频电子线路[M]. 北京：科学出版社，2008.

[4] 曾兴雯. 高频电子线路[M]. 2 版. 北京：高等教育出版社，2009.

[5] 曾兴雯，刘乃安，陈健，等. 高频电路原理与分析[M]. 6 版. 西安：西安电子科技大学出版社，2017.

[6] 钱聪，陈英梅. 通信电子线路[M]. 北京：人民邮电出版社，2004.

[7] 宋树祥. 高频电子线路[M]. 北京：清华大学出版社，2011.

[8] 孙景琪. 高频电子线路[M]. 北京：高等教育出版社，2015.

[9] 邹传云. 高频电子线路[M]. 北京：清华大学出版社，2012.

[10] 高吉祥，高广珠. 高频电子线路[M]. 4 版. 北京：电子工业出版社，2016.